Coaching.

Peter-Christian Patzelt

Für Coachs, Chefs & Co.

W0235985

Peter-Christian Patzelt

Executive & Lehr-Coach, Diplom-Psychologe BDP

20 Jahre Topmanagementpraxis als Geschäfts-

führer, Vorstand & Unternehmer

Bibliografische Informationen Der Deutschen Bibliothek

Die Deutsche Bibliothek verzeichnet diese Publikation in der Deutschen Nationalbibliografie; detaillierte bibliografische Daten sind im Internet über http://dnb.ddb.de abrufbar.

ISBN 978-3-00-036996-4

© 2012   Verlag Schöne Plaik
Peter-Christian Patzelt
Seeleiten 4, 82418 Seehausen
Telefax 08841-678341
E-Mail: exzellent@patzelt.info

1. Auflage Januar 2012

Mailadresse des Autors: pep@patzelt.info

Idee für den Umschlag: Peter-Christian Patzelt & Stefanie C. Kuhn
Buch-Konzeption: Florian Gmach, info@floriangmach.de
Satz, Textgrafiken, Layout: Stefanie C. Kuhn, www.feinstwerk.de
Illustrationen: Dirk Schmidt, www.wasmachtdirk.de
Illustrationen S. 4, 22, 57, 69: Matthias Scheidig, www.moestyle.de
Lektor: Peter Felixberger
Druck: Fuchs-Druck GmbH, www.fuchs-druck-miesbach.de

Prolog

Bei Klienten den Glauben an sich selbst stärken, Hoffnung und Zuversicht vermitteln, Klienten anregen und unterstützen, Lösungen für ihre Anliegen und Themen finden. All das und noch viel mehr bedeutet Coaching.

Menschen können jederzeit etwas Neues lernen, neue Erfahrungen machen und Dinge in ihrem Leben und ihren Beziehungen ändern, wenn sie das wirklich wollen. Das Gute dabei: Die dafür erforderlichen Stärken und Kompetenzen bringen Klienten bereits ins Coaching mit.

Viel Spaß beim Lesen

Gäbe es ein geistiges Urheberrecht für Coaching, ich wüsste, wem ich es zubilligen wollte. Die geistigen Urheber von Coaching sind für mich Virginia Satir, die „Mutter" der systemischen Familientherapie, und der Schöpfer der systemischen lösungsorientierten Therapie, Steve de Shazer. Zu Steve de Shazer komme ich später ausführlicher beim lösungsorientierten Coaching. Zunächst zu Virginia Satir: Ihr Anliegen war es zeitlebens, den Menschen Wege aufzuzeigen, wie sie ihr Potenzial, ihre Talente und Fähigkeiten nutzen können, um ihr persönliches Wachstum zu fördern. Genau das ist auch das Ziel von Coaching. „Ich glaube daran, dass es das größte Geschenk ist, das ich von jemandem empfangen kann, gesehen, gehört, verstanden und berührt zu werden. Das größte Geschenk, das ich geben kann, ist, den anderen zu sehen, zu hören, zu verstehen und zu berühren. Wenn dies geschieht, entsteht Beziehung." Das beschreibt die Essenz von Coaching. Coaching als das eigentliche Gespräch.

In „Peoplemaking[1]" beschreibt Satir ein Bild einer Persönlichkeit, das ich vielen Coachs für ihre Klienten wünsche: „Über die Jahre entwickelte ich ein Bild davon, wie es aussieht, wenn ein menschliches Wesen menschlich lebt: Es ist eine Person, die ihren Körper versteht, wertschätzt und entwickelt, ihn schön und nützlich findet. Es ist eine Person, die real und ehrlich zu und über sich selbst und andere ist. Eine Person, die bereit ist, Risiken auf sich zu nehmen, die kreativ und kompetent ist. Eine Person, die sich ändert, wenn die Situation es erfordert, und Wege findet, Neues und Anderes aufzunehmen, und dabei den Teil des Alten, der nützlich ist, zu behalten und den Teil, der es nicht ist, abzulegen. Es ist ein körperlich gesundes, geistig waches, fühlendes, liebendes, spielerisches, kreatives, authentisches und produktives menschliches Wesen. Es steht auf eigenen Füßen, kann tief lieben sowie fair und effektiv kämpfen. Es versteht sich gut mit seiner Zartheit und seiner Zähigkeit und kennt sehr wohl die Unterschiede zwischen beidem. Deswegen kann es wirksam alles dafür tun, seine Ziele zu erreichen."

Kein Mensch kann ohne seine Zustimmung glücklich sein.
MARK TWAIN

Coaching ist eine vielleicht etwas andere und kleinere Form von People-making. Wird Coaching als eigentliches Gespräch stärken- und lösungs-orientiert durchgeführt, kann es einen Beitrag leisten, dass Klienten aus sich machen, was wirklich in ihnen steckt.

Coaching verhält sich zu Therapie ähnlich wie die Positive Psychologie zur Klinischen Psychologie, die sich mit Freuds Nachlass, mit psychischen Abweichungen und Krankheiten beschäftigt. Ich habe auch Ergebnissen und Erkenntnissen der Positiven Psychologie in diesem Buch Raum ge-geben. Schon deshalb, weil mancher Zeitgenosse dazu neigt, die Positive Psychologie als typisch amerikanische Oberflächlichkeit abzutun.

So nutzen Sie dieses Buch

Mit diesem Buch werden Sie lösungsorientiertes Coaching und wichtige Erkenntnisse der Positiven Psychologie besser verstehen. Hoffentlich be-reichert vieles davon Ihre Praxis als Coach. Soll das Buch „Coaching. Für Coachs, Chefs & Co." Einfluss auf Ihr Denken und Handeln als Coach haben, dann nehmen Sie es öfter in die Hand. Probieren Sie aus, wenden Sie Neues an und üben Sie, zum Beispiel mit den Phasen, Fragen und Lösungskonzepten fürs Coaching im Teil PRAXIS oder mit den Übungen zur Kunst, sich selbst zu führen.

Drei Stellen bieten Ihnen einen guten Einstieg ins Buch. Vorne der PRO-LOG, wie Sie es vom Lesen anderer Bücher kennen. Oder Sie starten mit der POSITIVEN PSYCHOLOGIE. Dieses Kapitel ist eine abgeschlossene Geschichte. Sie können auch weiter hinten mit dem 4-P-COACHING-MODEL© loslegen.

Das Kapitel PROLOG führt Sie ins Thema ein, erklärt den Unterschied zwischen Coaching und Therapie und erläutert, warum Klienten heute keine Coachees mehr sind. Zudem lernen Sie wichtige Zahlen und Fakten zur Coachingpraxis und zu den Coachs in Deutschland kennen.

Im Kapitel POSITIVE PSYCHOLOGIE erkennen Sie, wie viel Nützliches diese junge Disziplin der Psychologie bietet. Es geht um Lebensstil und Glück, positive Emotionen, Werte, Tugenden, Charakter- und Signatur-stärken, Beziehungen zu anderen Menschen sowie Fähigkeiten und Lei-denschaften. Das Kapitel geht auch der Frage nach, wie ein guter Ar-beitsplatz in einem fördernden Unternehmen bestenfalls beschaffen ist. Das 4-P-COACHING-MODEL© präsentiert Ihnen ein neues Coaching-modell als Alternative zum gängigen Modell von Struktur-, Prozess- und Ergebnisqualität im Coaching. Die vier P stehen dabei für Professionali-tät, Prozess, Philosophie und die Praxis von Coaching. Jedes P weist drei Perspektiven auf: Bei PROFESSIONALITÄT sind das Wahrheit, Wissen und Werkzeuge; bei PROZESS Achtsamkeit, Anschlussfähigkeit und Anregung von Lösungen; bei PHILOSOPHIE Spaß und positive Emotionen, Sinn und Bedeutung sowie Stärkenorientierung, bei PRAXIS das Coaching von Klien-ten, das Beachten des Klientensystems und die Kunst, sich selbst zu führen. Das Kapitel PROFESSIONALITÄT beschreibt, warum Sie als Coach Wahr-heit, Wissen und Werkzeuge brauchen, wenn Sie professionell vorgehen. Es geht um den Unterschied von Kontakt und Dialog. Coaching ist das eigentliche Gespräch zwischen zwei Menschen, da kommt es vor allem auf Haltung, weniger auf Techniken an. Sie finden auch so Wissens-wertes über interessante Themen wie Emotionen und Körperausdruck, Lösungsorientierung sowie Lernen und Veränderung.

Das Kapitel PROZESS vermittelt Ihnen drei unverzichtbare „A": Achtsam sein, anschlussfähig bleiben und anregen. Es liefert zudem Antworten zu: Wie strukturieren Sie Ihr Coaching? Welches Coachingdesign und Me-thodenportfolio braucht erfolgreiches Coaching? Der gute Mix von Inter-viewen, Inszenieren und Provozieren zeichnet professionelle Coachs aus.

Im Kapitel PHILOSOPHIE erfahren Sie, was Positive Psychologie den Coachs bietet, die Klienten auf hohem Niveau beraten, begleiten und unterstützen wollen. Spaß und Freude tragen bei, dass Klienten glückli-cher werden. Denn Selbstwert und positive Gefühle zur eigenen Person tragen das Coaching. Klienten brauchen Sinn und das Bewusstsein, Teil eines größeren Ganzen zu sein, in das sie eingebunden sind. Lösungsorientiertes Coaching richtet die Aufmerksamkeit auf Stärken, Kompetenzen und auf die Potenziale von Klienten. Zuversicht und der Blick auf Chancen und Lösungen wirken sich positiv auf Gesundheit, Beziehungen und Leistungen von Klienten aus.

Das Kapitel PRAXIS bringt Ihnen konkret bei, wie Sie Klienten coachen, das Klientensystem berücksichtigen und wie Sie sich als Coach selbst führen können. Sie lernen unter anderem, mit mustergültigen Fragen den Coachingprozess mit Klienten von A bis Z lösungsorientiert zu gestalten und durchzuführen.

Zu guter Letzt geht es darum, anhand von sieben empirisch validierten Perspektiven sich selbst bewusst zu reflektieren und zu führen. Ausgewählte Übungen zeigen Ihnen, wie Sie in Zukunft noch bewusster handeln können. Die Übungen selbst durchführen ist beste Voraussetzung, um mit den Klienten an der Kunst zu arbeiten, sich zu führen. Ich wünsche Ihnen nochmals viel Spaß und Nutzen beim Lesen dieses Coachingbuchs.

Coaching und Coachs in Deutschland

Coaching scheint angekommen zu sein. Coaching wird mittlerweile in der Wirtschaft als beliebteste Weiterbildungs- und Entwicklungsmaßnahme[2] bezeichnet. Das Format Business Coaching getreu dem Motto *Build, what's strong, don't fix what's wrong* ist anerkannt. Führungskräften und Professionals fällt es daher leicht, sich auf Coaching einzulassen. Das mag daran liegen, dass sich die Coachingszene stetig professionalisiert, auch wenn noch viele Dilettanten sowie Scharlatane[3] unterwegs sind. Günstig für die Nachfrage nach Coaching ist, dass Persönlichkeit, Kompetenz und Glücklichsein im Job für Karrieren zunehmend wichtiger werden als hierarchische Positionen, Titel und disziplinarisches Direktionsrecht.

Konspirativ ist immer von außen.

— COACHS IN —
DEUTSCHLAND

35.000

Maximal 20 %
davon sind
als Coach seriös
und professionell
ausgebildet.

*Ein Psychiater ist
ein Mann, der sich
keine Sorgen zu
machen braucht,
solange andere
Menschen sich
welche machen.*

KARL KRAUS

„Karriere hieß früher: Groß werden durch Aufstieg ... zu Lasten anderer. Karriere heißt in Zukunft: Groß werden durch Wachsen der persönlichen Kompetenz zum Nutzen anderer."[4]. Werdegang statt Laufbahn. Begünstigend ist sicher auch, dass Coaching als Begriff und Phänomen aus dem Sport stammt und kein therapeutisches Stigma mit sich herumschleppt. Coaching kommt eher sozial erwünscht, fast schon sexy und begehrenswert daher.

Die Beziehung zwischen Coachs und Klienten spielt die tragende Rolle für erfolgreiches Coaching. Klare Anlässe für ein Coaching und das zielorientierte zeitliche Befristen garantieren, dass die Beziehungen zwischen Coachs und Klienten nicht zu eng oder intensiv werden. Wichtig für erfolgreiches Coaching ist zudem, dass Coachs flexibel vorgehen und sich bewusst sind, welche Interventionen für welches Thema in welchem Kontext passen. Klienten wollen die volle Transparenz über Verfahren, Prozesse und Methoden im Coaching. Erfolg fördern darüber hinaus sich selbst erfüllende Prophezeiungen: Wenn beide, Coach und Klient, davon überzeugt sind, dass das vereinbarte Vorgehen beim Coaching zielführend und vor allem wirksam sein wird. Coaching ist und bleibt ein „Vertrauensprodukt". Methodik, Qualität und Wirksamkeit von Coaching können von außen nur bedingt beurteilt werden. Was im Coaching wirklich vor sich geht, wissen eben nur Klient und Coach.

Was im Coaching geschieht, hat mit Magie und Zauber wenig zu tun. Im Coaching geht es um das eigentliche Gespräch zwischen zwei Menschen. Das will ich Ihnen mit meinem Buch vermitteln. Coaching heißt, sich mit den Talenten und Stärken seiner Klienten auseinandersetzen, mit Herz und Verstand dabei sein, aktiv zuhören sowie einfühlsam und geschickt intervenieren. Und gemeinsam neue Optionen und Chancen für das Denken, Fühlen und Handeln der Klienten zu entwickeln.

„Man soll die Dinge so nehmen, wie sie kommen.
Aber man sollte auch dafür sorgen, dass die Dinge so kommen,
wie man sie nehmen möchte." Curt Goetz

Aus der Psychotherapieforschung ist bekannt: Beinahe jeder empathisch zuhörende und freundlich zugewandte Mensch erreicht ähnliche Ergebnisse wie gesprächstherapeutisch ausgebildete Experten. Zumindest solange Krisen und krasse Situationen ausbleiben. Spätestens dann sind einschlägige Erfahrungen, zusätzliches Wissen, Methodik, Systematik und professionelle Interventionen gefragt. Wer nicht über erfolgskritisches Wissen, entsprechende Methodik und Erfahrung verfügt, muss sich mit Küchenpsychologie, naivem Improvisieren des Amateurs zufriedengeben. Mit der Folge, dass fehlende Professionalität und Stümperei Coaching schlechte Schlagzeilen bescheren.

Ich will Ihnen den Einstieg ins Coaching erleichtern und Mut machen. Sind Sie schon als Coach tätig, wird Ihnen das Buch sicher noch die eine oder andere Idee liefern. Herzensbildung sowie gezieltes und lebenslanges Fortbilden setze ich bei professionellen Chefs und Coachs gerne voraus. Um professionell zu arbeiten, gibt es für Coachs zwei Voraussetzungen: erstens, eine gute, intensive Ausbildung[5] mit viel Erfahrungslernen, Übung und Selbstreflektion. Zweitens, Praxis, Praxis, Praxis, das heißt, immer wieder mit unterschiedlichen Klienten und Themen Erfahrungen sammeln. Schwimmen lernen Sie nur beim Schwimmen, Coachen lernen Sie nur beim Coaching!

— COACHS IN —
DEUTSCHLAND

53 %
Frauen

47 %
Männer

Coach, nicht Therapeut

Der „Therapeut" ist in Deutschland gesetzlich nicht geschützt. Das gilt auch, wenn „Therapeuten" sich mit tätigkeitserklärendem Beiwerk schmücken. Es gibt auch gesetzlich geschützte Berufsbezeichnungen wie Arzt, Heilpraktiker, Psychotherapeut und Physiotherapeut. Schutz beziehen diese Berufe durch das Heilpraktikergesetz (HPG), Psychotherapeutengesetz sowie das Masseur- und Physiotherapeutengesetz.

Ist Therapeut der Titel an der Tür?

Ein Therapeut wendet therapeutische Verfahren an. Neben seinem gesetzlichen Schutz verspricht der Begriff, der Behandler führt eine heilkundliche Behandlung aus. Deutsches Recht definiert Heilkunde als jede berufs- oder gewerbsmäßige Tätigkeit, um Krankheiten festzustellen, zu heilen oder zu lindern und Leiden sowie Körperschäden zu verstehen. Sind „Therapeut" und „Heilkunde" miteinander verbandelt, darf nur derjenige „Therapeut" auf seine Visitenkarte drucken, dem es von Gesetz wegen erlaubt ist, Heilkunde auszuüben. § 1, Abs. 1 im Heilpraktikergesetz HPG verbietet, Heilkunde ohne Erlaubnis auszuüben und behält sie approbierten Ärzten und Heilpraktikern mit Erlaubnis vor. Die einzige Ausnahme davon bildet der Psychotherapeut.

Seit 1999 gibt es das Psychotherapeutengesetz: Darin steht, die Psychotherapie sei „jede mittels wissenschaftlich anerkannter psychotherapeutischer Verfahren vorgenommene Tätigkeit zur Feststellung, Heilung oder Linderung von Störungen mit Krankheitswert, bei denen Psychotherapie indiziert ist". Damit ein Psychotherapeut Heilkunde ausüben darf, braucht er eine staatliche Anerkennung, die sogenannte Approbation[6]. Neben dem approbierten Arzt und Heilpraktiker mit Erlaubnis darf demnach auch der approbierte Psychotherapeut Heilkunde ausüben; der Coach „only" darf das nicht. Coachee kommt aus dem englischen Sprachgebrauch und bezeichnet die Person, die Coaching in Anspruch nimmt. Coachee entstand wie der Trainee beim Begriffspaar „Trainer & Trainee": Der Begriff Coachee wird mittlerweile in Deutschland in der professionellen Szene abgelehnt, weil er für viele ein Beziehungsgefälle impliziert, in dem ein aktiver Coach an einem Coachee eine Dienstleistung vollzieht.

Klient, so heißt er richtig

Dabei spielt wohl eine Rolle, dass die Bezeichnung Trainee für Studienabgänger und Berufsanfänger benutzt wird. Der Klient, lateinisch *Cliens, Anhänger, Schützling,* ist Auftraggeber oder Leistungsempfänger von Dienstleistern wie Notaren, Rechtsanwälten, Steuerberatern, Wirtschaftsprüfern, Sozialpädagogen, Therapeuten und Coachs. Pflegeberufler nutzen den Begriff Klient gelegentlich an Stelle von Patient. Der Begriff Klient betont den Dienstleistungscharakter ihrer Tätigkeit und die Mündigkeit der „Behandelten". Viele in der Sozialarbeit Tätige lehnen je-

— COACHS IN —
DEUTSCHLAND

21 %

waren selbst
mal Chefs.

doch noch ein Klientenbild im Sinne von Kunden ab. Denn das würde betonen, dass Klienten Inhaber von Rechten auf Sozial- beziehungsweise Dienstleistungen sowie Kunden eines sozialen Servicesystems sind. *Mandanten* sind Kunden rechts- und wirtschaftsberatender Berufe. Und was will ein Kunde? *Kunden*[7] sind Personen oder Institutionen, die ein offensichtliches Interesse am Vertragsschluss zum Zwecke des Erwerbs eines Produkts oder einer Dienstleistung gegenüber einem Unternehmen oder einer Institution haben. Ein Kunde kauft bei einem bestimmten Geschäft oder Dienstleister ein. Kunde ist jeder, der für etwas zahlt; auch, wenn die Leistung an Dritte geht.

Im Business beziehungsweise Executive Coaching ist ein Coachee demnach Klient. Wenn der Klient nicht selbst Auftraggeber ist und bezahlt, ist das beauftragende Unternehmen beziehungsweise sein im Auftrag handelnder der Kunde. Mandant scheidet als Begriff für Klienten im Coaching genauso aus wie Kunde.

— COACHS IN —
DEUTSCHLAND

47 JAHRE

sind Coachs in
Deutschland
durchschnittlich alt.

Coachs in Deutschland

Coaching boomt: 88 Prozent der deutschen Personaler und Personalentwickler schätzen, dass Coaching künftig weiter an Bedeutung gewinnt. 2009 gaben sie bereits etwa zehn Prozent ihres Weiterbildungsjahresbudgets für Coachingmaßnahmen aus. Schätzungen zufolge gibt es in Deutschland derzeit etwa 35.000 Coachs, mit steigender Tendenz. Das sind erstaunlich viele, auch im Vergleich mit anderen Berufsbildern. Ein Vergleich: Die Zahl der Automobilverkäufer hierzulande liegt bei zirka 38.000. Experten behaupten, dass von 35.000 Coachs in Deutschland nur zirka 20 Prozent fürs Coaching professionell ausgebildet sind. Immer wieder finden sich Schlagzeilen wie: „Coaching. Viele Scharlatane, wenig Hilfe" (WirtschaftsWoche). Gründe für das partiell fragwürdige Image von Coachs sind:

- Es gibt keinerlei Eintrittsbarrieren. Coach kann sich jeder aufs Türschild und die Visitenkarte schreiben. Stimmtrainer heißen neuerdings Vocalcoach, Hundetrainer Dogcoach und Sterndeuter avancieren zum Astrocoach.

- Im ungeregelten Weiterbildungsmarkt offerieren fast 400 Anbieter „Ausbildungen" und Qualifizierungen zum Coach. Das Spektrum reicht von 40 Stunden bis zu 220 und mehr Stunden, von 1.500 Euro Kosten bis über 25.000 Euro. Ähnlich heterogen sind Niveau und Anforderungen der diversen „Ausbildungen".

- Bei Fernschulen absolvieren mehrere hundert Teilnehmer pro Jahr die „Ausbildung zum Personal- oder Business Coach". Und das lediglich mittels theoretischer Lektüre und schriftlicher Hausarbeiten. Nur ein kleiner Teil der Fernschüler in Sachen Coaching macht lediglich 35 Präsenzstunden Selbsterfahrung.

- Coaching hat noch kein institutionalisiertes Berufsbild, Coaching verfügt auch nicht über eine starke „berufsständische" Vertretung. 26 unterschiedliche Berufsverbände buhlen um Mitglieder oder führen zum Teil willkürliche Akkreditierungen zu hohen Kosten durch.

Lieschen Kohtsch, deutscher Durchschnittscoach

- Lieschen Kohtsch ist 47 Jahre alt. Sie hat zu 47 Prozent männliche Anteile[8].

- Trotz mehr weiblicher Coachs in Deutschland ist die Bezeichnung Coach männlich.

- Drei Viertel der Coachs haben studiert: am häufigsten Psychologie, Pädagogik oder Wirtschaft.

- Immerhin 72 Prozent haben eine wie auch immer gestrickte Coachingzusatzausbildung.

- Zwei Drittel der „Kohtsches" sind selbständig; ein Drittel hat Praxis- und Felderfahrung was die Anstellung in einem Unternehmen anbelangt.

- Lediglich 21 Prozent verfügen über eigene Führungserfahrung, haben also bereits disziplinarisch Mitarbeiter geführt.

- 71 Prozent aller „Kohtsches" arbeiten mit Klienten aus dem mittleren Management, obwohl drei Viertel dieser „Kohtsches" praktische Erfahrung im Führen von Mitarbeitern vermissen lassen.

- Vier von zehn deutschen „Kohtsches" kommen aus Training oder Personalentwicklung.
- Nur jede zehnte „Lizzy Kohtsch" verdient ihren Unterhalt exklusiv als Coach.
- Zwei Drittel der „Kohtsches" generieren maximal 30 Prozent ihrer Kohle aus ihrer Coachingtätigkeit, 70 Prozent der Brötchen wollen anderweitig verdient sein.
- „Lizzy Kohtsch" gibt an, als Tagessatz für Coaching durchschnittlich etwa 1.500 € zu fakturieren.
- Befragt man „Lieschen Kohtsch" nach ihrem Stundensatz, liegt dieser nach eigener Aussage bei 150,29 €.
- 62 Prozent aller „Kohtsches" haben weniger als 15 Coachingmandate im Jahr.
- Lediglich 28 Prozent aller „Kohtsches" kommen auf mehr als 30 Einzelmandate im Jahr.
- 86 Prozent mehr Coachingaufträge erreicht „Lizzy Kohtsch", wenn sie ein Buch schreibt und veröffentlicht. 71 Prozent mehr Coachingumsatz erzielt „Lieschen Kohtsch", wenn sie sich spezialisiert.
- 60 Prozent der Coachingklienten von „Lieschen Kohtsch" arbeiten in großen Unternehmen. 28 Prozent davon bekommen ihren Coach von einem Kollegen empfohlen.

Halo, nicht hallo[9]

Der amerikanische Psychologe Thorndike hat untersucht, wie höherrangige Militärs Untergebene beurteilen. Er bat Offiziere, ihre Soldaten nach ihrer Intelligenz, physischen Kondition, Führungsqualitäten, Charakter, Persönlichkeitsmerkmale zu bewerten. Die Ergebnisse verblüffen; es gibt dem Anschein nach „Supersoldaten", die in fast allen Aspekten hervorragend bewertet werden. Andere hingegen bleiben in nahezu allen Kriterien unterdurchschnittlich. Offiziere konzedieren Soldaten mit attraktiver Erscheinung und guter Körperhaltung beinahe selbstverständlich, sie könnten zielgenau schießen, Schuhe blitzeblank putzen und

Es gibt zwei Wege für den Aufstieg: Entweder man passt sich an oder man legt sich quer.
KONRAD ADENAUER

gleichzeitig auch ein Instrument spielen. Thorndike nennt dieses Phänomen den *Halo*-Effekt[10]. Der Halo-Effekt ermöglicht, die eigene Wahrnehmung auf geschlossene, stimmige Bilder zu reduzieren, um kognitive Dissonanz[11] zu vermeiden. Der Halo-Effekt hilft nicht nur dabei, kognitive Dissonanz zu vermeiden. Wenn wir beobachten und anschließend bewerten, neigen wir dazu, von aussagekräftigen, konkreten sowie angeblich objektiven Informationen auf weniger fassbare Charaktermerkmale zu schließen.

So entscheiden sich Top Executives für ihren Coach[12]

» Persönliches Auftreten, persönliche Wirkung	94 %
» Berufserfahrung als Coach	90 %
» Coachingausbildung	82 %
» Akademische Ausbildung, akadademischer Grad beziehungsweise Studienschwerpunkte	82 %
» Empfehlungen durch andere	79 %
» Eigene Führungs- und Managementerfahrung	77 %
» Psychologische Kompetenzen	71 %
» Sympathie	65 %
» Change Management – Kompetenzen	62 %
» Branchenkenntnisse	43 %

Harvard Business Manager & Kienbaum Management Consultants,
2007, n = 201, Vorstände, Geschäftsführer

Eine dicke Zwiebel will nicht mehr wissen, dass sie einmal ein kleines Zwiebelchen war.
AUS ÄGYPTEN

Auch im Geschäftsleben, an Kapitalmärkten und in der Finanzpresse spielt der Halo-Effekt eine Rolle beim Beurteilen von Führungspersönlichkeiten und Topmanagern. Viele davon verfügen anscheinend über eine Anzahl beeindruckender Eigenschaften. Man schreibt ihnen überschwänglich Attribute wie *visionär, charismatisch, außergewöhnlich, magisch, powerful, einzigartig* oder *Lichtgestalt* zu. Das führt zum Image eines ausgezeichneten Unternehmenslenkers, der durch seinen guten

Namen und Ruf den Börsenwert „seines" Unternehmens um zehn Prozentpunkte steigert. Versuchen Sie, Merkmale wie die oben genannten zu operationalisieren und konkret zu belegen. Leichter gefragt als getan. Der Halo-Effekt beschreibt das Phänomen, dass ein einziges Merkmal alle anderen Eigenschaften überstrahlt. Halo spielt meist eine Rolle, wenn wir Persönlichkeiten oder Professionals bewerten.

Auch Topexecutives entscheiden nach dem Halo-Effekt. Zum Beispiel, wenn sie ihren Executive Coach auswählen:

Entscheidungskriterium Nr. 1 für Topexecutives bei der Auswahl des eigenen Executive Coachs ist „das persönliche Auftreten".
Und die damit verbundene „persönliche Wirkung", die der Coach erzielt.

Anmerkungen

1 Satir, Virginia: *Peoplemaking*, Palo Alto 1972 by Science and Behavior Books, Inc. Deutsch: *Selbstwert und Kommunikation: Familientherapie für Berater und zur Selbsthilfe*, München 1975. Virginia Satir, 1916–1988, ist die Mutter der systemischen Familientherapie.

2 managerSeminare: Umfrage „Trainingsmethoden 2010", n = 360 Personalentwickler und Weiterbildner.

3 Ein Dilettant ist Laie beziehungsweise Amateur, kein ausgewiesener Experte. Der Dilettant übt eine Disziplin vorwiegend zum Vergnügen (*dilettare* von lateinisch *delectare* erfreuen) aus. Wer keine entsprechende, anerkannte Ausbildung absolviert hat, gilt als Dilettant. Umgangssprachlich wird Dilettant negativ verwendet, wenn eine Aufgabe nicht fachmännisch, sondern fehlerhaft und oberflächlich, also dilettantisch ausgeführt wird. Scharlatan bezeichnet einen, der lügnerisch vorgibt, ein bestimmtes Wissen oder bestimmte Fähigkeiten zu besitzen.

4 Fuchs, Jürgen: „Von der Karriere zur Employability. Wie man im 20. Jahrhundert Karriere macht". In: Sattelberger, Thomas; Rump Jutta; Fischer, Heinz (Hg.): *Employability Management*, Wiesbaden 2006.

5 Wie die Ausbildung zum Business Coach (IHK) an der IHK-Akademie Westerham, die einmal jährlich durchgeführt wird.

6 Approbation, lateinisch approbatio für Billigung, Genehmigung; staatliche Zulassung zu Heilberufen.

7 *Kunde* bedeutet im 8. Jahrhundert. „Zeuge" und „der mit einem Sachverhalt Bekannte". Erst seit dem 16. Jahrhundert wird Kunde wie heute als „der in einem Geschäft Kaufende" verwendet.

8 Studie zum Deutschen Coaching-Markt 2008/09, Lehrstuhl für Technologie- und Innovationsmanagement, Philipps-Universität Marburg.

9 Thorndike, Edward: „A Constant Error in Psychological Ratings". In: *Journal of Applied Psychology*, 4/1920.

10 Rosenzweig, Phil: *Der Halo-Effekt. Wie Manager sich täuschen lassen.* Offenbach 2008.

11 Kognitive Dissonanz bezeichnen Psychologen einen als unangenehm empfundenen Zustand, der entsteht, wenn eine Person zwei unvereinbare Meinungen hat.

12 *Harvard Business Manager* & Kienbaum Management Consultants, 2007, Stichprobe n = 201 Vorstände, Geschäftsführer.

POSITIVE
Psychologie

Seit Ende des letzten Jahrhunderts gibt es die Positive Psychologie als eigene Disziplin in der Psychologie. Martin Seligman, damals Präsident der American Psychological Association, ruft sie 1998 ins Leben. An Stelle von „Fix what's wrong!" lenkt sie mit „Build what's strong!" die Aufmerksamkeit auf die positiven Aspekte des Lebens. Die Positive Psychologie will beobachten, erforschen und erklären, was das Leben mit Freude und Glück erfüllt, was ihm Bedeutung gibt und es insgesamt lebenswert macht.

Schwerpunkte der Positiven Psychologie[1]

Klienten im Coaching sind Zielpersonen für die Positive Psychologie. Es sind Menschen, die ihr Wohlbefinden und ihre Zufriedenheit erhalten oder noch verbessern wollen. Nicht etwa Menschen in schlimmen Krisen oder mit psychischen Handicaps, die froh sind, wenn sie auf einer Skala von minus 8 auf minus 3 im Befinden klettern. Menschen mit solchen Befindlichkeiten sind bei Therapeuten besser aufgehoben.

Die Positive Psychologie will wissenschaftliche Erforscherin optimalen menschlichen Verhaltens sein. Sie möchte die Dinge entdecken und fördern, die zu einer positiven Entwicklung der individuellen Persönlichkeit und der ganzen Gesellschaft beitragen. Positive Psychologen interessieren sich für psychische Gesundheit, statt sich mit psychischen Krankheiten, Ticks oder Fehlfunktionen zu beschäftigen.[2] Über ein Jahrhundert haben sich Psychologen vor allem mit einem Thema, nämlich mit seelischer Krankheit abgemüht, und das nicht unerfolgreich. „Nach meiner Schätzung können von schweren seelischen Krankheiten inzwischen viele mit Medikamenten und speziellen Methoden der Psychotherapie effektiv behandelt werden – einige konnten sogar ganz geheilt werden."[3] Wir wollen freilich mehr als lediglich unauffällig und unbeeinträchtigt von psychischen Krankheiten oder mentalen Knacksen leben. Wir wünschen uns ein Leben, das uns mit Sinn und Freude erfüllt. Deshalb ist die Zeit reif für eine Disziplin, die positive Emotionen verstehen hilft, die sich mit Tugenden und Stärken befasst, die nachvollzieht, warum fördernde Gemeinschaften wichtig sind, und welche Leitplanken ein gutes und erfülltes Leben braucht. Die Positive Psychologie kümmert sich besonders um:

- Das Erforschen und Verstehen positiver Emotionen.
- Die Analyse von Werten, Tugenden, Charakterstärken, Talenten und Kompetenzen und was daraus folgt.
- Das Studium von Gemeinschaften wie Familie, Freundschaft, Firma, Schule und Gesellschaft und was sie für ein zufriedenes Leben bedeuten.

Die schärfsten Kritiker der Elche waren früher selber welche.
ROBERT GERNHARDT

Gemeinschaften können das Entwickeln und Einbringen von Tugenden und Charakterstärken fördern, die ihrerseits wieder positive Erlebnisse ermöglichen. Erleichtern ist wohl der passende Begriff, denn es gibt keinen direkten kausalen Zusammenhang dafür. Das Studium universeller Tugenden und Charakterstärken hilft, Wohlbefinden, Flow und ein Leben, das Größerem verpflichtet ist, zu verstehen und für sich voranzubringen. Tugenden und Charakterstärken immunisieren gegen Prüfungen des Schicksals, sie tragen bei, uns resistenter gegen Krisen zu machen.

Glück benutzen wir gewöhnlich als Begriff dafür, eine Erfahrung zu beschreiben, nicht für die Konsequenzen daraus.

„Positive psychology: scientific study of what goes right in life." Christopher Peterson

Purer Hedonismus und flüchtige Genusssucht scheitern beim Wettbewerb um das beste Rezept für nachhaltiges Glück. Abkürzungen zu guten Gefühlen gibt es im Überfluss, sie sind jederzeit verfügbar. Bei den Short Cuts handelt es sich um Gummibärchen, Schokolade, Chips, Rauschmittel, Masturbieren[4], nichtstoffliche Drogen wie Shoppen oder Spielsucht – ob mit oder ohne Computer oder mit zu viel TV-Konsum. Nicht, dass man puritanisch[5] und prüde[6] auf jede Abkürzung verzichten sollte. Sich jedoch nur auf Abkürzungen zu positiven Gefühlen zu verlassen, um schnell viel Spaß, Euphorie und Ekstase zu erleben, mag bei Aristoteles[7] und seinem Verständnis vom Sinn des „guten Lebens" nicht punkten. Das Motto „Spaß – immer sofort & supersatt" beschreibt die Lebensweise von Leuten, die seelisch langsam verhungern, weil sie mitten im Überfluss leben. Deshalb haben Menschen, die exzessiv hedonistisch leben, häufig kaum mentale Widerstandskräfte, wenn psychische Krisen und außergewöhnliche seelische Belastungen sie treffen. Menschen wollen nicht nur ekstatische Gefühle und Spaß. Sie wollen berechtigten Anspruch auf nachhaltig gute Gefühle haben.

Dieses Bedürfnis erfüllt sich dann, wenn wir eigene Werte, Tugenden, Charakterstärken und Talente sinnvoll in unser Leben einbringen, statt dauernd schnell, oberflächlich und perspektivlos emotionale „Shots" zu konsumieren.

— DEUTSCHLAND —
2010

5 %
sehr gut

35 %
eher gut

bewerten ihre Chancen, sich beruflich weiterzuentwickeln.

— DEUTSCHLAND —

89 %

finden eine
glückliche Ehe
oder
Partnerschaft
wichtig.

Sind wir positiv gestimmt, genießen andere unsere Gegenwart ganz besonders. Sind wir gut drauf, festigen sich Beziehungen und Partnerschaften. Der geistige Horizont öffnet sich, wir sind wach und im Vollbesitz unserer Kräfte. Wer glücklich ist, lernt auch am besten. Gut gelaunt sind wir besonders kreativ, tolerant und aufgeschlossen für neue Ideen, Herausforderungen und Begegnungen. Aufgaben gehen leichter von der Hand, denn gut gestimmt sind wir lern- und leistungsfähiger. Weil positive Emotionen für uns so wichtig sind, haben wir reichlich davon.

Zehn oder mehr Schmetterlinge im Bauch?

Zehn Variationen positiver Gefühle, die in der Illustration oben aufgeführt sind, beschreibt Barbara Fredrickson in ihrem Buch „Die Macht der positiven Gefühle", Frankfurt 2011. Die Forschung befasst sich immer intensiver mit diesen zehn Gefühlen. Ginge es nach Paul Ekman, hätten wir 16 unterschiedliche Emotionen. Fünf von Ekmans Emotionen sind Gefühle, die wir über und mit unseren fünf Sinnen erleben: Das Genießen beim Sehen, Hören, Fühlen, Riechen und Schmecken.

Wörter sind lediglich Stellvertreter für Emotionen.
Sie sind selbst keine Emotionen.

Für Ekman sind weitere wichtige positive Emotionen: Belustigt beziehungsweise amüsiert sein, Zufriedenheit, Erregung, Erleichterung, stau-
nend Ergriffensein, Ekstase, Stolz auf die eigene Leistung, das Gefühl
von Erfüllung, das Empfinden eines erhebenden Gefühls und nicht zuletzt Dankbarkeit und Schadenfreude als „reinste aller Freuden". Silvan
Tomkins, der Lehrer von Paul Ekman, wie auch die bekannten Psychologinnen Christina Brannigan und Barbara Frederickson[9] halten sinnliches
Genießen mit den fünf Sinnen nicht für Emotionen im klassischen Sinne,
sondern für positive Gefühle. Erotik, Sex und geschlechtliche Beziehungen allgemein sind ein weiterer Bereich, der mit jeder Menge sinnlicher
Genüsse, Lüste, Gefühlen und Emotionen verbunden ist. Sex & Co. werden von Emotionsforschern bisher allerdings eher randständig behandelt.

Lächeln darf als die mimische Ausdrucksform für Freude und andere Arten positiver Emotionen sowie Gefühle gelten. An Größe, Intensität und
Dauer des Lächelns auf die jeweilige spezifische Form positiver Emotion
schließen zu wollen, ist schwierig bis unmöglich. Klar gibt es ruhigere
positive Emotionen wie zufrieden, ergriffen oder stolz sein und andererseits „lautere" Formen wie beispielsweise Ekstase. Die unterschiedlichen
positiven Emotionen haben im Gegensatz zu den Grundemotionen Wut,
Trauer, Ekel oder Angst keine universal gleichen Formen von Augenblicksmimik. Gute Laune können wir „künstlich" herstellen. Dafür reichen Kleinigkeiten: ein Pfefferminz, eine Praline oder ein Stück Schokolade, unser
Lieblingstee, ein aufmunterndes Wort, unser Lieblingssong, ein feiner
Reim, Dada oder ein Lächeln, ein Lounge Chair, eine Hängematte, eine
Sommerwiese, Sonnenschein, eine besondere Lichtstimmung oder frische
Luft, das Meer, ein von Sonnenstrahlen durchfluteter Mischwald. „Jedes
dieser zuverlässig guten Gefühle verursacht ein kleines Echo eines guten
Gefühls, und diese stimulierte positive Emotion lässt Sie wahrscheinlich
Aufgaben kreativ und erfolgreich lösen."[10]

Lächeln ist unbestritten der mimische Ausdruck einer positiven Emotion. Das Lächeln unterschiedlich motivierter positiver Emotionen hingegen erkennen wir, wenn überhaupt, lediglich an ihrer Intensität.

— DEUTSCHLAND —

76 %

der Deutschen
meinen, Gesundheit
macht glücklich.

*Positive Gefühle sind körperlich-sinnlicher Ausdruck
dafür, dass gerade etwas Gutes entsteht.*

— BESONDERS —
WICHTIG IM LEBEN?

60 %
viel Spaß haben.

Positive Stimmung bewirkt, dass wir flexibler denken. Wir denken dann an das, was richtig und schön ist. Nicht daran, was falsch ist, was fehlt oder zu vermeiden ist. Positive Emotionen bewirken, dass wir kreativ und offen sind. Positive Ausstrahlung macht uns für andere attraktiv, wir erzeugen bessere Resonanz.

Nur positive Stimmung allein hilft allerdings langfristig auch nicht. Auf sich gestellt trägt sie nicht sehr weit. Denn der Sinn unseres Lebens besteht darin, uns für etwas Größeres zu engagieren. Je größer das ist, wofür wir uns engagieren, desto sinnvoller wird unser Leben.

Gibt es eine Formel für Glück?

In dieser Formel[11] steht Glück für nachhaltiges Glück, nicht für das lediglich kurzfristige, augenblickliche im Hier und Jetzt. Momentanes Glücklichsein kann jeder schnell und einfach steigern. Die wirkliche Herausforderung besteht darin, Glück langfristig und nachhaltig zu steigern.

$$G = A + L + W$$

Glück[12] = Individuelles **A**usgangsniveau + jeweilige **L**ebensumstände + nachhaltiger **W**ille zum Handeln

Unser persönliches Ausgangsniveau von Glück

*Glücklich ist,
wem gestaltend
etwas gelingt
oder wer lernend
neue Einsichten
gewinnt.*

Unser ererbtes Ausgangsniveau – Amerikaner nennen es *Setpoint* beziehungsweise *Setrange* – ist das Glücksniveau, das von Person zu Person variiert. Bei den einen ist dieses Glücksniveau „von Haus aus" hoch, bei anderen niedrig. Positive Affektivität besagt, es gibt Leute, die von „Mutter und Vater aus" fröhlicher sind als andere. Jeder von uns kommt immer wieder auf sein persönliches Ausgangsniveau für Glück zurück. Es sei denn, wir unternehmen regelmäßig und nachhaltig etwas dafür, glücklicher zu werden. Psychologen der University of Michigan untersuchten das Persönlichkeitsmerkmal „positive Affektivität",[13] die „Ansprechbarkeit für Gefühle". Haben Menschen positive Affektivität in hoher Ausprägung, erleben wir sie bestens gestimmt, mit fast ausnahmslos guter Laune. Unsere Persönlichkeitseigenschaften ererben wir zur Hälfte, so auch das Persönlichkeitsmerkmal Affektivität. Positiv affektive Menschen fühlen sich großartig, das Leben macht ihnen einen Heidenspaß. Menschen mit niedrigem positivem Affekt fühlen sich nicht so prächtig, oft nicht mal gut. Auf andere wirken sie gelangweilt und schlapp, ihre Präsenz kann die Wirkung einer Schlaftablette haben. Gehen Sie mit beiden Typen gnädig um, mit den Jederzeit-auch-schon-früh-am-Morgen-Bestgelaunten und den emotionalen Flachatmern, die Gefühle nicht zeigen können. Deren überzogener beziehungsweise unterentwickelter Gefühlsexhibitionismus ist vermutlich angeboren. Die meisten von uns befinden sich in der Mitte zwischen himmelhoch jauchzend und niedergeschlagen, mit der natürlichen Gabe, gefühls- und stimmungsmäßig oszillieren zu können. Jeder von uns, sagt die Positive Psychologie, hat seine ganz persönliche Bandbreite für Glück. Selbst wenn Papa, Mama und DNA unsere emotionale Grundausstattung mitbestimmen, lautet die positive Botschaft dabei: Auch diejenigen, die am unteren Spektrum positiver Affektivität liegen, können glücklich(er) werden. Glücklicher werden setzt voraus, konsequent etwas dafür zu tun. Wahres Glück stellt sich, für den ein, der kontinuierlich dafür arbeitet und möglichst oft eigene Werte, Tugenden, Charakterstärken und Fähigkeiten verwirklichen kann.

—— TEENAGER ——
VERBRINGEN FAST

33 %
ihrer Zeit
mit Freunden.

Der erste Zweck von Erziehung ist, jungen Menschen beizubringen, Gefallen an den richtigen Dingen zu finden.
PLATO

Persönlichkeit, Lebensstil und Glück

Die folgenden Smileys beschreiben den Korrelationskoeffizienten[14] verschiedener Merkmale mit Glücklichsein[15]. Auf gut Deutsch heißt das, welchen positiven Zusammenhang haben verschiedene Merkmale mit Glück. Einige Lebensumstände steigern demnach unser Glücksniveau. Andere sind fürs Glücklichsein nahezu bedeutungslos. Unerheblich für Glück ist beispielsweise, wie hoch unser Einkommen ist, ob wir Frau oder Mann sind, ob wir Kinder haben, wie klug, gebildet oder gutaussehend wir sind. Bildung ist zwar ein möglicher Pfad zu höherem Einkommen. Bildung führt jedoch nicht zwingend dazu, glücklicher zu werden. Wie alt wir sind, hat nichts oder nur wenig mit Glück und Lebenszufriedenheit zu tun.

Nicht oder kaum mit Glück und Lebenszufriedenheit korrelieren:
- ☺ Alter
- ☺ Geschlecht
- ☺ Bildung
- ☺ Soziale Klasse
- ☺ Einkommen
- ☺ Intelligenz

Sonne und ewiger Süden helfen gegen Winterblues; unser Glücksniveau hängt jedoch nicht von der Menge täglicher Sonnenstunden ab. Zu schnell gewöhnen wir uns an blauen Himmel und wärmenden Sonnenstrahlen. Wir nehmen sie hin wie die nächste Gehaltserhöhung. Unsere Lebenszufriedenheit nimmt mit höherem Alter zwar leicht zu, die Gefühlsansprechbarkeit fällt mit dem Älterwerden ab. Ältere Menschen erleben Gefühlsausschläge nicht mehr so intensiv, emotionale Peaks bleiben eher aus. Demografische Merkmale sind nicht oder kaum mit Glück assoziiert. Unabhängig davon kann jeder glücklich sein oder werden.

Es gibt 1000 Krankheiten, aber nur eine Gesundheit.

ARTHUR SCHOPENHAUER

Moderat mit Glück und Lebenszufriedenheit korrelieren:
- ☺ Zahl der Freunde
- ☺ Verheiratet sein
- ☺ Religiosität
- ☺ Aktive Freizeitgestaltung
- ☺ Psychisch gesund sein
- ☺ Bewusst sein
- ☺ Extraversion

Unter den verlässlicheren Bestimmungsgrößen für Glücklichsein finden sich vor allem soziale und zwischenmenschliche wie Freunde. Ob wir glücklich sind, hängt besonders davon ab, ob und wie sich enge Beziehungen zu anderen entwickeln. Extravertiert sein, aktive Freizeit oder die Tatsache, glücklich verheiratet zu sein, spielen ebenfalls eine Rolle für unser Glück.

Im Deutschen unterscheiden wir nicht zwischen „Luck" und „Happiness". „Glück haben" können wir nicht beeinflussen, bei „glücklich sein" mag uns das gelingen.

„Misery loves Company." Stanley Schachter

Besonders glückliche Leute[16] pflegen enge Beziehungen mit anderen. Gute soziale Beziehungen scheinen besonders wichtige Bedingungen für Glück zu sein. Das trifft auch auf Religiosität zu: Gläubige Menschen kommen zum einen in Gemeinden zu gemeinschaftlichen Aktivitäten zusammen. Glauben vermittelt Menschen andererseits Zuversicht über das eigene Leben hinaus und gibt so dem Leben tieferen Sinn. Psychologen unterscheiden zwischen Religiosität und Spiritualität. Religiosität sind eher traditionelle Glaubenshaltungen meist kirchlicher Ausdrucksformen, mit denen sich Menschen auf einen Gott oder andere überweltliche Kräfte beziehen. Spiritualität geht über das rein religiöse Verständnis hinaus und ist als Begriff dehnbarer. Spiritualität bezieht sich auf anteilnehmendes Erleben von Natur und Menschlichkeit – meist verbunden mit der Vorstellung von einem höheren Ganzen.

Glück verwenden wir gewöhnlich als Begriff dafür, um ein Erlebnis zu beschreiben, und nicht für die Konsequenzen daraus.

Hoch positiv mit Glück und Lebenszufriedenheit korrelieren:

- Dankbarkeit
- Optimismus
- Selbstwert
- Häufiger Geschlechtsverkehr
- Anteilige Zeit mit positiven Gefühlen
- Angestellt sein
- Produktiv sein
- Das Glück eineiiger Zwillinge

Nahezu alle Menschen, die zu den „oberen zehntausend" Glücklichen gehören, haben aktuell eine Liebesbeziehung. „Was heißt eigentlich häufiger Geschlechtsverkehr?" Da geht es nicht um das zahlenmäßige Maximum, japs, sondern um die subjektiv „richtig" empfundene Frequenz mit dem richtigen Partner. Dankbarkeit nimmt gleich starken Effekt auf Glücklichsein wie die Persönlichkeitsmerkmale Selbstwert und Optimismus. Eine Erklärung für den relativ hohen Zusammenhang von Optimismus beziehungsweise Selbstwert und Glücklichsein liegt in der Art, wie glückliche Menschen über sich sprechen und sich inszenieren: Glückliche Menschen schreiben sich wesentlich häufiger positive Merkmale zu. Weniger glückliche Leute kommen gar nicht erst auf die Idee, sie unterlassen das schlichtweg. Glückliche Menschen sind signifikant zufriedener mit ihren Jobs. Glücklichsein scheint ursächlich für Produktivität zu sein. Eine Frage wird dabei nicht gestellt: Ist Glücklichsein die Henne und Produktivität das Ei? Oder verhält es sich anders herum?

Karriere ist etwas Herrliches, aber man kann sich in einer kalten Nacht nicht an ihr wärmen.
MARILYN MONROE

Was bestimmt unser Glück?[17]

Ich will glücklicher werden!
Glück ist nicht Produkt unseres Willens, sondern der Wille zum Handeln ist Prämisse, um glücklicher zu werden und zu bleiben. Dieser Wille hält uns an, dass wir uns neu und anders verhalten. Der Wille bewegt

uns, häufiger Dinge zu tun, die glücklich machen. Wie die Erfinder der Formel sagen und die Prozente zeigen, ist die Hälfte unseres individuellen Glücksniveaus durch unsere DNA, die Trägerin unserer Erbinformation, vorbestimmt. Ein herzliches Dankeschön an meine Mutter und meinen Vater dafür, ich habe viel Positives und Optimistisches mitbekommen. Nur zehn Prozent zum Glück tragen die Lebensumstände bei. Rund 40 Prozent unseres mentalen Wohlbefindens und persönlichen Glücklichseins können wir selbst beeinflussen. Durch unseren Willen, durch konsequentes und bewusstes Handeln und indem wir, wo es hilft, unser Verhalten ändern. So behaupten es positive Psychologen.

Glückliche Eltern, die feine Kinder haben, haben für gewöhnlich glückliche Kinder, die feine Eltern haben.
JAMES BREWER

Was uns glücklich macht

Glaubt man Seligman, Peterson, Ben-Shahar, Lyubomirsky und anderen Positiven Psychologen, gelingt ein glückliches Leben am ehesten dann, wenn wir in einem freien Land leben, das Gefühl genießen dürfen, gesund und sicher zu sein und wenn uns diese acht Sonnenstrahlen wärmen: Sie lassen die Dinge scheinen, die den Ausschlag für ein glücklicheres Leben geben können.

Glücklich sind wir dann, wenn ...

... bei uns die positiven Gefühle überwiegen,
... wir dankbar sind für das, was war,
... wir mit dem Leben zufrieden sind, so wie es ist,
... wir Hoffnung für unsere Zukunft haben,
... wir unsere Stärken kennen,
... wir unsere Stärken und Fähigkeiten einsetzen,
... wir emotionale Nähe zu anderen erleben,
... wir in fördernden Gemeinschaften mitwirken.

Insgeheim gern gestellte Fragen an die Positive Psychologie, die schon lange auf Beantwortung warten:

🙂 Hat die Positive Psychologie denn nichts Wichtigeres zu bieten als gelbe Smileys & Happy go Lucky[18]?

🙂 Hat die Positive Psychologie wirklich mehr drauf als Laienprediger am Sonntag in der Kirche?

🙂 Geht Positive Psychologen seelisches Leid eigentlich nichts an?

🙂 Was, wenn es kein individuelles Ausgangsniveau für Glück gibt?

🙂 Das Leben an sich ist aber doch wohl eher tragisch, oder etwa nicht?

🙂 Will die Positive Psychologie eigentlich mehr sein als intellektuelles Luxusthema für verregnete Sonntagnachmittage?

🙂 Wie wär's denn mit ein wenig mehr Tiefgang und seriösem professionellen Anspruch, ihr Positiven Psychologen?

🙂 Sind es wirklich die netten Menschen, die im Leben und in der Liebe die Nase vorne haben?

🙂 Müssen Positive Psychologen eigentlich immerzu glücklich sein?

🙂 Und wenn ja, ist das nicht unglaublich anstrengend? Und noch anstrengender, wenn man kein Amerikaner ist?

🙂 Heißt „positiv" etwa, der Rest der Psychologie sei negativ?

🙂 Glückliche Menschen sind doch gewöhnlich eher blöd, oder?

Welche Werte hat die Welt?

Wenn wir uns fragen, welche Ziele wir unbedingt erreichen wollen, kommen Werte ins Spiel. Ein Wert ist eine Zielvorstellung von dem, was wir moralisch für erstrebenswert halten. Werte spielen eine große Rolle in unserem Leben. Besonders für das Leben, das wir meinen führen zu wollen.

Die sechs wichtigsten Werte in Deutschland

Frieden	61
Menschenrechte	39
Respekt gegenüber menschlichem Leben	38
Demokratie	31
Freiheit des Einzelnen	25
Toleranz	23

2009, Befragte in Prozent

Werte geben uns nicht nur Ziele fürs Handeln vor. Sie liefern auch gleich noch die Kriterien mit, wie diese Ziele zu bewerten sind.

Werte gehen über das hinaus, wofür wir uns entscheiden, weil sie gleichzeitig dazu auffordern, wozu wir uns entscheiden sollen. Werte sind ideale Standards, deshalb braucht es nicht zu verwundern, dass wir nicht immer im vollsten Einklang mit ihnen leben. Peterson nennt einige Bedingungen[19], bei denen wir am ehesten damit rechnen dürfen, dass unsere Werte und unser Handeln übereinstimmen:

- Werte, die wir im Lauf unserer Entwicklung erworben haben, finden wir häufiger und stimmiger in unserem Handeln als Werte, die wir aus zweiter Hand von jemandem übernommen haben.
- Hat ein Wert direkt mit unserem Selbstbild zu tun, findet er sich meist auch stimmig in unserem Handeln wieder.
- Werte und Verhalten stimmen eher überein, wenn wir uns bewusst machen, dass Verhaltensweisen auch bestimmte Werte verkörpern.

- Unser Handeln erleben wir eher konform mit unseren Werten, wenn wir an Stelle einzelner Verhaltensweisen unser gesamtes Handeln reflektieren.

Werte bringen uns dazu, etwas zu unternehmen oder zu unterlassen. Werte liefern auch die Kriterien, das Handeln von anderen zu beurteilen. Werte sind starke Überzeugungen, dass gewisse Ziele anderen moralisch vorzuziehen sind. Werte beschreiben, welche Überzeugungen einzelne oder Gruppen haben. Werte erzählen uns, wie sich die Dinge im Idealfall entwickeln und welches Ende sie nehmen sollten. Werte bestimmen auch maßgeblich, wie wir die Welt und andere erleben. Wir ordnen dabei unsere Werte in der Reihenfolge, wie sie uns wichtig sind. Werte bedeuten entweder Kosten oder Gewinn für uns. Werte verwenden viele auch als Begriff für Einstellungen, Normen, Bedürfnisse, Persönlichkeitsmerkmale oder Tugenden. Werte sind jedoch etwas anderes. Respekt für andere Menschen haben, ist ein Wert. Wenn Frauen in der Kirche keine Hose tragen sollen, sondern einen mindestens knielangen Rock, ist das eine Einstellung. Eine Einstellung ist auch, ob wir einen bestimmten Sachverhalt positiv oder negativ beurteilen. Werte sind Leitsterne, denen wir gerne folgen. Werte sind etwas anderes als Persönlichkeitsmerkmale. Ein Persönlichkeitsmerkmal ist, wie widerspruchsfrei und stimmig jemand denkt, fühlt und handelt. Es gibt positive Persönlichkeitsmerkmale wie Freundlichkeit, andere wie Sturheit, die sind eher negativ, und wiederum andere sind neutral. Wir würden kaum auf die Idee kommen, das Handeln anderer anhand von Persönlichkeitsmerkmalen zu bewerten, dafür müssen Werte herhalten.

Versuchungen bekämpft man am besten mit Geldmangel und Rheumatismus.
JOACHIM RINGELNATZ

„Some of us hang toilet paper over the top and others down the wall. Values are of course something different." Christopher Peterson

Werte sind auch keine Normen. Normen beziehen sich rigoros auf gewisse Situationen und die Überzeugung, man müsse sich in diesen Situationen so und nicht anders verhalten. Ist man da nicht brav und folgsam, heißt es rasch: *„Das tut man nicht!"* Normen haben häufig etwas Einschränkendes, Gängelndes, bei Werten ist das nicht der Fall.

Ein Wert ist auch kein Bedürfnis, wenngleich beide uns auf ihre Art beeinflussen, uns in bestimmter Weise zu verhalten. Bedürfnisse sind biologische Motive, die uns antreiben, uns möglichst so zu verhalten, dass diese biologischen Bedürfnisse auch befriedigt werden: Haben wir Hunger, essen wir. Sind wir müde, schlafen wir, etc. Werte und Tugenden sind gut auseinanderzuhalten, auch wenn beide dafür geradestehen müssen, wollen wir moralisch lobenswertes Handeln erklären. Werte sind vorbildliche externe Lehrmeister, Tugenden hingegen machen interne Qualitäten unseres Handelns deutlich.

Das Glück besteht nicht darin, dass du tun kannst, was du willst, sondern darin, dass du immer willst, was du tust.
LEO TOLSTOI

Die Wertestruktur

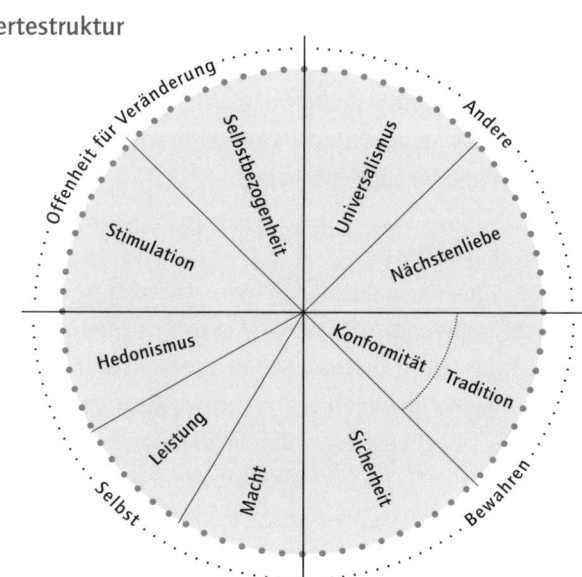

Shalom Schwartz[20] forschte in zwölf Ländern nach gleichermaßen hochgeschätzten und anerkannten Werten. Schwartz und sein Team wiederholten ihre Untersuchung in 70 weiteren Ländern. Diese Studien sind deshalb bemerkenswert, weil sie die Beziehungen einzelner Werte zueinander untersuchen.

Keiner muss lernen, dass Zucker süß ist.

Diese zehn Werte[21] sind weltweit anzutreffen:

Hedonismus: persönliche Belohnung, Vergnügen, zum Beispiel Essen, Sex.

Konformität: Nur Dinge unternehmen, die im Einklang mit gesellschaftlichen Spielregeln stehen, etwa, sich nach der Etikette verhalten.

Leistung: persönlicher Erfolg durch Können und Kompetenz, so wie es gesellschaftlich akzeptiert ist, zum Beispiel Ehrgeiz.

Macht: sozialer Status, Prestige, Kontrolle über andere, wie Reichtum.

Selbstbezogenheit: unabhängiges Denken und Handeln, zum Beispiel Freiheit.

Nächstenliebe: bewahren und verbessern des Wohlergehens anderer, zum Beispiel vergeben und verzeihen.

Sicherheit: Stabilität der Gesellschaft, Recht und Ordnung.

Stimulation: Reize, Herausforderungen und Kicks im Leben.

Tradition[22]: Respekt für kulturelles sowie religiöses Denken und Handeln anderer, beispielsweise Religionszugehörigkeit.

Universalismus: Mensch und Natur verstehen, schätzen und schützen, soziale Gerechtigkeit oder Umweltschutz.

Zur Architektur dieser Werte

Die zehn Werte liegen um die beiden Achsen „Offen für Veränderung vs. Bewahren" beziehungsweise „Selbst vs. Andere". Liegen zwei Werte in einem der vier Felder dicht beieinander, wie etwa Leistung und Macht, spricht das für ihre Kompatibilität. Wer sich zu dem einen Wert stark bekennt, schätzt in aller Regel auch den anderen Wert.

Stehen sich zwei Werte 180 Grad gegenüber, sind sie nicht kompatibel. Leute, die den einen Wert schätzen, schätzen den anderen Wert nicht annähernd hoch. Die Wertestruktur verrät, ob sie tendenziell selbstbezogen oder eher auf andere bezogen sind und ob für sie persönlich Bewahren oder die Offenheit für Veränderungen wichtiger ist. Die Wertestruktur hilft, mehr Verständnis für Klienten, aufzubringen. Von einem ranghohen Beamten können Sie nicht zwangsläufig erwarten, dass er gleichzeitig Hedonismus und Stimulation, also Genuss und ständige neue Reize, ähnlich hochschätzt wie Sicherheit, Konformität und Tradition.

Jeder Mensch trägt einen Zauber im Gesicht: irgendeinem gefällt er.
FRIEDRICH HEBBEL

Zweites Beispiel: Für einen Vorstandsvorsitzenden mit hoher Machtorientierung, ausgeprägter Leistungsausrichtung und Selbstbezogenheit wird vielleicht Nächstenliebe keinen gleich hoch ausgeprägten Stellenwert besitzen.

Und drittens, umgekehrt: Jemand, für den Nächstenliebe der höchste und wichtigste Wert ist, für den werden Macht, Genuss und Titel auf Visitenkarten nicht gleich wichtig sein.

Virtues are values in action.

Globale Tugenden und Charakterstärken

Allport und Odbert[23] untersuchten im Jahr 1936 mehr als 18.000 Persönlichkeitsmerkmale und Charaktereigenschaften. Wie kann man aus so vielen Persönlichkeitseigenschaften sechs Tugenden und 24 Charakterstärken auswählen? Dr. Christopher Peterson, Direktor für Klinische Psychologie der University of Michigan, mit dem Ruf des herausragenden Wissenschaftlers, und Martin Seligman arbeiten gemeinsam an diesem ambitionierten Projekt. Beide sind sich einig, keine Sittsamkeits- und Stärkenregister aufstellen zu wollen, die allenfalls den Vorstellungen weißer Männer der amerikanischen Mittel- und Oberschicht genügen. Petersons und Seligmans Anspruch ist hoch. Ziel ist ein universell gültiger Katalog von Tugenden und Charakterstärken. Die Charakterstärken sollen in allen Kulturen, Religionen und Philosophien hohe Wertschätzung erfahren und zudem zwei weitere Bedingungen erfüllen:

— BESONDERS —
WICHTIG IM LEBEN?
PROZENT DER
BEFRAGTEN

- Die Stärken sollen ihrer selbst wegen geachtet, nicht nur als Mittel zum Zweck gesehen werden.
- Die Stärken sollen zu verändern und zu formen sein.

65 %
Selbstbestimmtheit

Peterson und Seligman studierten Schriften und Gedanken großer Philosophen und Religionen: Aristoteles, Augustinus, das Alte Testament, Buddha, Konfuzius, den Koran, Plato, den Samuraicode, Tugendkataloge der Pfadfinder und Kriterien, die Pop- und Gamekultur ihren Helden zu-

40 %
Eigenverantwortung

schreiben, den Talmud, die indische Bhagavad Gita[24], die Upanishaden[25], um einige der insgesamt 200 Quellen zu nennen. Sie finden sechs globale Tugenden, die in allen bedeutenden Traditionen, Religionen und Philosophien der letzten 3000 Jahre weltumspannend eine Rolle spielen. Auch wenn's bei der konkreten Interpretation einiger Tugenden und Stärken plausible Unterschiede gibt: Ein japanischer Samuraikrieger der Edo-Periode interpretiert Mut eben etwas anders als ein hinduistischer Swami-Mönch.

Peterson und Seligman sind überzeugt, der Charakter stellt die innere Voraussetzung für ein gutes Leben dar. Als besonders wertvollen Einfluss auf unser Leben und unsere guten Gefühle schätzen die beiden Psychologen die Wirkung von Charakterstärken ein. Charakterstärken und Fähigkeiten helfen, häufig und sinnvoll eingesetzt, die Lebenszufriedenheit zu erhöhen. Besonders zufrieden sind wir, wenn wir Aufgaben ausführen, ohne uns zu überfordern. Stärken brauchen ein unterstützendes Milieu, um zur Geltung zu kommen und Wirkung zu zeigen. Jeder von uns hat herausragende Stärken. 24 in nahezu allen Kulturen erwünschte Charakterstärken fassen Peterson und Seligman in diesen sechs Tugenden zusammen.

Seit geraumer Weile deutet sich an, dass Spiritualität sowie Transzendenz wieder mehr öffentliche Beachtung und Diskussion erfahren. P.M. Welt des Wissens[26] schreibt im April 2011 im Aufmacherartikel: *„Wissenschaftler entdecken: Wer den tieferen Sinn des Lebens verstehen will, sollte auf seine spirituelle Intelligenz hören."* Neben dem klassischen IQ, dem kognitiven Intelligenzquotienten und dem EQ, dem Quotienten für emotionale Intelligenz, solle man künftig auch seinen SQ, den Quotienten seiner spirituellen Intelligenz berücksichtigen.

Positive Psychologen nennen die ganz individuellen Stärken Signaturstärken[27]. Mit unserer handschriftlichen Signatur, *lateinisch signum* für „Zeichen", setzen wir unser Zeichen unter Verträge, Schriftstücke und Dokumente. Der eigene Namenszug in Form der Unterschrift gilt in unserem Recht als einzigartig. Signatur bekundet persönlichen Willen und Nachweis der Identität. Künstler signieren ihre Werke und besiegeln dadurch Urheberschaft und geistiges Eigentum. Signaturstärken haben eine besonders persönliche Note. Sie sind typisch, wenn jemand darüber sagt: *„So bin ich wirklich!"* Unsere Signaturstärken setzen wir gern und möglichst oft ein. Charakterstärken sind dann Signaturstärken von uns,

- wenn wir die Stärke immer wieder und über längere Zeit ausüben,
- wenn wir der Stärke einen Namen geben, der sie positiv beschreibt,
- wenn wir besonders motiviert sind, wenn wir die Stärke einsetzen,
- wenn wir die Stärke als charakteristisch für uns erachten,
- wenn Familie und Freunde das auch gerne bestätigen.

Warum sind Stärken überhaupt so wichtig? Weil es uns extra und nachhaltig befriedigt, eigene Signaturstärken[28] nutzbringend einsetzen zu können. Vor allem bei Aufgaben und Tätigkeiten, bei denen unsere Signaturstärken den entscheidenden Unterschied machen: Immer dann, wenn wir Potenzial entfalten und unsere Leistung abrufen können, genießen wir Flow und Erfolgserlebnisse. Signaturstärken sind für die Wahl von Ausbildung, Studium oder Beruf von großer Bedeutung. Aufgaben und Aktivitäten, die unsere Signaturstärken fordern, führen wir erfolgreicher und zufriedener aus. Menschen mit hohen Ausprägungen in Stärken und Fähigkeiten, die ihr Beruf fordert, sind mit dem Leben signifikant zufriedener als andere. Wer seine Stärken kennt, sie stetig weiterentwickelt, hat gute Chancen, sein Lebenskonzept besonders motivierend und erfolgreich zu gestalten. Für diverse Berufe kennt man mittlerweile korrespondierende Signaturstärken: Architekten und Architektinnen etwa verfügen über hohe Kreativität, Liebe zum Lernen, Bereitschaft zum Vergeben sowie Sinn für das Schöne. Kindergärtnerinnen zeigen häufig Bindungsfähigkeit, Freundlichkeit und Führungsvermögen als Signaturstärken.

Der Values-in-Action-Fragebogen für Erwachsene[29] – VIA-IS: Values-in-Action Inventory of Strengths – prüft 24 Charakterstärken mit gesamt 240 Items. Die „Charakterstärken" wurden am Psychologischen Institut der Universität Zürich, am Lehrstuhl „Persönlichkeitspsychologie und

Ich habe die Erfahrung gemacht, dass Leute ohne Laster auch sehr wenige Tugenden haben.
ABRAHAM LINCOLN

Subjektivität ist die Tatsache, dass eine Erfahrung nur von der Person erlebt wird, die sie hat.
DANIEL GILBERT

Diagnostik" von Professor Willibald Ruch, ins Deutsche übersetzt[30]. Die 24 Charakterstärken beschreiben und begründen die sechs Tugenden anschaulich.

Die sechs Tugenden

Vertrauen in die Mitmenschen ist ein wesentlicher Glücksfaktor. Sein Fahrrad sollte man trotzdem immer abschließen.
KATHRIN PASSIG

Menschlichkeit: Die Fähigkeit, zu lieben und geliebt zu werden, Freundlichkeit, das heißt Gefallen tun und gute Taten vollbringen sowie soziale Intelligenz.

Weisheit und Wissen: Kreativität, Neugier, Urteilsvermögen, Liebe zum Lernen und Weitsicht. Weisheit und Wissen schließen ausdrücklich den Erwerb und Gebrauch von Wissen ein.

Mut: Der Wille und emotionale Stärken, um Widerstände beim Erreichen von Zielen zu überwinden. Ehrlichkeit, Tapferkeit, Tatendrang und Ausdauer.

Sechs globale Tugenden

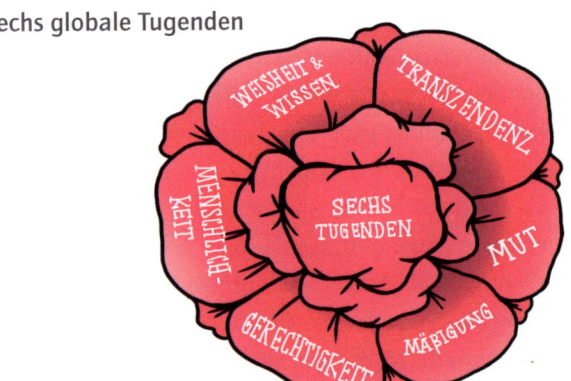

Ein guter Psychologe ist imstande, dich ohne weiteres in seine Lage zu versetzen.
KARL KRAUS

Gerechtigkeit als Tugend stärkt das Gemeinwesen durch Teamwork, Fairness und Führungsvermögen.

Mäßigung wirkt mit den Stärken Demut, Umsicht, der Bereitschaft, zu vergeben, und Selbstregulation Exzessen entgegen.

Transzendenz: Sinn stiften und uns einer höheren Macht näher bringen mit den Charakterstärken Sinn fürs Schöne, Humor, Optimismus, Dankbarkeit, Religiosität und Spiritualität.

Sind einige dieser 24 Charakterstärken besonders charakterisierend für Sie? Das sind Ihre Signaturstärken. Andere der 24 Charakterstärken werden untypisch für Sie sein. Das ist in Ordnung, den perfekten Generalisten, der alle Tugenden und Charakterstärken verkörpert, gibt es nicht.

„Charakterstärke entwickelt sich sehr langsam, sie kann aber sehr schnell nachlassen." Faith Baldwin

Verzichten Sie darauf, auf Teufel komm raus Ihre Schwächen besiegen zu wollen. Stärken Sie Ihre Stärken. Emotionale Zufriedenheit und Erfolg erreichen Sie vor allem dadurch, dass Sie Ihre Signaturstärken häufig praktizieren. Befriedigung erleben Sie, wenn Ihre Signaturstärken den entscheidenden Unterschied machen und Sie damit wirklich Wichtiges erreichen. Resultate, die wir durch unsere Signaturstärken erreichen, die den Punkt machen, wirken wie Stoßdämpfer: Sie immunisieren uns gegen Krisen. Sie funktionieren wie Puffer gegen die eine oder andere Scheußlichkeit des Lebens und reduzieren das Risiko, auszubrennen und psychisch krank zu werden. Tiefe und nachhaltig positive Gefühle lagern in unserem Charakter.

Eine gute Schwäche ist besser als eine schlechte Stärke.
CHARLES AZNAVOUR

Unser Charakter und unsere Stärken wollen gerne im Einklang mit etwas Größerem sein. Ein sinnvolles Leben, mit Höhen und Tiefen, befriedigt mehr als Rund-um-die-Uhr-Vergnügungen.

Wären wir ohne jeden Regen, ohne jedes Gewitter und kühle Temperaturen 365 Tage im Jahr nur der Sonne ausgesetzt, wüssten wir das auch nicht mehr zu schätzen.

Soziale Intelligenz bedeutet, anderen in die Seele blicken können.
MARTIN SELIGMAN

Sechs Tugenden – 24 Charakterstärken

Weisheit und Wissen
Kognitive Stärken inklusive Erwerb und Gebrauch von Wissen

Kreativität	Neue und effektive Wege finden, Dinge zu tun
Neugier	Interesse an der Umwelt haben
Urteilsvermögen	Dinge durchdenken, alle Seiten betrachten
Liebe zum Lernen	Neue Techniken lernen und Wissen aneignen
Weitsicht	In der Lage sein, guten Rat zu geben

Mut
Emotionale Stärken und Wille, um Hürden bei Zielen zu überwinden

Tapferkeit	Herausforderungen annehmen, sich nicht schnell beugen
Ausdauer	Hartnäckigkeit, Ausdauer, Fleiß; Sachen zu Ende führen
Ehrlichkeit	Integrität; die Wahrheit sagen und sich natürlich geben
Tatendrang	Der Welt mit Begeisterung und Vitalität begegnen

Menschlichkeit
Stärken, die liebevolle menschliche Interaktionen ermöglichen

Lieben können	Nähe herstellen und schätzen können
Freundlichkeit	Gefallen tun und gute Taten vollbringen
Soziale Intelligenz	Eigener Motive und der anderer bewusst sein

Gerechtigkeit
Stärken, die das Gemeinwesen stärken

Teamwork	Teamfähigkeit, als Teammitglied gut zusammenarbeiten
Fairness	Alle Menschen gleich und gerecht behandeln
Führungsvermögen	Gruppenaktivitäten ermöglichen und organisieren

Mäßigung
Stärken, die Exzessen entgegenwirken

Vergeben können	Denjenigen vergeben, die einem Unrecht tun
Bescheidenheit	Das Erreichte für sich sprechen lassen
Besonnenheit	Nichts tun oder sagen, was später bereut werden würde
Selbstregulation	Regulieren, was man fühlt und tut

Transzendenz
Stärken, die Sinn stiften, uns einer höheren Macht näher bringen

Sinn fürs Schöne	Exzellenz in allen Lebensbereichen schätzen
Dankbarkeit	Sich der guten Dinge bewusst sein; sie zu schätzen wissen
Optimismus	Das Beste erwarten und dafür arbeiten, es zu erreichen
Humor	Humor schätzen, Menschen zum Lachen bringen
Spiritualität	Überzeugungen mit Perspektive Sinn des Lebens haben

VIA-IS, modifiziert

Andere Menschen spielen eine große Rolle

Unter diese Headline lässt sich viel packen: Die Liebesbeziehung, der Ge-
liebte, Liebe zwischen Mann und Frau, Frau und Frau, Mann und Mann,
einmalige Gastspiele wie der One-Night-Stand[31], Lebensabschnittsge-
fährtInnen, Lebenspartnerschaften und die Ehe, die Liebe in der Familie,
zu Kindern, Eltern, Geschwistern und anderen Verwandtschaften: kurz
alles, was unter die fünf Buchstaben L-I-E-B-E passt. Da dieses Buch eins
für Business Coachs und Chefs sein will, vertiefe ich die Themen Eros, Liebe, Sex und Familie nicht. Es wäre auch unangemessen, diesen existen-
ziellen Lebensthemen auf ein paar Seiten nur annähernd gerecht werden
zu wollen. In Deutschland wurden übrigens 2010 lediglich elf von 1000
aller bestehenden Ehen geschieden.

Ich bin überzeugt, dass Liebe, sei sie platonisch, geschlechtlich und
partnerschaftlich sowie als Eltern-Kind-Liebe das Wichtigste für unsere
Gesundheit, unser Glück und unsere Lebenszufriedenheit ist. Die Bin-
dungstheorie von Mary Ainsworth und John Bowlby[32] beschreibt unser
tiefes Bedürfnis, enge und emotional intensive Beziehungen zu anderen
Menschen aufzubauen. Neben der Bindungstheorie gibt es auch die
Gleichgewichts- oder Balancetheorie[33]. Beide Parteien kriegen aus der
Beziehung raus, was sie hineinstecken. Ökonomen[34] sprechen in diesem
Zusammenhang von sechs „interpersonalen Ressourcen".

You will not be surprised by my three-word summary of positive psycho-logy: Other people matter!

CHRISTOPHER PETERSON

Interpersonale Ressourcen

Waren oder Dinge	Goods
Information	Information
Liebe	Love
Geld	Money
Dienste und Dienstleistungen	Services
Status	Status
Zeit	**Time**

Zeit habe ich als besonders wertvolle zwischenmenschliche Ressource hinzugefügt. Jede dieser Ressource kann für sich eine Beziehung charakterisieren. Für Beziehungen, die sich nicht in Familie, Liebes- und Lebenspartnerschaften finden, bieten sich mindestens drei Kategorien an: sich zugehörig fühlen, sich mögen oder eng miteinander befreundet sein.

Was bringt uns dazu, uns zugehörig zu fühlen?

Das bestimmen meist nicht singuläre Typen oder uns bekannte Persönlichkeiten. In Gruppen und Milieus bestimmter Charaktere und Stile, Musikfarben, Gemeinsamkeiten, Interessen und Themen, Sportarten, Altersbandbreiten, Regionen, Stadtteile, gesellschaftlichen Gruppierungen oder Genres finden wir unsere Bezüge.

Wir vergleichen uns mit Leuten bestimmter Milieus und ordnen uns in diese Lebenswelten ein oder grenzen uns ab. Sozialer Vergleich schafft Feedback, Bestätigung und Korrektur. Dafür brauchen wir Bezugsgruppen als Referenz. Ohne Feedback von anderen, die für uns persönlich eine Bedeutung haben, ohne Vergleich können wir uns als Mensch nicht weiterentwickeln. Wir wüssten dann nicht, wo wir in Bezug auf unsere Stärken, Fähigkeiten, Ambitionen, Einstellungen, Überzeugungen, Geschmack oder Leidenschaften stehen oder hin wollen. Es ist wichtig, uns differenziert mit wichtigen Bezugsgruppen kontrastieren und vergleichen zu können. In der Zielgruppe ALLE findet man meist keinen.

Wen mag ich warum?

Donn Byrne[35], Professor für Klinische und Sozialpsychologie an der Albany University in New York, führt sechs Aspekte an, die relevant sind, wenn es darum geht, andere zu mögen.

— BESONDERS —
WICHTIG IM LEBEN?
PROZENT DER
BEFRAGTEN

86 %
Enge Beziehungen
zu anderen.

78 %
für die Familie da sein.

Sechs Aspekte, andere zu mögen

Nähe .... Wir mögen die, die in unserer Nähe leben.*

Ähnlichkeit........... Wir mögen die, die uns von der Persönlichkeit, den Werten und der Einstellung her ähnlich sind.*

Ergänzung .... Wir mögen die, die uns gut ergänzen.*

Kompetenz .... Wir mögen die, die kompetent sind, die etwas drauf haben.*

Attraktivität......... Wir mögen die, die attraktiv sind, gut aussehen oder anderweitig zu gefallen wissen.*

Gegenseitigkeit.... Wir mögen die, die uns auch mögen.*

* immer vorausgesetzt, alles andere ist gleich!

Was charakterisiert beste Freunde?

Zahlreiche psychologische Studien zeigen: Es gibt einen robusten Zusammenhang zwischen Lebenszufriedenheit und der Anzahl beziehungsweise Qualität von Freundschaften. Wenn zwei sich mögen, wenn beide fühlen, sich in wichtigen Merkmalen ähnlich zu sein, wenn die Beziehung auf Gegenseitigkeit und Augenhöhe fußt, dann sprechen wir von Freundschaft. Geben und Nehmen sind dabei gut balanciert. Das, was beide in die Freundschaft investieren, bekommen sie proportional zurück. Beste Freunde sind ehrlich, treu, zuverlässig und der gemeinsamen Freundschaft wahrhaft verpflichtet. Positive Gefühle und ein liebevollfreundlicher Umgang zeichnen das Miteinander von Freunden aus. Gute Freunde bringen das Beste in uns zum Vorschein. Mit ihnen können wir Pferde stehlen, über alles sprechen, Blödsinn machen und Spaß haben. Gesellschaftlicher Status, Geld, Reichtum, Image, Aussehen, Beruf, Fähigkeiten, Kompetenz und Erfolge spielen beim besten Freund eine untergeordnete Rolle. Solche Aspekte mögen vereinzelt den Weg in eine Freundschaft ebnen helfen, sie qualifizieren jedoch nicht zum besten Freund.

Das Wort Freund kommt Kleinkindern das erste Mal im Alter von drei Jahren über die Lippen, kurz nachdem Sie im Kindergarten mit Gleich-

In Deutschland ist die höchste Form der Anerkennung der Neid.
ARTHUR SCHOPENHAUER

Wirklich gute Freunde sind Menschen, die uns ganz genau kennen und trotzdem zu uns halten.

MARIE VON
EBNER-ESCHENBACH

altrigen spielen. Etwa drei Viertel der Kindergartenkinder haben einen Freund, das lässt sich an der gemeinsam verbrachten Zeit beim Spielen beobachten. 80 bis 90 Prozent der Jugendlichen geben an, Freunde zu haben. Häufig sind das drei bis fünf gute Freunde. Heranwachsende unterscheiden zwischen besten und guten Freunden. Freundschaften zwischen Jugendlichen definieren sich nicht nur über gemeinsame Aktivitäten. Jugendliche unterstützen sich, sie vertrauen dem besten Freund ihre Geheimnisse an und erzählen sich fast alles. Sich in geschützten Freundschaftsbeziehungen öffnen können, ist für die Entwicklung der eigenen Identität besonders wertvoll.

Jungverheiratete haben den größten Freundeskreis, im Schnitt sieben bis neun Freunde. Beide Ehepartner bringen Freunde in die Ehe ein. Im Lauf der Zeit reduziert sich das auf etwa drei bis fünf gute Freunde. Immerhin neun von zehn Erwachsenen geben an, Freunde zu haben. Im Alter geht die Zahl von Freunden natürlich zurück. Ältere Menschen schätzen in ihren Freundschaften besonders, sich gegenseitig einen Gefallen zu tun und sich zu unterstützen.

Dafür haben wir gute Freunde

	♂	♀
Wir können über **alles reden**	72	84*
Wir können uns um **Rat bitten**	69	78
Wir haben **regelmäßig Kontakt**	56	67
Wir trösten uns und **machen** uns **Mut**	36	66
Wir haben **keine Geheimnisse** voreinander	33	44

* 2009, Befragte in Prozent

Intelligenzen & Fähigkeiten

Um persönlich glücklich zu sein, hilft es, seine Charakterstärken und seine besonderen Fähigkeiten und Leidenschaften zu kennen. Noch wichtiger ist es, persönliche Stärken und Fähigkeiten möglichst oft und sinnvoll einsetzen und eigene Interessen immer wieder pflegen zu können. Howard Gardner[36] entwickelte die Theorie multipler Intelligenzen. Er bestreitet, dass es generelle Intelligenz gibt. Jeder von uns hat völlig unterschiedliche Begabungen und besondere Fähigkeiten, jedoch nie alle sieben Intelligenzen auf einmal. Gardner unterscheidet nämlich sieben Fähigkeiten. Drei davon, die logisch-mathematische, räumliche und sprachliche Intelligenz, beschreiben kognitive Intelligenz, also das, was die meisten unter Intelligenz verstehen.

Der beste Weg, einen Freund zu haben, ist der, selbst einer zu sein.
RALPH WALDO EMERSON

Multiple Intelligenzen

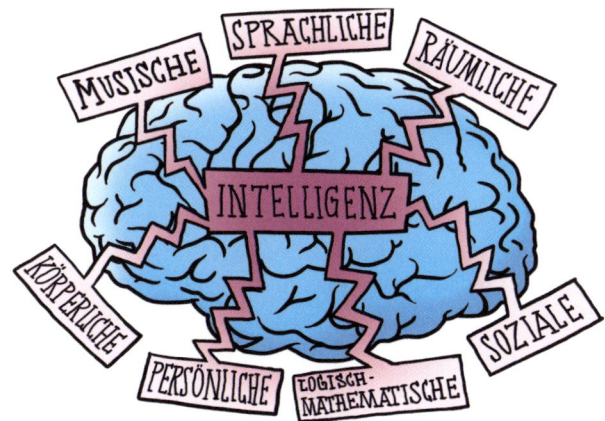

Sprachliche Intelligenz: Ein besonderes Feingefühl für Bedeutungen und Funktionen von Sprache haben – wie das bei Rednern, Dichtern und Schriftstellern der Fall ist.

Logisch-mathematische Intelligenz: Die Fähigkeit, Ideen und Konzepte in abstrakter Form darzustellen – Mathematiker und Physiker sind darin besonders gut.

Räumliche Intelligenz: Visuelles und räumliches Vorstellungsvermögen, Navigieren sowie die Gabe, Bildhaftes zu transformieren – wie wir es bei Bildhauern, Zauberwürflern *(Speedcubern)*, Billardspielern, Piloten, Lotsen oder Schiffskapitänen beobachten.

Musische Intelligenz: Die Fähigkeit, Musik und Sound kreativ zu komponieren oder Rhythmus, Melodie und Harmonie so zu reproduzieren, wie Musiker das beherrschen.

Körperliche Intelligenz: Den Körper, die Muskeln und die physische Koordination meisterhaft beherrschen – wie das Tänzer, Athleten, Zahnärzte und Chirurgen können.

Persönliche Intelligenz: Die Fähigkeit, Introspektion, Intuition und Wahrnehmung kunstfertig zu nutzen – wie wir das von manchen Therapeuten, Heilkundigen und Hellsehern kennen.

Soziale Intelligenz: Die Fähigkeit zu Empathie und die Gabe, andere Menschen und Motivationen zu verstehen, wie das exzellenten Führungskräften, Spitzenverkäufern oder Dienstleistern gelingt.

Eine viel zu enge Begriffsbestimmung von Intelligenz hat unser Denken jahrzehntelang geprägt und uns auf falsche Fährten geführt: Intelligenz sei das, was ein Intelligenztest misst. Quatsch!

Kunst kommt von Können.

Es gibt keinen Intelligenztest, der multiple Intelligenzen erfasst. Der Wechsler-Test, über Jahrzehnte einer der gängigsten Intelligenztests in Deutschland, tut so, als handle es sich bei Intelligenz ausschließlich um kognitive Intelligenz. Er misst folgerichtig Allgemeinwissen, Wortschatz, rechnerisches Denken, räumliches Denken und Abstraktionsvermögen. Eine logische und sehr einseitige Konsequenz daraus: Abschlussexamina von Schulen, Hochschulen und Universitäten mit ihren Punkten und Noten reflektieren lediglich kognitive Intelligenz. Sie sind es, die beim Numerus clausus über Wohl oder Wehe entscheiden. Arbeitgeber verwenden Zeugnisse als Nachweis für Intelligenz und mentale Fitness sowie als nahezu ausschließliches Auslesekriterium für das Rekrutieren von

Trainees, High Potentials und jungen Führungskräften. Kognitive Eliten haben entsprechend den leichtesten Zugang zu den besten weiterführenden Schulen, gefragtesten Stipendien und Top Arbeitgebern. Sie verdienen das dickste Geld, heiraten gesellschaftlich lukrative Partien und machen politisch Einfluss geltend. Social Media mit Facebook, YouTube – *Broadcast Yourself* – sowie neue TV-Formate eröffnen nun auch anderen Intelligenzen bessere Chancen.

John Holland[37] bietet uns eine andere Perspektive, persönliche Stärken, Fähigkeiten, Interessen, Motivationen und seinen Beruf zu reflektieren. Er setzt nicht beim Individuum, seinen Vorlieben und Talenten, sondern direkt bei beruflichen Archetypen an. Er vertritt die These:

Was ein Mensch 40 Stunden die Woche, etwa 48 Wochen im Jahr und ungefähr 40 Jahre in seinem Leben tut, ist seine Persönlichkeit.

Wir entscheiden uns für eine Ausbildung, ein Studienfach und einen Beruf, weil das unseren Vorlieben, Fähigkeiten, Motivationen und Interessen entspricht. Jemand, der sprachlich besonders begabt, fit und motiviert ist, wird kaum Mathe, Chemie oder Physik studieren. So eine „Vorbestimmtheit" differenziert sich in Ausbildung, Studium und beruflicher Praxis weiter aus. Auf den Punkt gebracht: Zur Hälfte bin ich schon vorher das, was mein Beruf ist. Den „Rest" macht dann der Beruf, vorausgesetzt, man übt ihn lange genug aus.

Holland beschreibt sechs berufstypische Persönlichkeiten:
Der praktische Typ: Die gerne mit Werkzeugen, Maschinen oder Objekten manipulieren, wie Mechaniker oder Bauunternehmer.
Der forschende Typ: Die biologische, physikalische oder kulturelle Phänomene beobachten, wie Wissenschaftler oder Journalisten.
Der künstlerische Typ: Menschen, die besonders gut darin sind, kreativ bestimmte Formen von Kunst zu schaffen, wie Lyriker, Schriftsteller, Musiker, Kunstmaler oder Bildhauer.

— BERUFSTÄTIGE —
DEUTSCHE

2 %

die am liebsten überhaupt nicht arbeiten würden.

Das Genie entzieht sich den Konventionen und sieht die Dinge selbst an.
SULLY PRUDHOMME

Der soziale Typ: Personen, die gerne mit anderen Menschen arbeiten, unterrichten, trainieren, heilen oder anderweitig erhellen, wie Lehrer, Sozialarbeiter, Führungskräfte, Heiler oder Therapeuten.

Wenn einer, der mit Mühe kaum gekrochen ist auf einen Baum, schon meint, dass er ein Vogel wär, so irrt sich der.

WILHELM BUSCH

Der unternehmerische Typ: Die bevorzugt Projekte und Unternehmen entwickeln, Ziele umsetzen und ökonomische Gewinne realisieren, wie Verkäufer, Unternehmer, Börsenmakler oder Investmentbanker.

Der konventionelle Typ: Menschen, die es lieben, systematisch zu arbeiten, Daten zu bearbeiten und zu dokumentieren, wie Buchhalter, Bibliothekare, Statistiker oder Datenbankmanager.

Wie bei den meisten Typologien trifft keiner dieser Archetypen zu hundert Prozent zu. Es ist die Mischung aus zwei, drei Archetypen, die besondere Aussagekraft für jemanden entwickelt.

- *Machen Sie beruflich das, was Ihren Stärken, Fähigkeiten und Interessen am besten entspricht?*
- *Machen Sie das, was Sie am liebsten tun, und was Ihnen – wiewohl herausfordernd – auch leicht fällt?*
- *Macht Sie das besonders produktiv und glücklich?*

Interessen und Erfolge

Wer Hollands Schlussfolgerungen zu beruflichen Archetypen akzeptiert, kann daraus ableiten: Interessen und Leidenschaften definieren ebenfalls stark unsere Persönlichkeit. Wenn wir keinen Job haben, der unseren Neigungen und Talenten entspricht, prägen uns die Interessen sogar stärker als der Job. Wir sind partiell das, was wir regelmäßig, intensiv, voller Lust und Leidenschaft über längere Zeit machen. Interessen und daraus resultierende Grundeigenschaften fokussieren Aufwand, Anteilnahme und Aufmerksamkeit. Je nachdrücklicher und häufiger wir uns mit etwas beschäftigen, desto stärker wachsen die Neugierde, das Wissen und die Fertigkeiten dafür. Entscheidend ist, welchen Stellenwert ein Interesse für uns hat, wie stark wir dafür stehen beziehungsweise hinterher sind, und welche Ziele und Ambitionen wir damit verbinden. Synonyme für In-

Alles, was wir mit Wärme und Enthusiasmus ergreifen, ist eine Art der Liebe.

WILHELM VON HUMBOLDT

terese sind Vorliebe, Hobby, Lieblingsbeschäftigung, Leidenschaft und Enthusiasmus. Enthusiasmus ist in seiner ursprünglichen Bedeutung ein besonders schöner Begriff. Interessen sind Beschäftigungen, die wir aus freiem Willen und über alle Maßen gerne betreiben. Sie sind nicht einer beruflichen oder anders bedingten Notwendigkeit geschuldet. Ein Interesse bringt Spaß, Flow, Erfahrungs- und Lustgewinn, hat entspannende und produktive Wirkung, manchmal auch willkommene therapeutische Effekte.

Enthusiastisch sein, heißt „inspiriert durch göttliche Eingebung".

Vergleichen Sie Interessen mit anderen Freizeitaktivitäten, stellen Sie fest, dass Interessen deutlich mehr Energie und Zeit binden. Unsere Vorlieben prägen und entwickeln unsere Persönlichkeit. Sie können über den Spaß und Lustgewinn, den wir haben, wenn wir uns damit beschäftigen, unmittelbar nützlich und zweckmäßig sein. Die es mit ihrem Interesse übertreiben, werden zum Missionar, eifrigen Fanatiker oder verbissenen Kämpfer.

Wer sein Interesse liebt und dran bleibt, für den ist unerheblich, welchen spezifischen Inhalt sein Interesse hat. Ob er körperlichen Aktivitäten wie Nordic Walking, Marathon, Triathlon oder Klettern in diversen Trainings- und Vorbereitungsphasen nachgeht. Oder geistige Interessen pflegt, wie regelmäßig Kreuzworträtsel oder Sudokus lösen. Ob er weltweit immer wieder den Oldtimermarkt scannt und bestimmte Modelle kauft, repariert und sammelt. Oder Gehirnjogging betreibt und Speed Stacking, sportliches Becherstapeln, also einen Mix aus Lernen und Bewegungsabläufen trainiert. Schnell urteilt man, ob ein Interesse gewissen intellektuellen Ansprüchen genügt oder das Prädikat „geht gar nicht!" verdient. Selbstgewählte Leidenschaften funktionieren psychologisch unabhängig von der spezifischen Thematik sehr ähnlich und zeigen sich unbeeindruckt davon, was andere darüber denken.

Das Geheimnis des Erfolgs? Sich nie damit zufriedengeben, dass man zufrieden ist.
RAY CONNIFF

Was bringt uns eigentlich dazu, besonderes Interesse für etwas zu entwickeln? Der gesunde Menschenverstand hat eine simple Antwort darauf: Es macht einfach Spaß, etwas gut zu können.

Etwas zu können bereichert uns: weil die Zeit dabei wie im Fluge vergeht, weil es Flow produziert und sich gute Gefühle, Interesse, positives Feedback und Erfolgserlebnisse daraus ergeben.

Man muss ins Gelingen verliebt sein, nicht ins Scheitern.
ERNST BLOCH

Aus welchen Gründen gelingt es manchen Themen und Aktivitäten, uns sofort anzumachen und zugleich nachhaltig für sich zu gewinnen? Das ist bei Themen und Aktivitäten genauso wie bei Menschen. Was beim ersten Mal (zu) leicht fällt, wenig Mühe kostet, was wir auf Anhieb hinkriegen, verliert schnell den Reiz und hat selten das Zeug zu einer lebenslangen Leidenschaft. Es sind nicht die schnellen zählbaren Ergebnisse, die Interessen besonders reizvoll und herausfordernd machen.

Um Lieblingsinteresse zu werden, muss eine Beschäftigung Neues, Herausforderndes und Anspruchsvolles bieten. So, dass wir uns damit immer wieder gerne aufs Neue auseinandersetzen. Ein Interesse in spe sollte Fortschritte und Verbesserungen in Schritten und Stufen erlauben und nachvollziehbar machen. Dabei kann es die endgültige Zielerreichung offen lassen, dann trägt die Spannung länger. Damit wir nachhaltig und erfolgreich dranbleiben, geben oft ein Trainer, Coach, Kenner oder Professional in der relevanten Disziplin den Ausschlag. Selbst intrinsisch hoch motivierte Leute leben nicht im Vakuum, auch sie brauchen Ziele, Zuspruch, Anerkennung, Interesse, Feedback und Erfolgserlebnisse, um weiter am Ball zu bleiben. Dafür sind Bezugspersonen, Freunde, Familie, Insider und Fans geeignete Mutmacher.

Interesse und Fähigkeit, gewürzt mit einer großen Dosis Beharrlichkeit und Fleiß sind wesentliche Zutaten des Rezepts für Erfolg.

Ich habe 30 Jahre gebraucht, um über Nacht berühmt zu werden.
HARRY BELAFONTE

Bei Klienten entdecke ich immer wieder besondere Interessen. Das Steckenpferd eines Bereichsleiters in einem DAX-Konzern ist, sich mit indianischen Artefakten[38] zu beschäftigen und ausgewählte Originale zu sammeln. Er kennt die meisten Indianerstämme bezüglich Historie, Herkunft und Häuptlingen. Im Urlaub paddelt er mit seiner Frau im Kanu durch kanadische und amerikanische Gewässer. Seine drei Kinder üben schon Zelten für Fortgeschrittene. Das indianische Originalarmband ziert sein Handgelenk auch, wenn er feinen grauen Businessflanell trägt: Ist es nicht faszinierend, wenn Persönlichkeit die Rollenkonserve schlägt?

Ein anderer Klient kultiviert seine Leidenschaft, sein Haus vollständig zu automatisieren. Zwei Beispiele, nur als Spitze des Eisbergs: Ein Mähroboter schert den Rasen automatisch in festgelegter Millimeterhöhe rund um die Uhr. Die Poolreinigungsmaschine säubert den Pool und die Fliesen zu definierten Zeiten vollautomatisch. Beide Männer begründen Motivation, Reiz und Vergnügen für ihr Interesse unter anderem damit, es letztlich wohl nie komplett durchdringen zu können.

Ein ganz besonderes Beispiel für eine Lieblingsbeschäftigung liefert unser Sohn Moritz.

Langfristig sind Sie nur erfolgreich, wenn Sie wissen, warum Sie erfolgreich sind.
RUPERT LAY

Moritz und seine Leidenschaft

Es ist Samstag, der 22. November 2009, sieben Uhr morgens: Moritz und ich fahren zu einem Fußballhallenturnier nach Oberammergau. Es regnet wie aus Gießkannen, der Scheibenwischer kommt kaum noch nach. Wir hören „Toto – live in Amsterdam", eine unserer Lieblings-CDs. Moritz dreht plötzlich die Musik leiser, guckt mich an und sagt: „Dad, ich möchte mindestens ein Ding besser können als alle anderen." Sofort schießt mir durch den Kopf: *Wie kommt der Junge gerade jetzt darauf, sonst spielt er doch meist den Minimalisten. (Was eine elegante Umschreibung für „oberfaule Socke" ist.) Oder macht sich Moritz hier etwa klein? Nee! Der macht sich nix vor. Hey, ist das nicht großartig, sich mitten im Pubertieren ein solches Ziel zu setzen?* „Moritz, das finde ich großartig. Schon jetzt hebst Du Dich ab: Denke an die 2.700 Seiten Eragon oder Deine Präsentation vor der Klasse. Was hat Dein Lehrer dazu gesagt? Das sei keine Arbeit für die 6. Klasse, das brächten viele der 10. Klasse so nicht auf den Punkt. Oder wie Du es schaffst, immer an der richtigen Stelle zu lachen. Du hast ein gutes Gespür für Gerechtigkeit, und ..." Das ist nicht das, was er hören will.

Alle menschlichen Fehler sind Ungeduld.
FRANZ KAFKA

Der Ungeduldige
fährt sein Heu
nass ein.
WILHELM BUSCH

Drei Wochen später bringt Moritz den Zauberwürfel nach Hause. Einige Stunden sitzt er dran, probiert, flucht und schimpft. Seinen zweiten Versuch löst er in zwölf Minuten. Zu Beginn der 80er Jahre war der Zauberwürfel Lieblingsspielzeug für viele, doch nie meins. Wie habe ich diesen Würfel gehasst! Wahrscheinlich schon deshalb, weil ich viel zu schnell resigniert habe.

1975 hat Ernö Rubik, ein Professor aus Budapest, den Würfel erfunden. Er will seinen Architekturstudenten damit räumliches Denken beibringen. Anfang der 80er Jahre verkaufen sich weltweit 160 Millionen Würfel. Am 2. Juni 1980 ist der „Rubik's Cube" mit seinen 26 bunten Einzelteilen auch in Deutschland erhältlich. 1982 verschwindet er von der Bildfläche – so schnell, wie er kam. Heute feiert er sein Comeback.

Zauberwürfel

Der Zauberwürfel wird wieder verkauft, pro Jahr im zweistelligen Millionenbereich. Warum ist er zurück? Der Computer, der ihn einst verdrängte, verhilft ihm indirekt zu neuem Aufschwung. Es gibt eine neue Sehnsucht nach einem Spiel, das herausfordernd und komplex ist, das man anfassen kann. Cuber spielen nicht anonym, sie wollen sich persönlich treffen und kennenlernen, Style und Spiel sehen, miteinander plaudern, sich Tipps geben und helfen. Eine weitere Erklärung für die Wiederkehr des Zauberwürfels mag der Traum sein, die Komplexität von potenziell 43 Trillionen Möglichkeiten beim Zauberwürfel zu lösen. Und zwar sofort! In der kürzest möglichen Zeit, so schnell es überhaupt geht. Der „Rubik's Cube" lässt Menschen grübeln und üben. Er beschäftigt Cuber weit

Zum Erfolg gibt
es keinen Lift,
wir müssen die
Treppe nehmen.
ROLF RUHLEDER

mehr als irgendein anderes Spielzeug, er treibt zu täglichem Training an, besser, smarter und schneller zu sein. Der Würfel fordert vollen Einsatz und Ideen, da er selbst so eine gute Idee ist.

Moritz lernt Algorithmen und übt, übt, übt, pro Tag zweieinhalb Stunden. Er beherrscht in Kopf und Fingern inzwischen mehr als 200 Algorithmen. Ich konnte in seinem Alter mit einem Algorithmus wenig anfangen. Im August 2011, 19 Monate nach seinem Einstieg, ist Moritz Elfter der deutschen Rangliste.

Das Talent arbeitet, das Genie schafft.
ROBERT SCHUMANN

Speedcubing trainiert besonders die Integration von rechter und linker Gehirnhälfte. Es geht nicht nur ums Lernen von Strategien, Algorithmen und Lösungsschritten, es geht auch um Lernen im autonomen Nervensystem: Setze das, was im Kopf schon funktioniert, auch flüssig in die Finger um! Beim ersten Weltrekord 1981 in München stoppt die Uhr bei über 38 Sekunden. Aktueller Weltrekordhalter ist Feliks Zemdegs mit 5,66 Sekunden (Melbourne Winter Open 2011). 27. November 2011, Munich Open: Moritz löst den Rubik´s Cube in der zweitbesten Zeit, die in Deutschland offiziell je gestoppt wurde, nämlich in 7,65 Sekunden.

Seitdem Moritz würfelt, ist er besser in der Schule, vor allem in Mathe. Besser heißt noch nicht gut genug, das kommt später. Er chattet in Deutsch und Englisch mit seinen Kumpels, den Speedcubern. Er konzipiert und schneidet Videos übers Cuben und Modden[39], das Tuning der Würfel und stellt sie bei YouTube ein. Das Größte ist jedoch die in diesem Alter für seine Persönlichkeitsentwicklung und sein Leben fundamentale Einsicht:

Übung macht den Meister: Wenn Du dranbleibst, kannst Du alles schaffen.

Wie werde ich erfolgreich?

Gleich auf welchem Gebiet, Erfolg ist selten auf einen einzigen Grund zurückzuführen. Meist zeichnet ein Mix aus familiären, persönlichen, sozialen und gesellschaftlichen Faktoren für herausragenden Erfolg verantwortlich. Der Psychologieprofessor Dean Keith Simonton[40], University of

Das Genie hat etwas vom Instinkt der Zugvögel.
JAKOB BOSSHART

Nur Geduld!
Mit der Zeit wird
aus Gras Milch.
SPRICHWORT

California, widmet einen Großteil seiner Zeit der Forschung und Analyse außerordentlicher Erfolge. Er skizziert auf 500 Seiten eine Psychologie der Geschichte, untersucht das Leben von Künstlern, Komponisten, Politikern, Schriftstellern und anderen profilierten Persönlichkeiten auf diversen Gebieten. Seine „Historiometrics" bringen Erkenntnisse über Gemeinsamkeiten eminent erfolgreicher Persönlichkeiten zu Tage, die sich verallgemeinern lassen:

Gemeinsamkeiten besonders erfolgreicher Individuen

» **Erstgeborene** im Geburtenrang

» **Intellektuelle Flexibilität**

» **Dominant und Extrovertiert** als Persönlichkeit

» **Besondere Fähigkeiten** in der relevanten Disziplin

» Eine gute **formale Ausbildung**

» Die **Präsenz** eines **Rollenmodells**

Modifiziert nach Dean Keith Simonton

Geduld ist die
Kunst, zu hoffen.
LUC DE CLAPIERS

Howard Gardner[41], Sie erinnern sich an seine Theorie der multiplen Intelligenzen, beschreibt Portraits und Analysen von vier außerordentlichen Persönlichkeiten: vom Komponisten und Musiker Wolfgang Amadeus Mozart, 1756–1791, vom Arzt, Tiefenpsychologen und Begründer der Psychoanalyse, Sigmund Freud, 1856–1939, aus Wien, von der britischen Schriftstellerin, Essayistin, Literaturkritikerin und Verlegerin Virginia Woolf, 1882–1941, sowie von Mahatma Gandhi, dem religiösen und geistigen Führer der gewaltfreien indischen Unabhängigkeitsbewegung, 1869–1948. Gardner entwirft daraus eine Typologie eminent erfolgreicher Individuen: Master – Meister Wolfgang Amadeus Mozart, Maker – Macher Sigmund Freud, Introspector – Einfühlsame Virginia Woolf und Influencer – Beeinflusser Mahatma Gandhi.

Was macht erfolgreich?

> » **Glauben** Sie an Ihre **Leidenschaften** und **Fähigkeiten!**
>
> » Suchen Sie sich eine **Beschäftigung**, die Ihre **Interessen** und **Fähigkeiten** besonders braucht!
>
> » Finden Sie **jemand,** der an Sie **glaubt,** Sie **lehrt, unterstützt** und **begleitet!**
>
> » Bleiben Sie **überzeugt** von der **Bedeutung** dessen, **was** Sie tun!
>
> » Für den **Erfolg** sind **allein** Sie **verantwortlich!**

Auch Charles Murray[42], der amerikanische Politikwissenschaftler und Publizist, knüpft sich große menschliche Erfolge und die Persönlichkeiten dahinter vor. Seine Auswahl umfasst Disziplinen wie Astronomie, Biologie, Chemie, Geologie, Kunst, Literatur, Mathematik, Medizin, Musik, Philosophie, Physik und Technik. Methodisch bestimmt Murray als Kriterium für Erfolg den Platz, den Wissenschaftler und Gelehrte erfolgreichen Persönlichkeiten in ihren Lexika und Handbüchern widmen. In jedem einzelnen Fall stimmt das über verschiedenste Quellen mit der geforderten Zuverlässigkeit[43] bei psychologischen Messungen überein. Ein Resultat von Murray ist, dass multidisziplinäre Genies wie Aristoteles, Leonardo da Vinci und Johann Wolfgang von Goethe äußerst selten sind. Murray nennt sie Polymaths[44], „die, die viel gelernt haben". Wesentliche Erkenntnisse von Gardner, Holland, Murray und Simonton zu Menschen, die großartige Beiträge in einem Bereich leisten, sind: Sie investieren wenigstens ein volles Jahrzehnt in die Exzellenz ihres Wissens, ihrer Fähigkeiten und Fertigkeiten. Neben der nötigen Trainingszeit von zehn Jahren *(„Time needed: ten years")*, um in einem Bereich Geschichte zu schreiben, erwähnt Simonton außerdem die Merkfähigkeit und Gedächtniskapazität *(„Capacity needed: 50.000 chunks")*. Zwischen 10.000 und 100.000 Lösungsschritte beherrscht ein Schachspieler, der unter den Führenden in der Welt ist. Manfred Spitzer,

Es gibt kein großes Genie ohne einen Schuss Verrücktheit.
ARISTOTELES

Wo die Pferde versagen, schaffen es die Esel.
JOHANNES XXIII.

der deutsche Lernpapst und Neurowissenschaftler schreibt, dass komplexe Bewegungsabläufe, wie beispielsweise Speedcubing, zur absoluten Meisterschaft bis zu eine Million Wiederholungen benötigen.

Das Zitat von Thomas A. Edison trifft zu: Erfolg ist ein Prozent Inspiration und 99 Prozent Transpiration.

— DEUTSCHLAND —

86 %

gehen gerne zur Arbeit.

Glücklich im Job

Zu „Glücklich im Job" oder „Arbeitsplatzzufriedenheit" stelle ich Ihnen drei Konzepte vor. Die ersten beiden kommen aus Amerika, Happiness at Work kommt frisch aus Großbritannien.
- Enabling Institutions von Christopher Peterson.
- Great Place to Work – GPTW® von Robert Levering.
- Happiness at WORK von Jessica Pryce-Jones.

—— WICHTIG ——
IM LEBEN? PROZENT
DER BEFRAGTEN IN
DEUTSCHLAND

53 %

Erfolg im Beruf!

Nicht nur für Christopher Peterson[45] sind Enabling Institutions, wie der „gute Arbeitsplatz", einer der drei Schwerpunkte der Positiven Psychologie. Dieses Thema ist bei weitem nicht so erforscht wie die beiden anderen Kernthemen der Positiven Psychologie. Zu „Enabling Institutions", *ermöglichende beziehungsweise fördernde Gemeinschaften und Einrichtungen,* gehören Gemeinschaften wie Familie, Kindergarten, Schule, Kirche, Sportverein, karitative Institutionen, politische Parteien, wirtschaftliche Unternehmen sowie die Gesellschaft als Ganzes.
Ich beziehe mich hier auf den Arbeitsplatz. Die psychologische Bedeutung der Arbeit, des Arbeitsplatzes und eigenen Chefs ist für jeden Arbeitnehmer außerordentlich wichtig. Auch weil Arbeitnehmer, speziell in Führungspositionen, meist die Hälfte ihrer disponiblen Zeit im Job verbringen. Peterson zitiert bei seinem Konzept der Enabling Institutions die schwedische Philosophin Sissela Bok[46], deren Eltern beide Nobelpreisträger sind.

Bok identifiziert bereits in den 70er Jahren wichtige Werte, die universal Gültigkeit haben. Menschen, davon ist Bok überzeugt, stehen weltweit für drei Werte:

- Fürsorglich sein und auf die Ausgewogenheit von Geben und Nehmen achten.
- Sich gemeinsam gegen Gewalt, Betrug und Verrat schützen.
- Fair sein bei Konflikten oder moralischen Verstößen.

Enabling Institutions

Zu den Werten Menschlichkeit, Sicherheit und Fairness von Bok addiert Peterson zwei zusätzliche Werte, nämlich Zweck und Würde. Diese fünf Werte zeichnen förderliche Gemeinschaften und somit auch gute Arbeitsplätze aus. Alle Mitglieder einer Institution werden unabhängig von ihrer Position und Funktion als Individuen geachtet und behandelt. Peterson ist überzeugt: Je besser und glaubwürdiger eine Organisation

Far and away the best prize that life offers is the chance to work hard at work worth doing.
THEODORE ROOSEVELT

die fünf Werte respektiert und lebt, ob Familie, Schule, Firma, Kirche oder Sportverein, desto mehr erleben die Mitglieder Zufriedenheit und unterstützen die Organisation entsprechend aktiv.

Positive Institutionen

Zweck .... Purpose
Ein gemeinsames Verständnis von den moralischen Werten der Gemeinschaft, die mit Ritualen gelebt und verstärkt werden.

Menschlichkeit .... Humanity
Wechselseitige Fürsorge und Verantwortung füreinander.

Sicherheit .... Safety
Schutz vor Bedrohungen, Gefährdungen und Ausbeutung.

Fairness .... Fairness
Gleiches Recht für alle, das Belohnung und Bestrafung reguliert.

Würde .... Dignity
Alle Mitglieder der Organisation werden unabhängig von ihrer Position und Funktion als Individuen geachtet und behandelt.

GPTW® – ein Modell zur Arbeitsplatzkultur

Great place to work geht auf das Jahr 1985 zurück. In diesem Jahr ließ Robert Levering[47] in den USA zum ersten Mal die *„100 best companies to work for"* von einer unbestechlichen Jury küren. Die Jury bildeten nämlich die Mitarbeiter dieser Unternehmen, die anhand eines standardisierten Fragebogens das eigene Unternehmen bewerten. Konzeptionell ließ sich Levering von Edgar Schein[48] inspirieren. Unter den ersten 100 „Best Companies to work for" sucht Levering nach den Gründen, warum Mitarbeiter Ihr Unternehmen unter die besten 100 besten Unternehmen gewählt haben.

„From an employee viewpoint, a great workplace is one in which you trust the people you work for, have pride in what you do and enjoy people you are working with." Robert Levering[49]

Wie das Zitat von Levering zeigt, identifiziert er zunächst drei entscheidende Faktoren, womit sich Firmen in der Einschätzung ihrer Mitarbeiter für die „Best Companies" qualifizieren:

* **Stolz**
* **Teamgeist** *und* **Vertrauen**

Müde macht uns die Arbeit, die wir liegenlassen, nicht die, die wir tun.

MARIE VON EBNER-ESCHENBACH

Dem Vertrauen geht Levering nach und entdeckt, dass das Vertrauen von Mitarbeitern ins eigene Unternehmen auf folgenden drei Faktoren beruht. Auf

* **Respekt:** Fühle ich mich als Mensch und Persönlichkeit respektiert, auch und gerade weil mein persönlicher Lebensentwurf geachtet bleibt?
* **Glaubwürdigkeit:** Schätze ich das Management für seine Integrität und Businessethik? Leben Manager und Führungskräfte glaubhaft vor, was sie sagen und von ihren Mitarbeitern verlangen?
* **Fairness:** Handelt das Management nach Prinzipien von Gegenseitigkeit und Gleichheit? Geben Unternehmen und Management der Diskriminierung oder Bevorzugung einzelner Gruppen oder Mitarbeiter keine Chance? Sind Regeln im Unternehmen, zum Beispiel wonach belohnt oder bestraft wird, klar und werden sie ausnahmslos eingehalten?

— DEUTSCHLAND —
2009

Das GPTW®-Institut optimiert Modell und Fragebogen ständig, zuletzt 2008 in einer Benchmarkstudie mit 257 Firmen mit zirka je 300 Mitarbeitern. Mittlerweile wird der GPTW®-Fragebogen in über 40 Ländern bei der jährlichen Wahl der besten Arbeitgeber standardisiert eingesetzt. Die schiere Menge jährlicher Erhebungsdaten ist immens. Faktorenanalysen dieser Daten bestätigen immer wieder die fünf Dimensionen Respekt, Glaubwürdigkeit, Fairness, Stolz und Teamgeist.

47 %

Anteil befristeter Arbeitsverträge an allen Neueinstellungen.

Happiness at Work von Jessica Pryce-Jones[50]

Fünf Faktoren beschreiben das Kernstück des Modells. Die eigene Leistung beziehungsweise das eigene Potenzial abrufen zu können, hängt von insgesamt acht Bestimmungsgrößen ab. Von den fünf C unten sowie von Stolz oder Identifikation, von Vertrauen und Wertschätzung.

Das Happiness at Work-Modell

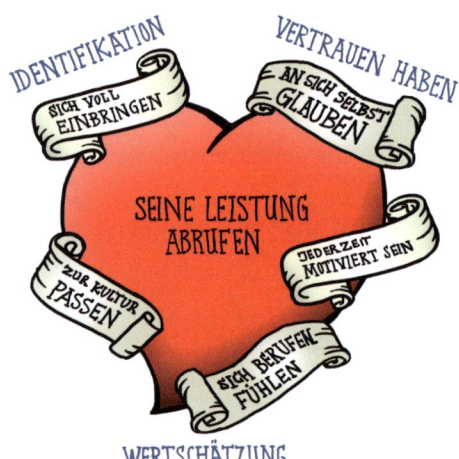

Das Happiness at Work-Modell

Contribution...... Was leisten Sie? Wie sind Ihr Beitrag und Ihr Engagement? *Sich voll einbringen.*

Conviction.......... Wie motiviert sind Sie kurzfristig? *Jederzeit motiviert sein.*

Culture .... Wie gut passen Sie, Ihr Unternehmen und seine Kultur zusammen? *Zur Kultur passen.*

Commitment...... Wie engagiert sind Sie mit dem Job und der Firma? *Sich berufen fühlen.*

Confidence .... Wie stark glauben Sie an sich und Ihren Job? *An sich selbst glauben.*

Von außen beeinflussen drei Faktoren die eigene Leistung: Erstens Stolz, zweitens Vertrauen, das Sie als Arbeitnehmer ins Unternehmen haben und drittens Wertschätzung, die man als Persönlichkeit, Professional und für seine Arbeit erfährt. Stolz und Vertrauen gehören zusammen. Ist jemand stolz auf seine Firma, wird er auch dem Unternehmen und seinen Chefs vertrauen. Bei Wertschätzung und Anerkennung verhält sich das anders. Anerkennung meint, dass der Beitrag, den man bringt, von wichtigen Menschen im Unternehmen wahrgenommen und explizit gewürdigt wird. Dass das, was man persönlich ins Unternehmen investiert, auch tatsächlich zurückkommt. Wie bei allen zwischenmenschlichen Beziehungen geht es um Wechselseitigkeit, ein ausgewogenes Verhältnis von Geben und Nehmen.

Wer zu früh Erfolg hat, fängt an, sich selbst zu kopieren.
FRIEDENSREICH HUNDERTWASSER

Drei Arten von Glücklichsein

- Glücklichsein als Emotion.
  Kurzzeitiges Freisetzen von positiven Emotionen.
- Glücklichsein als innere Einstellung.
  Relativ beständig, reagiert sensibel auf Veränderung.
- Glücklichsein als Persönlichkeitsmerkmal.
  Das überdauert das ganze Leben lang.

Happiness at Work fokussiert auf Glücklichsein als innerer Einstellung. Diese und andere Fragen gibt „Happiness at Work" vor, zu beantworten:
- Wie können wir ein höheres Leistungsvermögen schaffen ohne neue Leute einzustellen?
- Wie können wir unsere besten Leute halten?
- Wie können wir mit weniger Personal leistungsfähig bleiben?
- Wie können wir die Leistung steigern?
- Wie können wir die Motivation unserer Mitarbeiter erhalten?
- Wie können Mitarbeiter kreativer werden?
- Was können die Mitarbeiter zum Firmenwachstum beitragen?
- Wie erreichen wir Leistungssteigerung in unseren Teams?
- Wie können wir Führungskräfte zu neuen Höchstleistungen anspornen?

Wann wird der Einsatz von Happiness at Work[51] empfohlen?

Bei der Beurteilung und Behandlung von Themen der Leistungsfähigkeit, Produktivität und Arbeitszufriedenheit einschließlich:

- bei einem unternehmerischen Engagement wie bei M&A;
- bei vielen Arten von Veränderungsmanagement;
- bei der Weiterentwicklung von Teams oder Führungskräften;
- als Startpunkt für Einzelcoaching.

Nach Jessica Pryce-Jones zeichnet einen glücklichen Mitarbeiter aus, dass er

- anderen mehr hilft,
- bessere Ideen hat, kreativer ist,
- mehr Sympathien bekommt,
- mehr dazu lernt,
- mehr verdient,
- belastbarer ist,
- sein Potenzial besser ausschöpft,
- besseres Feedback bekommt,
- bei Leistungsbeurteilungen besser abschneidet,
- schneller befördert wird,
- über mehr Energie verfügt,
- überzeugt ist, etwas Sinnvolles zu tun,
- seine Ziele besser erreicht,
- stärker mit seinem Job verbunden ist.

Holzhacken ist deshalb so beliebt, weil man bei dieser Tätigkeit den Erfolg sofort sieht.
ALBERT EINSTEIN

Beim Vergleich des GPTW®-Modells, Christopher Petersons Konzept vom „Guten Arbeitsplatz" mit den fünf Werten Zweck, Fairness, Menschlichkeit, Sicherheit und Würde, und „Happiness at Work" finden sich viele Gemeinsamkeiten. Happiness at Work weist im Vergleich zu den anderen Modellen auf die gemeinsame Verantwortung von Arbeitnehmer und Arbeitgeber für Arbeitszufriedenheit und Produktivität hin.

Anmerkungen

1 Seligman, Martin: *Authentic Happiness: Using the new Positive Psychology to realize Your Potential for lasting Fulfillment.* Deutsch: Seligman, Martin: *Der Glücksfaktor. Warum Optimisten länger leben.* Köln 2011, 7. Auflage.

2 Manifest der Positiven Psychologie, in Englisch, 1999, www.ppc.sas.upenn.edu/akumal manisteo.htm

3 Seligman, Martin: Preface to *Authentic Happiness*, 2004.

4 Da gibt es mittlerweile für Amateure neben Hilfsmitteln auch das Buch von Arne Hofmann, *Onanieren für Profis*, der Verlag heißt bezeichnenderweise „Marterpfahl Verlag".

5 Sittenstreng, nach strengen Prinzipien, moralinsauer, moralisch, sittlich, tugendhaft, karg, einfach, asketisch.

6 Schamhaft, abweisend, spröde, zimperlich, zurückhaltend, züchtig, gschamig, herb, jungfernhaft, kühl, verschämt, brav.

7 Für Aristoteles (384–322 v. Chr.) ist Ziel aller absichtlichen Handlungen das im „guten Leben" verwirklichte Glück. Die Ausbildung von Tugenden ist für ihn wichtig, um dieses Ziel zu erreichen. Aristoteles ist überzeugt, dass die spezifische Funktion des Menschen in seiner Vernunft liegt, die ihn von anderen Lebewesen unterscheidet. Neben Vernunft gibt es zwar auch Gefühle, Begierden und Triebe. Diese lassen sich durch Vernunft steuern. Um wirkliches Glück zu erlangen, muss der Mensch seine Vernunft dauerhaft und bestmöglich nutzen.

8 Wenn wir Paul Ekman, dem großen Emotionsforscher, glauben dürfen.

9 Fredrickson, Barbara; Brannigan, Christine: „Positive Emotions". In: Mayne, T. J.; Bonanno, G. A. (Hg.): *Emotions: Current Issues and Future Directions.* New York 2001.

10 Siehe Seligman, Martin: *Authentic Happiness. Chapter: intellectual building and broadening.*

11 Lyubomirsky, Sonja; Sheldon, Ken; Schkade, David: „Pursuing happiness. The Architecture of Sustainable Change". *Review of General Psychology*, 2005.

12 Im Original: h = s + c + v, happiness = set-point + circumstances + volitional activity.

13 Affektiv oder emotional wird Verhalten genannt, das primär von Gefühlserregungen und weniger kognitiv bestimmt wird. Mit Affekt ist eine Emotion gemeint, die einen Ausdruck, eine körperliche Reaktion und eine spezifische Motivation hat. Ein Lächeln kann etwa ein Ausdruck für Sympathie sein. Erröten steht für Scham, die Bereitschaft, mit der Faust auf den Tisch zu hauen, für eine typische Motivation aus dem Affekt Zorn.

14 Der Korrelationskoeffizient ist ein dimensionsloses Maß für den Grad *linearen* Zusammenhangs zwischen zwei mindestens intervallskalierten Merkmalen. Er kann Werte zwischen minus 1 und plus 1 annehmen. Bei einem Wert von plus 1 besteht ein gänzlich positiver linearer Zusammenhang zwischen den betrachteten Merkmalen; bei minus 1 ein komplett negativer Zusammenhang. Hat der Korrelationskoeffizient den Wert 0, hängen beide Merkmale überhaupt nicht linear voneinander ab.

15 Korrelationskoeffizient bei Glück und Lebenszufriedenheit: nicht/kaum: r zwischen 0,0 und 0.2; moderat: r +/- 0.3; positiv: r > 0.5

16 Diener, E.; Seligman, Martin: „Beyond Money. Toward An Economy of wellbein" *Psychological Science in the Public Interest 5*, 2004.

17 Sheldon Ken; Lyubomirsky, Sonja: „Achieving Sustainable New Happiness: Prospects, Practices and Prescriptions". In: P. A. Linley, S. Joseph (Hg.): *Positive Psychology in Practice*, New York 2004.

18 Happy-Go-Lucky, deutsch *unbeschwert, sorglos, leichtlebig*; so heißt auch eine Komödie von Mike Leigh, 2008.

19 Peterson, Christopher: *Psychology. A biopsychological Approach.* New York 1997.

20 Schwartz, Shalom: „Are there universal aspects in the structure and the content of human values?" *Journal of Social Issues*, 50, 1994.

21 Originalbegriffe der zehn Werte: Achievement, Benevolence, Conformity, Hedonism, Power, Security, Selfdirection, Stimulation, Tradition, Universalism.

22 Tradition ist radikaler als Konformität, so erklärt sich die Darstellung in der Abbildung des Wertesystems.

23 Allport, G. W.; Odbert, H. S.: „Traitnames: A psycholexical study". *Psychological Monographs*, 1936.

24 Eine der zentralen Schriften des Hinduismus in Form eines spirituellen Gedichts.

25 Upanishaden heißt eine Sammlung philosophischer Schriften des Hinduismus.

26 *P.M: Welt des Wissens*, April 2011.

27 Den Begriff „Signature Strength" hat HARVARD-Professor Phil Stone geschaffen.

28 In 5-Sterne-SPAs gibt es so genannte signature treatments: „They are ‚one of a kind' services that are unique to one property, like a cook's signature dish."

29 Values in Action Inventory of Strengths (VIA-IS).

30 Er kann unter www.charakterstaerken.org aufgerufen werden. Für Forschungszwecke können Sie den Fragebogen derzeit noch kostenfrei ausfüllen.

31 One-Night-Stand, im Englischen „einmaliges Gastspiel", steht ursprünglich im Theater für eine einmalige Aufführung, die also nur einen Abend zu sehen ist – im Gegenteil zum En-Suite-Spielbetrieb, bei der ein einziges Stück lange und oft hintereinander aufgeführt wird. Heute steht One-Night-Stand für eine sexuelle Kurzbeziehung zwischen meist erst kurz Bekannten, die beide auf ein sexuelles Abenteuer aus sind.

32 Holmes, John: *John Bowlby und die Bindungstheorie.* München 2002.

33 Walster, E.; Walster, G. W.; Berscheid E.: *Equity: Theory and Research.* Boston 1978.

34 Foa, U. H. und E. B.: *Resource theory of social exchange.* Morristown 1975.

35 Byrne, Donn: *The Attraction Paradigm.* New York 1971

36 Gardner, Howard: *Frames of Mind: The Theory of multiple Intelligences.* New York 1983.

37 Holland, John L.: *Making vocational Choices a theory of vocational personalities and work environments.* Englewood Cliffs 1985.

38 Artefakt, lateinisch Arte „mit Kunst" und Factum „das Gemachte", auch Kunstprodukt oder Machwerk, steht umgangssprachlich für „was Menschen hervorbringen."

39 Modden, von englisch modification, Slang für verändern, verbessern.

40 Simonton, Dean: *Greatness. Who makes history and why?* New York 1994.

41 Howard Gardner: *Extraordinary Minds. Portraits of 4 exceptional Individuals and an examination of our own Extraordinariness.* New York 1997.

42 Murray, Charles: *Human Accomplishments: The Pursuit of excellence in the arts & sciences, 800 BC to 1950.* New York 2003.

43 Reliabilität, zu Deutsch Zuverlässigkeit, ist das Maß für Verlässlichkeit und formale Genauigkeit wissenschaftlicher Messungen.

44 Wikipedia 11.09.2011: A polymath, Greek: *polymathês, „having learned much",* is a person whose expertise spans a significant number of different subject areas. In less formal terms, a polymath or polymathic person may simply be someone who is very knowledgeable. Most ancient scientists were polymaths by today's standards.

45 Peterson, Christopher: *A Primer in Positive Psychology.* New York 2006.

46 Bok, Sissela: *Common Values.* Columbia 1995.

47 Levering, Robert: *A great place to work. What makes some employers so good and some so bad.* San Francisco 2000.

48 Schein, Edgar A.: *Organizational Culture and Leadership. A dynamic view.* San Francisco 1985.

49 Levering, Robert: 2000.

50 Pryce-Jones, Jessica: *Happiness at work. Maximizing your Psychological Capital for SUCCESS.* Chichester 2010.

51 Kontakt zu „Happiness at Work" in Deutschland: Erik Brown, Left & Right Brain Solutions GmbH. www.lrb-solutions.com.

Das 4-P-Coaching-Model®

Coaching orientiert sich immer noch an den drei Qualitätskriterien Struktur, Prozess und Ergebnis. Diesen Dreiklang entwickelte Avedis Donabedian, Professor an der Michigan University. Er gilt als Gründer der Qualitätsforschung in Pflege und im Gesundheitswesen. Qualität ist bei ihm einerseits durch „Technikmanagement", aber auch durch die zwischenmenschlichen Beziehungen bestimmt. Seine Mission: Bei geeigneter Struktur sind Prozesse in Pflege und Gesundheitswesen gut zu steuern und dadurch gute Ergebnisse zu erzielen.

Das 4-P-Coaching-Model®: Professionalität, Prozess, Philosophie, Praxis

Struktur-, Prozess- und Ergebnisqualität wurden also nicht maßgeschneidert fürs Coaching entwickelt, sie stammen aus Gesundheitswesen und Krankenhauspflege. Diese drei Qualitätskriterien bilden Coachingprozesse und Wirkweisen im Coaching nicht differenziert genug ab; sie müssen durch zusätzliche Batterien von Kriterien schlüssig definiert werden[1]. Interessierte lesen dazu bitte die Anmerkungen zu Avedis Donabedian[2] und eine Studie zu den drei Qualitätskriterien[3].

Coaching verdient ein Modell, das nicht so stark abstrahiert, wie Struktur, Prozess und Ergebnis das tun, und das zugleich plausibel und pragmatisch ist. Das Donabedian-Modell taugt nur bedingt für Coaching.

Modelle ...
- stehen stellvertretend für das Original. Modelle heben manches hervor und relativieren dafür anderes;
- erfassen nicht alle Eigenschaften des Originals, sondern nur wichtige. Modelle verdichten die Theorie und beschreiben die Praxis, ohne realsatirischer Abklatsch davon zu sein;
- sind pragmatisch, sie orientieren sich am Nützlichen;
- müssen valide und plausibel sein. Ein Modell hilft, sich adäquat auf die Realität einzustellen und neue Perspektiven einzunehmen.

Inspirieren ließ ich mich für das 4-P-Coaching-Model® unter anderem von Stefan Tritscher[4], Tal Ben-Shahar[5] und Ruth Seliger[6] mit ihrem Navigationssystem für Führungskräfte. Das 4-P-Coaching-Model® lenkt die Aufmerksamkeit auf vier Schlüsselelemente von Coaching mit drei weiteren Aspekten:
- **Professionalität** als Coach: Sind Sie als Mensch **wahr** und als Coach klar? Verfügen Sie über relevantes **Wissen,** um professionell

als Coach arbeiten zu können? Können Sie mit den **Werkzeugen** fürs Coaching flexibel umgehen?

- **Philosophie** des Coachs: Fördern Sie **Spaß** und positive Emotionen? Liefern Sie **Sinnzusammenhang** und richten Sie sich an den **Stärken** Ihrer Klienten und an **Lösungen** aus?
- **Prozess** im Coaching: Sind Sie als Coach **achtsam**? Bleiben Sie im Prozess **anschlussfähig**? Gelingt es Ihnen, Klienten zu neuen Lösungen **anzuregen** beziehungsweise diese auch **auszulösen**?
- **Praxis** von Coaching: **Klienten coachen** und dabei das jeweilige **Klientensystem** berücksichtigen. Dazu gehört die **Kunst, sich als Coach selbst zu führen**.

Funktionieren Professionalität, Philosophie, Prozess und Praxis im Zusammenspiel, dann haben Klient und Coach Schwein gehabt. Das 4-P-Coaching-Model® mit den vier Elementen Professionalität, Philosophie, Prozess, Praxis und den dazugehörigen je drei Perspektiven macht klar: Erst Professionalität, Philosophie und Prozess führen Klienten zu nachhaltigen Lösungen und machen den Coach in der Praxis erfolgreich.

Anmerkungen

1 Rauen, Christopher: *Coaching.* Göttingen 2008.

2 Donabedian, Avedis: *An Introduction to Quality Assurance in Health Care,* Oxford 1966. Donabedian widmete sein Leben der Verbesserung der Qualität von Pflege und Pflegesystemen und seinen Forschungen darüber.

3 Seit Donabedian „Evaluating the Quality of Medical Care", 1966, orientieren sich Pflegepraxis und Gesundheitswissenschaften am Konzept von Struktur-, Prozess- und Ergebnisqualität. Strukturqualität einer Einrichtung zeigt sich in der personellen Ausstattung und Qualifikation der Mitarbeiter. Organisation, Finanzmittel, Infrastruktur, Gebäude und Technikausstattung, Management sowie Systeme der Qualitätssicherung sind weitere Zeichen von Strukturqualität. Unter Prozessqualität finden sich Kernprozesse wie Therapie, Pflege, Beratung sowie Hilfsprozesse wie Verwaltung. Ergebnisqualität bewertet Leistungen, zum Beispiel in puncto Krankheitsbild, Funktionswerte, Patientenzufriedenheit oder Arbeitsunfähigkeit. Eine Studie in Schweden mit 600 Gesundheitseinrichtungen liefert Korrelationen. Eine positive Korrelation ist beispielsweise: Je mehr Knödel der Bauer isst, desto dicker wird er. Zu den Korrelationskoeffizienten der drei Qualitätskriterien Struktur, Prozess und Ergebnis: Struktur und Prozess korrelieren mit 0,72; Struktur und Ergebnis korrelieren mit 0,60; Prozess und Ergebnis korrelieren nur mit 0,20. Heß und Roth übertrugen die drei Qualitätskriterien von Donabedian aufs Coaching und führen über 50 Einzelkriterien an.

4 Tritscher, Stefan: *Professionelle Beratung. Was beide Seiten wissen sollten.* Frankfurt/ Wien 1997.

5 Ben-Shahar, Tal: *Glücklicher. Lebensfreude, Vergnügen und Sinn finden mit dem populärsten Dozenten der Harvard University.* München 2007.

6 Seliger, Ruth: *Das Dschungelbuch der Führung. Ein Navigationssystem für Führungskräfte.* Heidelberg 2008.

Professionalität

In seinem Klassiker „Professionelle Beratung" beschreibt Stefan Tritscher drei Säulen professioneller Beratung: Erstens das Rollenverständnis, das Berater mit ihrer Profession verbindet. Zweitens die Theorien, auf die sie ihre Arbeit stützen. Und drittens die Methoden, die sie dabei einsetzen. Die drei Perspektiven für Professionalität heißen im 4-P-Coaching-Model®: Wahrheit[1], Wissen und Werkzeuge.

Wahrheit

Wahrheit vermitteln Sie als Coach dadurch, wie glaubwürdig Sie als Mensch und Ihrer professionellen Rolle als Coach sind. Klienten öffnen sich, wenn Sie das Gefühl haben, ihrem Coach auch wirklich trauen zu können. Wahrheit bedeutet auch: Sie können nur dann als Coach resonant mit Klienten arbeiten, wenn Sie aufrichtig sind. Wären Wahrheit und Vertrauen nicht gewährleistet, würden sich Klienten nicht öffnen, die Zusammenarbeit im Coaching könnte nicht erfolgreich sein.

Wahr als Mensch

Martin Buber[2] propagiert menschliche Entwicklung durch Begegnung und Kommunikation. Buber war der Popstar der Pädagogik zu Beginn des 20. Jahrhunderts. Auch für den bekannten Popart-Künstler Andy Warhol war er eine so wichtige zeitgenössische Persönlichkeit, dass er eines seiner legendären Portraits mit Buber anfertigte. Bubers Aussagen über Begegnung und Dialogisches Prinzip beeinflussen Pädagogik, Psychologie und Psychotherapie nachhaltig. Sich mit Martin Buber zu beschäftigen, bedeutet seine Beziehungen zu Mitmenschen neu zu reflektieren. *„Der echte Erzieher hat nicht bloß einzelne Funktionen seines Zöglings im Auge, wie der, der ihm lediglich bestimmte Kenntnisse und Fertigkeiten beibringen will. Sondern es ist ihm jedes Mal um den ganzen Menschen zu tun, und zwar um den ganzen Menschen sowohl seiner gegenwärtigen Tatsächlichkeit nach, in der er vor dir lebt, als auch seiner Möglichkeit nach, als was aus ihm noch werden kann."* Dieses Buber-Zitat könnte, geringfügig gekürzt, für Coachs wie folgt lauten:

Nicht auf das, was geistreich, sondern auf das, was wahr ist, kommt es an.
ALBERT SCHWEITZER

Als Coach haben Sie nicht bloß einzelne Funktionen Ihres Klienten im Auge. Wie etwa die, ihrem Klienten nur bestimmte Perspektiven und Ressourcen beibringen zu wollen. Es geht dem Coach jederzeit um den ganzen Menschen, mit seiner Wirklichkeit, in der er aktuell lebt, mit all seinen Möglichkeiten: Also auch mit all dem, was aus ihm werden kann.

Alles wirkliche Leben ist Begegnung. Begegnung schafft Zeit, Raum und Gelegenheit für den Dialog. Sich begegnen bedeutet Gespräch, Sprechen, Zuhören und Einfühlen. Das Dialogische ist die Haltung, Begegnen steht im Mittelpunkt Ihrer Arbeit als Coach. Jeder Dialog ist ein Kontakt, doch nicht jeder Kontakt ist ein Dialog. Es gibt unzählige Arten, Kontakt herzustellen, doch die Kunst besteht darin, im gegenseitigen Dialog miteinander zu sein. Kontakt klingt nach Sozialtechnologie. Dialog hingegen ist wahrhaftig, eben nicht technisch. Dialog heißt, sich wechselseitig zu erfahren und zu erleben. Dialog heißt Zwiegespräch, das bedeutet, dass sich zwei Menschen im eigentlichen Gespräch begegnen.

Der Mensch wird am Du zum Ich.
MARTIN BUBER

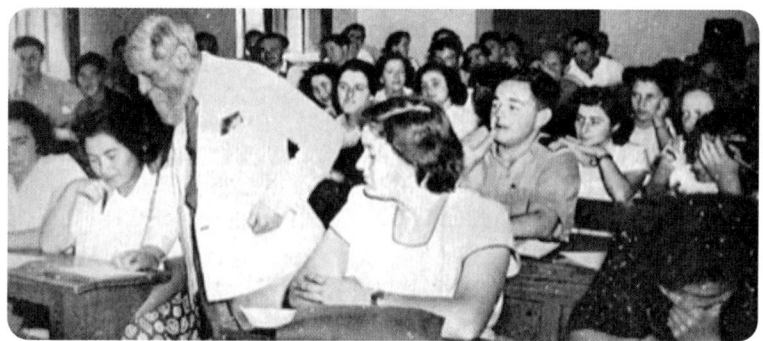

Martin Buber mit Studenten

Dialog fordert, sich in den Dienst von Klienten zu stellen. „Sich in den Dienst stellen" verändert die Perspektive vom Klienten als Objekt hin zur menschlichen Begegnung. Diese Haltung verlangt vom Coach, die eigene Sichtweise beizubehalten. Und sie fordert Mut, offen dafür zu bleiben, was sich im Dialog mit Klienten alles entwickeln mag.

Klar als Coach
Zur Klärung der Rollenidentität als Coach gehören Antworten auf diese Fragen:
- Wie sehen Sie Ihre Arbeit als Coach?
- Welche Zielsetzungen verbinden Sie damit?
- Wie verstehen Sie die Beziehung zu Ihren Klienten?

Coaching will Klienten beim Bearbeiten spezifischer Anliegen unterstützen sowie deren generelle Lösungskapazität steigern. Und zwar so, dass sich der Coach eher früher als später entbehrlich machen darf, weil er „Hilfe zur Selbsthilfe" ernst nimmt. Respekt gegenüber Klienten und deren Fähigkeiten wird vornehmlich durch die Coach-Klienten-Beziehung getragen. Arbeiten Sie als Executive Coach oder Business Coach für Unternehmen, kommt es zudem darauf an, zwischen Auftraggeber und Klient zu unterscheiden. Klären Sie die Dreiecksbeziehung vor Beginn des Coachings mit Auftraggeber und Klienten an einem Tisch. Die Loyalität gehört beiden, Klient und Auftraggeber. Er ist der Dritte „im Bund", er bezahlt das Coaching. Im Zweifelsfall steht Ihnen immer der Klient näher, sonst leiden Offenheit und Vertrauen. Als Coach achten Sie darauf, dass die Kommunikation über Inhalt, Prozess und Ergebnisse des Coachings zu Dritten ausschließlich über den Klienten läuft. Weichen Sie davon nur ab, wenn der Klient Sie ausdrücklich darum bittet. Wenn er möchte, dass Sie persönlich mit seinem Chef sprechen. Dann kann nichts anbrennen, Ihr Klient ist ja mit dabei.

Im Dienste der Wahrheit genügt es nicht, Geist zu zeigen. Man muss auch Mut zeigen.
LUDWIG BÖRNE

Berufliche Systeme brauchen berechenbare Partner. Rollen reduzieren Komplexität und schaffen dadurch Orientierung. Berufliche Rollen schränken gleichzeitig individuelles Verhalten ein, weil sie auf (allzu) Privates verzichten. Rollen schaffen Kalkulierbarkeit. Rolleninhaber gestalten ihre Rolle immer auch stellvertretend für andere, die diese Rolle auch einnehmen könnten; das kann persönlich entlastend sein. Rollen definieren, was wo, wann und mit wem zu tun und was wo, wann und mit wem zu lassen ist. Auch als Coach können Sie nicht einfach tun, worauf Sie gerade Lust haben. Sie liefen leicht Gefahr, aus der Rolle zu fallen und Klienten zu verlieren. Es lässt sich kaum vermeiden, dass Sie im Coachingprozess auch mal die Rolle des Beraters oder Experten einnehmen. Wichtig ist dann, Ihrem Klienten klar zu vermitteln, welchen Hut Sie in diesem Moment aufhaben: den des Coachs, des fachlichen Beraters oder des Sachverständigen. Neben Klarheit geht's natürlich auch darum, wie souverän Sie die Rolle als Coach gestalten. Berechenbares Rollenverhalten schützt vor Verletzungen und Willkür. Rollenklarheit gibt nicht nur

Klienten Sicherheit, sondern auch Ihnen als Coach. Für ein professionel-
les Rollenverständnis als Coach empfiehlt sich:
- Allparteilich sein, sich strikt neutral verhalten.
- Über ein Coachingkonzept als Handlungsmodell verfügen.
- Geduld haben, Rollenidentität entwickelt sich mit Zeit und zuneh-
  mender Erfahrung.

Wissen

Als Coach benötigen Sie viel Wissen in unterschiedlichen Bereichen. Ich
schneide hier lediglich drei Themen und Wissensgebiete an:
- Körperausdruck und Emotionen.
- Lösungsorientiertes Coaching.
- Lernen und Veränderung.

Selbstverständlich brauchen Sie Feldkompetenz und professionelle
Glaubwürdigkeit, Wissen und Erfahrung in dem Bereich, in dem Sie als
Coach tätig werden. Wer Executive Coach ist, braucht Führungswissen
sowie Praxiserfahrung als Führungskraft, sonst „wird das nix".

Körperausdruck und Emotionen

Populäres Kommunikationswissen wie die drei Arten aktiven Zuhörens,
die vier Botschaften einer Mitteilung von Schulz von Thun oder die fünf
Grundregeln der Kommunikation von Paul Watzlawick finden Sie in vielen Gesprächsführungs- und Self-Help-Büchern immer wieder. Oft so, als
seien sie ganz aktuell erst entdeckt worden. Ich stelle Ihnen Körperausdruck und Emotionen vor, weil sie noch weniger bekannt sind.
Wenn wir miteinander sprechen, hat das immer eine emotionale Farbe.
Schwedische Forscher fanden heraus: Bereits der Anblick einer glücklichen Miene lässt uns ebenfalls lächeln. Lächeln hat gegenüber anderen emotionalen Ausdrucksformen zwei Vorteile: Unser Gehirn bevorzugt

*Eine Erfolgsformel
kann ich nicht geben,
aber ich kann sagen,
was zum Misserfolg
führt: der Versuch,
jedem gerecht zu
werden.*
HERBERT BAYARD SWOPE

lächelnde Gesichter, es erkennt sie schneller und besser als Gesichter mit negativem Ausdruck. Robert Rosenthal weist nach, dass harmonische kommunikative Beziehungen drei Elemente auszeichnen:

- beiderseits aufmerksam sein,
- gegenseitig Positives für einander empfinden,
- sich nonverbal synchronisieren.

Wir finden bei großen Anbietern von Unternehmensberatung eine hohe Kompetenz im Verflüssigen und Destabilisieren von Strukturen, aber wenig Fähigkeit zum Restabilisieren.
HEIDI MÖLLER

Für wirksames Coaching sind diese drei Elemente wesentliche Erfolgsvoraussetzungen, ohne sie gibt es keinen positiven Rapport[3], keine gute Wellenlänge zwischen Coach und Klienten. Insofern empfiehlt sich für den Coach Wissen über Nonverbales, über Körperausdruck und Emotionen, wie sie zu erkennen sind, was sie für Kommunikation bedeuten und wie sie im Coaching zu berücksichtigen sind.

„Wir sprechen erst seit etwa 100.000 Jahren miteinander. Unser Sprachzentrum ist ein Spätentwickler, unsere Körpersprache ist um vieles älter." Christa Heilmann

Körpersprachlich sind wir untrainiert: Seit früher Kindheit lernen wir kommunikative Muster, die vor allem Regeln kognitiver Intelligenz und verbaler Logik folgen, wie Erklären, Belehren, Bewerten und Interpretieren. Nonverbale Kommunikation richtet sich nicht nach kognitiven Spielregeln, sie ist Ausdruck unserer inneren Emotionen. Als erstes möchte ich auf eine „Formel" für Kommunikation hinweisen, die so falsch wie löschresistent ist.

Lediglich sieben Prozent der Kommunikation würden durch Worte vermittelt, 38 Prozent paraverbal durch Stimme und Sprechweise und mehr als die Hälfte, nämlich 55 Prozent, durch die Körpersprache.

Diese Formel für Kommunikation geistert seit 1967 herum. Da führt Albert Mehrabian, Professor an der University of California, seine Untersuchung zu Körpersprache durch. Er kombiniert Ein-Wort-Äußerungen wie „yes" und „maybe" mit Fotos von Mimik und Gestik. Die Ein-Wort-Äußerungen werden mit unterschiedlicher Stimmlage und Intonation gesprochen. Versuchspersonen sollen hören und beurteilen, ob alle Beispiele gleiche Zustimmung vermitteln. „Maybe" freilich ist ein inhaltsleeres Wort. Wer es häufig hintereinander hört, richtet seine Aufmerksamkeit zwangsläufig mehr auf die Ebene des Stimmklangs und Körperausdrucks des Sprechers als auf das Wörtchen „maybe". Stellen Sie sich vor, Ihnen sagt der Sprecher der Lottogesellschaft: „Sie haben sechs Richtige im Lotto!" Para- und nonverbale Formen der Botschaft spielen in diesem Moment eine Nebenrolle, die wörtliche Botschaft überstrahlt alles andere. Para- und nonverbale Anteile sind andererseits sehr wichtig für Kommunikation, ihr Stellenwert hängt allerdings stark von Gesprächssituation, Thema und handelnden Personen ab. Mehrabian selbst erhob nie den Anspruch, seine Ergebnisse zu verallgemeinern. Dennoch leiten viele fälschlicherweise eine allgemeingültige Regel für menschliche Kommunikation daraus ab und kolportieren sie ungeprüft weiter. Unsere Körpersprache ist durch die Evolution genetisch verankert, teils auch durch Sozialisation und Kultur erlernt. Die konkrete Bedeutung von Körperausdruck ist abhängig von Kontext und Interaktion. Unser Körperausdruck ist übrigens so einmalig wie ein Fingerabdruck.

Kommunikativ wirklich kompetent ist, wer sich mit den Ohren der anderen hören kann, wer seine sprachlichen Mittel so nutzt, dass sie seine Absichten verstärken, und wer verbale, vokale und nonverbale Signale von anderen differenziert wahrnehmen und verstehen kann.

Sogenannte Artefakte wie Kleidung, Frisur, Make-up, Tattoos, Piercing oder Parfum beeinflussen ebenfalls unsere Kommunikation. Bedeutung und Wechselwirkung von Sprache, Sprechweise und Körperausdruck variieren von Gespräch zu Gespräch und Begegnung zu Begegnung. Körpersprache wird nur aus dem situativen und interaktiven Kontext heraus verstanden. Körperausdruck entsteht erst, wenn ihn andere wahrnehmen. Wenn wir sprechen, benutzen wir unsere

Mimik.............. indem wir unsere Muskeln im Gesicht verändern;

Gestik.............. indem wir Arme, Hände, Finger und Oberkörper bewegen;

Kinesik............ zeigt welche Körperhaltung und -spannung wir haben;

Proxemik......... wie viel Raum, Zeit, Nähe und Distanz wir einnehmen.

Aufgaben und Bedeutung von Körperausdruck

» **Syntaktische Aufgaben:** Körperausdruck initiiert, begleitet das Sprechen und macht es so lebendig, dass wir mit Händen und Füßen sprechen.

» **Pragmatische Aufgaben:** Er drückt emotionale oder körperliche Zustände aus – ob wir gerade gut drauf oder müde sind.

» **Semantische Aufgaben:** Körperausdruck verstärkt oder schwächt Sprachliches ab, bei Ironie widerspricht Körperausdruck oft sogar den Worten.

» **Dialogische Aufgaben:** Er regelt den Dialog, das „Turn-Taking", zwischen Gesprächspartnern. Wer ist jetzt, wer gleich dran?

» **Rituelle Bedeutung:** Körperausdruck regelt, wie wir uns begrüßen oder zum Beispiel bei Taufen, Hochzeiten oder Gottesdiensten verhalten.

» **Ikonische Bedeutung:** Körperausdruck bildet mit Gesten Gegenstände in Form oder Größe ab wie ein Piktogramm.

» **Hinweisende Bedeutung:** Mit Gesten: weisen wir auf etwas hin. Kleinkinder deuten auf Entferntes; Lehrer rufen damit einen Schüler auf.

» **Deklarative Bedeutung:** Taufen beispielsweise vollziehen sich mit dem Kreuzzeichen, das Priester auf der Stirn des Täuflings andeuten.

Sprache besagt, dass wir Bezeichnungen für Dinge haben, die unabhängig vom Wort existieren. Wir können über Stühle sprechen, ohne einen Stuhl physisch vor Augen haben zu müssen. Meist hat er vier, manchmal drei und ausnahmsweise auch mal nur ein Bein. „Körpersprache" will vermitteln, wir könnten uns mit dem Körper beziehungsweise seinen Bewegungen so ausdrücken, dass wir ein gleiches Verständnis davon entwickeln, was es zu bedeuten hat. Bewegen Sie Ihren Kopf auf bestimmte Weise, gehen Sie gerne davon aus, alle anderen wüssten schon genau, was damit gemeint ist. Vielleicht trifft das zu, wenn Sie den Kopf in einem bestimmten Tempo von links nach rechts und zurück drehen: Das bedeutet „Nein" oder Ablehnung. Andere Gesten, Körperausdrücke oder Bewegungen sind nicht so eindeutig: In der Fachsprache heißt das „nicht-konventionalisiert". Mimik, Gestik, Kinesik und Proxemik begleiten, was wir zur Sprache bringen. Erst wenn wir Körperausdruck wahrnehmen, wird er bedeutungsvoll. Deuten wir Körperausdruck, handelt es sich zunächst nur um subjektive Annahmen. Denn wir können nie sicher sein, ob wir mit unserer Interpretation richtig liegen.

Der Begriff der Körpersprache, lateinisch sermo corporis, geht auf Cicero zurück: Er schreibt „Über den Redner" darüber.

Körperausdruck hat viele verschiedene Funktionen, rund ums Mittelmeer mehr und andere als in Glücksburg. Körperausdruck kann das gesprochene Wort ersetzen, es unterstreichen und ad absurdum führen. Unser Körper gibt den Gedanken und dem Redefluss den Takt. Diese Reflexe sind so stark, dass wir selbst dann gestikulieren, wenn wir telefonieren. Körperausdruck vermittelt Emotionen, und zwar sowohl unbewusst als auch absichtlich. Beobachtungen und Studien zeigen, dass der jeweilige soziale Kontext den Rahmen für das Zeigen und die Interpretation von Körperausdruck gibt. Menschen, die einen bewegenden Film alleine sehen, zeigen selbst bei heftigen Szenen kaum mimische Reaktionen. Sitzt ihnen jemand gegenüber, wird ihr mimischer Ausdruck lebendig.

Unsere Körpersprache ist wesentlich vieldeutiger, weniger festgelegt und viel unklarer in der Bedeutung als unsere Sprache.

Keine deutschen Themen?

Bei Emotionen, Mimik, Gestik und anderen Formen von Körperausdruck kommt die Mehrzahl an Studien, Forschung und Publikationen aus Amerika. Als würden seriöse deutsche Wissenschaftler einen Bogen um Themen wie diese machen. Schon die Headlines amerikanischer Veröffentlichungen vermitteln Spaß und Aufgeschlossenheit für diese Thematik, die mit der TV-Serie „lie to me" ein breites Publikum erreicht. Headlines amerikanischer Studien zum Thema lauten:

Shake your hips and move your lips.
GRAFFITI

- The Face of Emotion, Das Gesicht der Emotion. Carroll Izard
- About Brows, Über Augenbrauen. Paul Ekman
- The Anatomy of Disgust, Anatomie des Ekels. William Ian Miller
- Unmasking the Face, Das Gesicht abschminken. Paul Ekman
- True Lies, Wahre Lügen. James Bugental et al.
- The Violence of the Lambs, Die Gewalttätigkeit der Lämmer (diesmal nicht das Schweigen...). Constanze Holden
- What every Body is saying, Was jeder Körper sagt. Joe Navarro, Marvin Karlins
- The Future of Optimism, Die Zukunft des Optimismus. Christopher Peterson

Ein Großteil meiner Ausführungen zu Emotionen und Körperausdruck basiert auf amerikanischen Publikationen[4]. Ich habe dabei viele Quellen genutzt, auch ein sehr interessantes deutsches Buch[5] zum Thema. Im Folgenden zitiere ich Forschungsergebnisse aus Studien von Wissenschaftlern der letzten 40 Jahren sowie eigene Beobachtungen und Analysen.

Was Emotionen bewegen und bewirken

Gewohnheiten sind erlernt und laufen automatisch ab, meist ohne dass wir uns ihrer bewusst sind. Die hohe Kunst von Kommunikation besteht darin, Muster erkennen und durchbrechen zu können.

Was unser Verhalten und unsere Persönlichkeit charakterisiert, bestimmen wesentlich unsere Emotionen. Wir wollen Emotionen erleben oder ihnen aus dem Weg gehen. Emotionen motivieren uns, etwas zu tun oder zu unterlassen. Aus diesem Grund scannen wir unser Umfeld ständig nach Auslösern, die für unser Wohlbefinden bedeutsam sind. Wie wir im Einzelfall die emotionale Bedeutung bewerten, regelt in erster Linie unser Unbewusstes – automatisch als Reflex. Unsere Datenbank an Emotionen speichert Dinge der menschlichen Entwicklungsgeschichte und unserer individuellen Sozialisation. Die lassen uns auf universale Auslöser aus unserer Evolution und gewisse Bezüge unserer persönlichen Lebensgeschichte reagieren. Nicht unser Wille entscheidet sich für eine

Emotion. Sie passiert einfach. Und veranlasst uns, sie zu legitimieren. Dadurch, dass wir uns emotionskonform verhalten, halten wir die Emotion am Leben. Reagieren wir emotional, laufen emotionale Episoden ab. Die sind unterschiedlich spontan, stark, lange und klingen zeitlich unterschiedlich ab. Während der Refraktärzeit, ja, so heißt das, klingen Emotionen ab. Sind wir wutentbrannt, kann man mit uns nicht vernünftig sprechen, da wir nicht wirklich „zurechnungsfähig"sind.

Ihr emotionaler Persönlichkeitstyp bestimmt, wie emotional ansprechbar und ausdrucksfähig Sie sind. Ebenso bestimmt er, wie Erlebnisse und Traumata oder wie stark und häufig emotionale Episoden ausfallen. Emotionale Episoden können Sekundenbruchteile, Sekunden und viel länger andauern. Dauern sie länger als Stunden, sprechen wir von Stimmungen, nicht von Emotionen. Stimmungen ähneln abgeschwächten Emotionen, sie schränken ebenfalls die Flexibilität im Denken und Handeln ein.

Sind wir gereizt und verärgert, suchen wir förmlich nach Möglichkeiten, auszurasten. Wenn uns Emotionen bewegen, behindern sie anfangs den Zugriff auf Informationen, die uns sonst zur Verfügung stehen. Unser Denken kann in diesem ersten Zustand Informationen nicht verarbeiten. Erst wenn emotionale Reaktionen bewusst werden, haben wir die Chance, Situation und Verhalten neu zu bewerten und eventuell flexibler zu handeln. Evolutionär ältere Emotionen wie Angst, Wut, Ekel, Trauer und Freude zeichnen charakteristische Augenblicksmimiken aus.

Klare, schnelle und universal gültige mimische Zeichen informieren andere darüber, wie wir momentan emotional drauf sind. Andere merken dadurch, wie sie mit uns möglichst emotionsadäquat umgehen können. Emotionen wie Neid, Scham, Schuld und Verlegenheit haben sich erst spät entwickelt. Sie spielen fürs Überleben keine so wichtige Rolle wie beispielsweise Angst. Vielleicht fehlt ihnen deshalb eine ähnlich ausgeprägte und klare Momentmimik. Neid und Missgunst bedeuten, wir verübeln jemanden gefühlsmäßig, dass er besser da steht als wir. Das Gegenteil von Neid kommt von Gönnen und Gunst. Mit Scham bezeichnen wir das Gefühl von Gesichtsverlust, weil andere oder wir selbst uns falsch verhalten haben. Die zweite Bedeutung von Scham zielt auf un-

Emotionen sind kein Luxus, sondern ein komplexes Hilfsmittel im Daseinskampf.
ANTONIO DAMASIO

sere Geschlechtsteile. Mit Schuld sind an dieser Stelle keine Verbindlichkeiten gemeint, sondern das Gefühl eines moralischen Vorwurfs, sich falsch oder blöde verhalten zu haben. Verlegenheit ist das Gefühl, befangen, verwirrt oder unsicher zu sein. Es stellt sich ein, wenn sich jemand "peinlich" vor Dritten kritisiert fühlt oder was falsch macht, etwa gesellschaftliche Spielregeln verletzt. Emotionen beeinflussen Wahrnehmen, Denken und Handeln viel stärker, als wir das wahrhaben wollen. Das Gegenüberstellen negativer und positiver Emotionen greift zu kurz und verengt unser Denken: Denn es gibt Menschen, die Wut und Auseinandersetzungen im Zorn genießen, obwohl Wut zu den negativen Gefühlen zählt. Zum anderen verkennt dieses Zweiteilen bedeutsame Unterschiede zwischen "negativen" Emotionen. Besser ist, situative Umstände einzelner emotionaler Episoden zu berücksichtigen, statt sie als gut oder schlecht zu kategorisieren. Aufbauende, angenehme Emotionen erfüllen großartige Zwecke für uns. Nicht nur, weil sie schön sind, weil wir ihre Anwesenheit genießen. Sie sind der Turbo fürs Leben, sie motivieren, Dinge zu tun, die uns und anderen gut tun. Sie bringen uns dazu, zu tun, was fürs Überleben wichtig ist. Uns zu stärken, unsere sozialen, intellektuellen, körperlichen und spirituellen Kompetenzen zu entwickeln und anzuwenden, uns fröhlich fortzupflanzen, unseren Nachwuchs zu fördern und fordern.

Die Sehnsucht ist dem Menschen oft lieber als die Erfüllung.
JULIUS LANGBEHN

Körperausdruck entsteht durch Veränderung

Positive Emotionen bilden ein Depot an Kraft und Widerstandsvermögen, sollte das Leben uns wieder einmal ganz besondere Herausforderungen auftischen. In der Positiven Psychologie gibt es die *"Broaden-and-Built-Theory"*: Positive Emotionen verbreitern unser Gefühlsrepertoire und unsere Handlungsmöglichkeiten; zudem bilden sie psychologische Ressourcen für die Zeiten, in denen wir sie besonders benötigen.

Das Feigenblatt von Neid ist sittliche Entrüstung.
KARL KRAUS

Emotionen kommen und gehen: einen Moment empfinden wir ein Gefühl, dann ist es wieder weg. Stimmungen halten länger, Stunden oder Tage. Charakterzüge begleiten uns mindestens einen Lebensabschnitt, meist ein ganzes Leben lang.

Die Gedanken sind frei

Unsere Gedanken sind zunächst einmal frei. Wir verraten nicht, ob wir gerade denken oder welchen Gedanken wir im Moment nachgehen. Selbst verliebte Paare stellen sich deshalb am häufigsten die Frage: „Was denkst Du gerade?" Unser Gegenüber checkt nicht, ob wir gerade an Abfall, Abenteuer, Abneigung, Aktienkurse, Alzheimer, Anstand oder Arschlecken denken. Verleihen wir Gedanken jedoch eine Stimme, kann es schon mal peinlich werden. Unsere Gedanken bleiben so lange privat, bis sie sich mit Gefühlen mischen. Denn Emotionen zeigen sich schnell, selbst wenn wir glauben, sie hinter einem Pokerface verbergen zu können. Wer uns interessiert anschaut und zuhört, kann sehen, hören, fühlen, wie uns zumute ist. Setzt eine Emotion ein, sind meist entsprechende emotionale Zeichen sichtbar, hörbar oder fühlbar.

Gefühle sind also keine Privatsache, selbst wenn wir uns das manchmal wünschen. Es war in unserer Evolution vorteilhaft, wenn andere mitbekamen, wie es uns geht. Keine noch so „beredte" emotionale Mimik, Gestik oder Stimme verrät uns allerdings etwas über den Ursprung und Grund einer Emotion. Wir sehen, dass jemand lacht und wissen doch nicht, ohne Person und Zusammenhang zu kennen, warum der Betreffende aktuell so gut drauf ist. Der emotionale Ausdruck vermittelt lediglich, ob und was jemand gerade fühlt, eventuell noch, was als Nächstes von ihm zu erwarten ist.

Die Tochter von Neid ist die Verleumdung.
GIACOMO CASANOVA

Neun Zugangsweisen zu unseren Emotionen

Geht es nach Ekman[6] und anderen Emotionsforschern, dann verfügen wir über neun Zugänge zu unseren Gefühlen. Vielleicht ist es angebracht, von *einem* reflexartigen, automatisch funktionierenden Selbstauslöser für Emotionen zu sprechen und von *acht* anderen Zugangsweisen zu unseren Gefühlen. Um dadurch zwischen Emotion und Gefühl zu unterscheiden. Denn vor allem die acht Gefühle sind im Coaching relevant.

Neun Zugänge zu Emotionen und Gefühlen

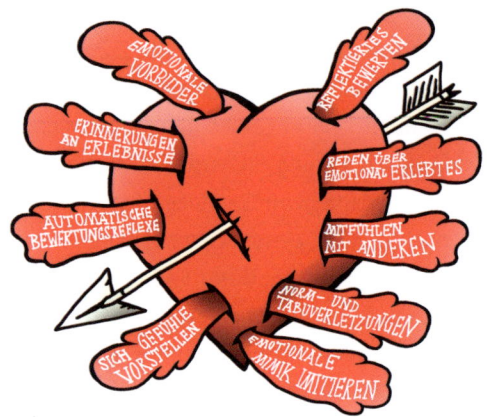

*Neid ist der
Schatten, den der
Erfolg wirft.*
MARILYN MONROE

Wie sich Auslöser für Emotionen im Gehirn etablieren, wie sie funktionieren, haben uns die Neurowissenschaften noch nicht vollständig erklärt.
Entsteht eine Emotion, dauert das lediglich Millisekunden. Der Vorgang,
der unsere Emotionen in Gang setzt, läuft so extrem schnell ab, dass
wir ihn nicht bewusst wahrnehmen. Emotionen verursachen in Teilen des
Hirns Veränderungen, die das Gehirn veranlassen, sich mit den Auslösern
dieser Emotion auseinanderzusetzen. Verantwortlich dafür sind:

Unsere automatischen Bewertungsreflexe: Sie sind hoch effektiv. Sie scannen unablässig die Umgebung, so dass wir schnellstmög-
lich auf Ereignisse und Auslöser, die fürs Überleben oder Wohlergehen
besonders bedeutsam sind, reagieren. Automatische Bewertungsreflexe
steuern blitzschnell, was und wie wir fühlen, denken, sagen und tun.

Wir bewerten reflektiert: Dabei denken wir bewusst darüber nach,
was sich gerade abspielt. Das trifft zum Beispiel auf Situationen zu, die
automatische Bewertungsreflexe nicht auf Anhieb bewerten können.
Im Anschluss übernehmen automatische Bewertungsreflexe wieder die
Kontrolle. Es sei denn, es gelingt uns, die Emotion bewusst zu steuern.
Allerdings müssen wir dafür unsere emotionalen Programme kennen und
wissen, worauf wir besonders kritisch reagieren. Reflektiertes Bewerten
kostet mehr Zeit, automatisches Bewerten ist viel schneller.

Wir erinnern uns an emotional Erlebtes: Denken wir an etwas, das uns bereits früher emotional stark aufwühlte, reagieren wir bisweilen ähnlich emotional wie damals. Unerheblich, ob wir uns bewusst erinnern oder sich Auslöser und Ereignis wieder ins Bewusstsein bringen.

Wir stellen uns Gefühle vor: Mit Vorstellungskraft und Fantasie können wir ebenfalls Emotionen hervorrufen, im Positiven wie im Negativen. Sex und Schmerz sind für Emotionsforscher keine Emotionen.

Wir reden über emotional Erfahrenes: Wenn wir über frühere Erlebnisse sprechen, kann das Emotionen nochmals entfachen, so dass wir diese ein weiteres Mal durchleben. Im Coaching Emotionen aus einem früheren gefühlsmäßigen Ereignis noch mal durchleben, kann hilfreich sein: Das bietet die Chance, die emotionale Episode neu und anders enden zu lassen.

Wir fühlen mit anderen mit: Erleben wir Emotionen bei anderen, können ähnliche Gefühle bei uns entstehen. Wir müssen uns dafür mit der Person oder emotionalen Begebenheit identifizieren. Sonst könnte sich eine andere Emotion einstellen, wir würden eventuell den anderen für eine aus unserer Perspektive unangemessene emotionale Reaktion geringschätzen. Erstaunlicherweise funktioniert Mitfühlen bei vielen Menschen bereits dann, wenn sie ein Buch lesen oder einen Film anschauen.

Wir haben emotionale Vorbilder: Eltern, Geschwister, Großeltern, Freunde oder Partner prägen, wie wir auf Erlebnisse emotional reagieren: Worüber wir uns ärgern oder freuen, weshalb wir trauern oder wovor wir Angst haben. Je stärker die ursprüngliche emotionale Reaktion eines Vorbilds war, desto heftiger mag auch unsere Emotion auf den gelernten Auslöser ausfallen.

Wir reagieren auf Norm- oder Tabuverletzungen: Wir können heftige Gefühle empfinden, wenn wir oder andere Personen wichtige gesellschaftliche Werte oder Normen verletzen. Die emotionalen Reaktionen reichen dann von Peinlichkeit, Wut, Abscheu, Verachtung, Scham, Fremdschämen, Schuldgefühlen bis hin zu Überraschung oder Vergnügen.

Wir imitieren emotionale Mimik: Wenn wir emotionale Ausdrucksformen imitieren und simulieren, können wir diese Gefühle bei uns hervorrufen. So ruft ein Lächeln positive physiologische Veränderungen im Gehirn aus. Um emotionales Erleben von Klienten nachvollziehen zu können, trainiert uns das Imitieren emotionaler Mimik hervorragend. Erstaunlich, wie wirksam das funktioniert. Zu den Grundemotionen wie Wut, Ekel, Verachtung, Trauer und Angst beschreibe ich auf den nächsten Seiten die jeweilige Augenblicksmimik. Das kann, kombiniert mit dem Vorstellen der betreffenden Emotion, beim Nachahmen und Nachfühlen dieser Emotionen dienen.

Unsere Stimme: Wenn wir funktional hören

Gemessen daran, wie wichtig die Stimme beim Ausdruck von Emotionen ist, wissen wir noch wenig darüber. Der Vokaltrakt besteht aus allem, was am Sprechen beteiligt ist: Mund, Rachen, Kehlkopf und Nasenraum. Die Stimme zeigt Emotionen genauso stark wie die Augenblicksmimik, meist sogar weniger kontrolliert. Mit der Stimme entscheiden wir, ob, wann und was wir sprechen, und somit uns Gehör verleihen. Fangen wir zu sprechen an, hört man Stimme und Stimmklang meist an, welche Emotionen uns gerade bewegen.

Körperausdruck ist das, was unsere Gefühle nach außen drücken.

Der stimmliche emotionale Ausdruck ist ähnlich universal wie der mimische Ausdruck. Im Vergleich zu universaler Mimik ist die Stimme nicht annähernd so gut erforscht. Es ist schwierig, die mit verschiedenen Emotionen verbundenen Laute so zu beschreiben, dass wir damit praktisch was anfangen können. Nur wirklich professionelle Schauspieler können ein Gefühl, das sie nicht selbst erleben, mit der Stimme simulieren. Wir sind weder beim Wahrnehmen noch beim Interpretieren der Stimme gut geschult.

Viele Menschen vermitteln Wohlbefinden, Unwohlsein, Sympathie und Antipathie mit der Stimme stärker als mit Worten. Oft drückt eine vokale Botschaft mehr aus als Worte. Auf Nuancen der Stimme zu achten, verbessert das Wahrnehmen und Verstehen wörtlicher Botschaften eklatant. Wenn wir Zeuge werden, dass ein anderer sich mit dem Hammer auf den Daumen haut, zusammenzucken und glauben den Schmerz selbst zu fühlen, nennen Psychologen das inneren Nachvollzug. Das innere Nachvollziehen ist nirgends so entwickelt wie beim Vokaltrakt. Es reicht, zu hören, dass jemand einen Frosch im Hals hat und mit belegter Stimme spricht: Prompt fangen wir an, uns selbst zu räuspern. Funktionales Hören heißt diese Form des Zuhörens, die bei anderen nachvollzieht, welche emotionalen Zeichen ihre Stimme vermittelt.

Coaching findet verbal und vokal statt, natürlich auch para- und nonverbal. Solange Sie im Coaching eine von Klienten stimmlich zum Ausdruck gebrachte Problematik nicht in Nuancen erkennen, können Sie diese auch nicht adäquat thematisieren. Auch im alltäglichen Gespräch setzen wir unbewusst vokale Signale ein. Es gibt vokale „Entschärfer" wie Sprechlacher, die stimmlich abmildern, was verbal zu aggressiv, übergriffig oder direkt erlebt wird. Andere vokale Möglichkeiten, wörtliche Äußerungen abzuschwächen und herunterzuspielen, sind:

- Mit heller Kleinmädchenstimme sprechen.
- Sehr schnell sprechen.
- Mit zu leiser Stimme sprechen.
- Mit der Stimme immer leiser werden.
- Flüstern.
- Im Aufzähl-Modus sprechen (Fachbegriff: progredient intonieren).
- Die Lippen runden – *nöö, schon ooköh* oder
- die Artikulation reduzieren – *is scho klahr, paasst scho!*[5]

Emotionen an der Augenblicksmimik erkennen

Paul Ekman[8], der bekannte Emotionsforscher, fand in seinen Studien und Beobachtungen rund um den Globus heraus: Grundemotionen sind universell, wir treffen sie in allen Kulturen und Kontinenten. Die mit Grundemotionen korrespondierenden mimischen Ausdrücke finden sich überall in gleicher Form. Bei Trauer und Verzweiflung, bei Zorn und Ärger, bei Angst und Überraschung, Ekel und Verachtung sind die jeweiligen Mimiken weltweit gleich. Das Gleiche gilt für Freude: Lächeln ist der typische mimische Augenblicksausdruck, wenn wir voll positiver Gefühle sind.

Eigentlich dürfen wir nur dann von Körpersprache sprechen, wenn bestimmte Bewegungen konkrete sprachliche Ausdrücke konventionalisiert ersetzen können.

CHRISTA HEILMANN

Die Stimme ist Ausdruck unserer Persönlichkeit.

Mikroausdrücke

Zu Beginn des Coachings befinden Klienten sich häufig noch in ihren Rollenkonserven und damit verbundenen Fassaden. Zu diesem frühen Zeitpunkt des Coachings sind sie noch eher darauf aus, wahre Gefühle zu unterdrücken oder zu maskieren. Das hält an, bis sich das Vertrauen voll entwickelt. Bei Mikroausdrücken handelt es sich um blitzschnell auftretende mimische Hinweise auf eine Emotion, die jemand gerade[9] zu unterdrücken versucht. Ernest Haggard und Kenneth Isaacs entdeckten als Erste das Phänomen der Mikroausdrücke. Paul Ekman und sein Kollege Dan Friesen[10] stoßen drei Jahre später darauf.

Mimische Mikroausdrücke von Emotionen dauern meist weniger als eine fünftel Sekunde und deuten die wahre Emotion, die jemand unterdrückt, mimisch an. Nach Paul Ekman lernen Sie in nicht einmal einer halben Stunde, Mikroausdrücke zu erkennen respektive worauf dabei zu achten ist. Die Beweg- und Hintergründe für eine betreffende Emotion lassen sich nicht durch den Ausdruck allein erschließen. Das erklärt meist erst der genaue Zusammenhang, in dem sich eine Mimik verändert. Oft empfiehlt sich, nach den Motiven dahinter zu fragen, um sicher zu sein. Viele Menschen nehmen Mikroausdrücke ungeschult gar nicht wahr. Im Gespräch sind sie zu stark auf Worte und Inhalte konzentriert oder befassen sich bereits mit einer cleveren Antwort auf das Gesagte. Autisten können übrigens Mimiken, Gesten und den ersten Eindruck bei anderen Menschen schlecht „lesen". Der Teil des Gehirns, der diese Signale verarbeitet, ist bei ihnen nicht entsprechend entwickelt. Auf den nächsten Seiten finden Sie Hinweise, wie Sie Mikroausdrücke für Grundemotionen zutreffend erkennen und verstehen können.

Freude und „positive" Gefühle

Sind wir gut drauf, ist unsere Stimme laut und kräftig. Der Körper weist Spannung auf, die Gestik ist eher schnell und ausladend. Im Zustand von Freude fällt es leicht, Blickkontakt zu halten. Unsere Mundwinkel sind angehoben und weisen nach oben, die Lippen sind dabei eher gespannt. Die Augen sind offen, es kommen unsere Augen- und Lachfalten zum Vorschein.

Die Stimme eines Menschen ist sein zweites Gesicht.
GÉRARD BAUER

Gähnen ist ansteckend.

Lächeln ist der Ausdruck von Freude und positiven Emotionen.

In der Literatur werden 18 unterschiedliche Arten von Lächeln beschrieben. Der französische Neurologe Duchenne de Boulogne fand im 18. Jahrhundert heraus, worin sich Lächeln bei echten Emotionen und Gefühlen von den 17 anderen „unechten" Formen unterscheidet. Das Gefühl echter Freude drückt sich durch die Kontraktion des Ringmuskels, der unser Auge umgibt, aus. Ein Teil dieses Muskels folgt unserem Willen nicht. Nur etwa zehn Prozent der Menschen können diesen Muskel willentlich beeinflussen und zusammenzuziehen.

Dem stärksten Willen fehlt oft die Kraft, die einer zarten Emotion selbstverständlich ist.
ELFRIEDE HABLÈ

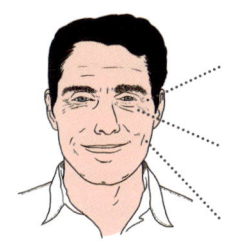

Mikroausdruck Freude

Der Muskel, der die Augen umrundet, zieht sich zusammen.

Es bilden sich Augenfältchen, sie wirken wie gekräuselt.

Die Wangen beziehungsweise Bäckchen sind hochgezogen.

Zorn und Ärger

Ein Prototyp ist der Inbegriff, die Urform, also ein besonders typischer Vertreter eines Phänomens. In der technischen Entwicklung und Fertigung heißt das Vorabexemplar Prototyp. Es ist zum Beispiel die erste Ausführung eines Autos, das seine Eigenschaften erproben lässt. So was gibt's auch bei Zorn. Protozorn nennt Joseph Campos, Professor an der California University, der Emotionen bei Säuglingen und Kleinkindern erforscht, das Phänomen, wenn Säuglinge mit hochrotem Köpfchen wild um sich schlagen. Sie tun das, weil sie sich in ihrem Begehren und Tun gestört fühlen: Wenn Mama ihnen die Brust nicht rasch genug gibt oder sie vorschnell entzieht. Genau dasselbe passiert, wenn Mama mit ihren Armen den Oberkörper ihres Babys so festhält, dass es die Arme nicht mehr frei bewegen kann. Bis zum Alter von zwei Jahren gehören Beißen, Treten und Um-sich-Schlagen zum normalen Verhaltensrepertoire. Kleinkinder können das erst kontrollieren, wenn sie zwei Jahre und älter sind.

Zorn ohne Macht wird verlacht.

Protozorn ist das Muster für typische sowie häufigste Anlässe für Zorn und Ärger bei Erwachsenen. Jemand hält uns von dem ab, was wir unbedingt tun möchten. Der Zorn verstärkt sich, wenn eine solche Behinderung mutwillig ist oder wir der betreffenden Person Vorsatz unterstellen. Verletzt uns jemand körperlich oder psychisch, kann uns das ebenfalls zornig machen. Zornig werden wir auch, wenn jemand Grenzen überschreitet, verletzt oder die Möglichkeiten beschneidet, so dass wir nicht mehr über Tun und Lassen selbst bestimmen können. Wir können auch zornig werden, wenn andere etwas tun oder Meinungen und Überzeugungen vertreten, die uns verletzen. Bei manchen reicht es schon aus, lediglich davon zu hören oder darüber zu lesen.

Auch Frustration über Gegenstände, Tiere oder Menschen beziehungsweise eigene Unzulänglichkeiten kann uns verärgern. Zorn gebiert Zorn, das ist das besonders Gefährliche an Zorn, dass Zorn von anderen auch bei uns Zorn auslösen kann. Daraus kann eine hochexplosive Eigendynamik entstehen. Oft ist es nur die Sorge, die Beziehung mit anderen nicht weiter zu beschädigen, die Zorn mäßigen und kontrollieren hilft.

Zorn nützt uns und dem Zusammensein mit anderen aber auch:

- Zorn motiviert uns, sich mit dem Thema, das uns ärgert, konsequent auseinanderzusetzen und den Grund des Ärgers zu beseitigen.
- Zorn über Unrecht oder für die Gemeinschaft und Natur unzumutbar Empfundenes wie Atomkraft lässt Menschen auf die Straße gehen und persönliche Beeinträchtigung in Kauf nehmen.
- Zorn kann helfen, Trauer oder Angst zu reduzieren.
- Zorn setzt klare Zeichen: Achtung, im Augenblick ist mit mir nicht gut Kirschen essen. Geht mir bloß aus dem Weg, lasst mich in Ruhe!
- Zorn vermittelt anderen, dass wir ihr Handeln nicht gutheißen.
- Zorn bringt uns ins Handeln, um jemanden, der sich übergriffig verhält, in die Schranken zu weisen oder um erlittenes Unrecht wiedergutzumachen.

Mimischer Ausdruck und andere Zeichen bei Zorn

Sind wir wütend, wirkt unsere Stimme eher laut und angespannt. Der Körper weist große Spannung auf, oft ist das verbunden mit gespannter und ausladender Gestik. Die Augenbrauen sind zusammengezogen, sie weisen in der Mitte nach unten. Die Augen sind aufgerissen, der Blick ist nach vorne gerichtet; er wirkt stechend. Die Oberlider berühren fast die Augenbrauen. Die gesamte mimische Muskulatur spannt sich an. Die Lippen sind aufeinander, die Zähne zusammengepresst. Der Puls steigt, das Gesicht läuft rot an, der Blutdruck steigt. Es gibt auch eine kalte, kontrollierte Form von Zorn: Unsere Stimme ist dann eher leise und gepresst, andere mimische Zeichen zeigen sich weniger pointiert.

Refraktärzeit heißt der Zeitraum nach der Auslösung eines Aktionspotenzials, in der man bei einem Nerv nicht erneut einen Reiz auslösen kann.

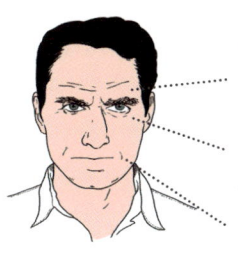

Mikroausdruck Wut

Die Augenbrauen sind zusammengezogen, an der Nasenwurzel zeigen sie nach unten.
Die Augen sind aufgerissen und der Blick wirkt fast stechend.
Die Lippen werden schmal, sie sind fest zusammengepresst.

Ekel

Wir entwickeln Ekel als eigenständige Emotion erst im Alter zwischen vier und acht Jahren. Kinder nehmen Grashüpfer oder Käfer in den Mund, ohne Ekel zu empfinden, sie essen Schokolade, die aussieht wie Hundekacke. Der amerikanische Psychologe Paul Rozin[11] erklärt das mit noch fehlenden kognitiven Fähigkeiten, die nötig seien, um Ekel zu empfinden. Rozin, der „Godfather of Disgust", unterscheidet zwischen körperlichem Ekel und zwischenmenschlichem Ekelempfinden: Er kategorisiert Ekelempfinden zwischen Menschen in Fremdes, Krankes, Unglückliches und moralisch Verwerfliches. Ekel zeigen wir zum einem bei all dem, was abscheulich ist, übel aussieht, sich so anfühlt, riecht und schmeckt, etwa bei Körpersäften und Giften. Diese Form von Ekel macht in der Untersuchung von Ekman und Maureen O'Sullivan mit Studenten elf Prozent aus. 62 Prozent der Probanden ekeln sich am heftigsten vor moralisch

Kinderhand bebt lang.

—WAS BEDEUTET —
MEIN HAUSTIER
FÜR MICH?

66 %

„bester Freund"

33 %

„Kinderersatz"

25 %

„Therapeut"

der Befragten
in den USA

Verwerflichem, wenn gesellschaftlich zutiefst Verbotenes verletzt wird
wie bei Kinderpornografie. 18 Prozent empfinden Ekel, wenn Sie auf einem Tierkadaver stoßen, an dem sich bereits die Maden laben. Die fehlenden neun Prozent der Antworten verteilen sich auf unterschiedliche
Nennungen zu individuell erlebtem Ekel.

Bestehen zwischen Menschen (oder einem Menschen und seinem Haustier) große emotionale Nähe und Vertrautheit, dann wird manches von
dieser Person (oder diesem Tier) als nicht ekelhaft erlebt. Das trifft auch
für Personen zu, bei denen das Umgehen mit gewöhnlich ekelerregenden
Dingen Teil ihrer berufliche Aufgabe ist. So wenn

- Eltern bei ihren Babys Windeln wechseln,
- Kinder ihre alten und schwerkranken Eltern pflegen,
- Krankenschwestern bettlägerige Patienten am ganzen Körper säu-
  bern und pflegen,
- Ehepartner das Erbrochene ihres Partner aufwischen,
- Verliebte über die Missionarsstellung hinaus kreativ Sex praktizieren,
- Herrchen und Frauchen flugs jede Kackwurst ihres Vierbeiners auf-
  nehmen und in Plastiktüten entsorgen.

Ekel kann sich ebenfalls gegen andere richten, zum Beispiel bei Reaktionen auf Körpergerüche oder unerwünschte körperliche Nähe, besonders
bei Unbekannten. Manche empfinden Ekel in Bezug auf Gegenstände,
die Dritte benutzten. Sie lehnen ab, ein anderes als das eigene WC zu
benutzen oder einen Teller beziehungsweise ein Glas zu benutzen, das
andere schon verwendet haben.

Studien der Universität Trier[12] (2004) belegen, dass es einen Zusammenhang zwischen dem Ausbruch von Herpes und vorhergehendem
Ekelempfinden gibt. Der Anblick potenziell ekelerregender Bilder bei
ekelempfindlichen Menschen kann deren Immunsystem schwächen und
dazu führen, dass sich Herpesbläschen bilden. Bei starkem Ekel wird das
Stresshormon Cortisol ausgeschüttet, es schwächt die Immunabwehr.
Die Diplom-Psychologin Anna Schienle hat 2003 85 Studentinnen auf
ihre Ekelempfindlichkeit und Neigung zu Essstörungen untersucht: Frau-
en mit Essstörungen zeigen eine deutlich höhere Ekelempfindlichkeit, die

bereits besteht, bevor eine Essstörung auftritt. Ekelhaftes hat für viele, nicht nur für Kinder, eine gewisse Faszination und Anziehungskraft. Bewusstes Provozieren von Ekelgefühlen ist ein Stilmittel der modernen Kunst. Künstler drücken in Performances ihren Protest gegenüber der Gesellschaft aus. Bekanntes Beispiel ist die „Künstlerscheiße" von Piero Manzoni. Er füllte vor 50 Jahren 90 Blechdosen angeblich mit seinem Kot, nummerierte, signierte und verkaufte sie zum Gegenwert von 30 Gramm Gold. Heute sind die Dosen wertvolle Sammlerstücke. Ungeklärt ist, woraus ihr Inhalt de facto besteht. Der Ekel jedenfalls basiert lediglich auf der Vorstellung davon.

Einvernehmlicher Sex besteht in der gegenseitigen Überwindung ekelbewehrter Grenzen.
WILLIAM IAN MILLER

Ekel nützt uns auch, denn
- Ekel lässt uns vor Ekelauslösern möglichst rasch abhauen;
- Ekeln funktioniert als wirksamer Schutz, vorsichtshalber nichts einzunehmen, solange er anhält. Frauen schützt das besonders in bestimmten Schwangerschaftsphasen;
- Ekel veranlasst, wenn wir was Verdorbenes zu uns nehmen, das möglichst auf direktem Wege wieder von uns zu geben;
- Ekel ist unser emotionaler, rational kaum steuerbarer Gradmesser dafür, was moralisch-ethisch absolut nicht erträglich ist.

Mimik und andere Zeichen bei Ekel
Zwei unterschiedliche Mimiken zeigen uns Ekel, meist gleichzeitig. Die Nase wird gerümpft und die Oberlippe angehoben, oft noch begleitet von einem leichten Nach-vorne-Schieben der Unterlippe. Ein beginnender leichter Würgereiz in der Kehle löst das aus, er erhöht die Sensibilität von Nase und Oberlippe. Intensives Naserümpfen und Anheben der Oberlippe können dazu führen, dass die Augenbrauen mittig leicht herabgezogen sind. Im Gegensatz zu weniger starken Formen von Ablehnung zeigt sich Ekel manchmal in starken Reaktionen wie Brechreiz und Übelkeit. Manche kriegen Schweißausbrüche, ihr Blutdruck sinkt so dramatisch, dass sie ohnmächtig werden. Die Stimme kann sich belegt anhören.

Ekel ist in vielerlei Hinsicht die Emotion der Zivilisation.
PAUL ROZIN

93

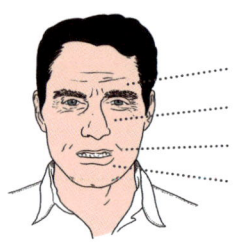

Mikroausdruck Ekel

Die Oberlider sind leicht angehoben.

Die Nase kräuselt sich leicht.

Die Oberlippe ist angehoben und hochgezogen.

Die Unterlippe wird leicht nach vorne geschoben.

Verachtung

Das Ekligste, was man sich denken kann, was auch immer das ist: Genau das ist es, was die Leute wollen.
STEPHEN KING

Verachtung ist mit Ekel verwandt und doch ganz anders. Verachtung bedeutet ein äußerst starkes emotionales Geringschätzen, das überdauernd sein kann. Damit ist oft ein völliges Ignorieren der entsprechenden Person verbunden, sie existiert für den Verachtenden nicht mehr. Das Gegenteil von Verachtung ist Achtung und Wertschätzung. Man verachtet Menschen, denen man sich in einer wichtigen Eigenschaft oder in jeder Beziehung überlegen fühlt. Pubertierende Jugendliche zeigen, dass sie auch jemanden verachten können, der situativ dominanter sein kann, wie zum Beispiel ein Lehrer oder ein Elternteil. Während manche beim Verachten durchaus genießen, haben andere im Nachhinein schlechte Gefühle und schämen sich. Verachtung geht meist mit falschem Bedürfnis nach Macht oder unangebrachtem Statusdenken einher. Wer sich seiner Position sicher ist, muss andere nicht verachten, um sich selbst dadurch wichtiger zu nehmen.

Mimischer Ausdruck und Zeichen bei Verachtung

Höflichkeit ist die sicherste Form der Verachtung.
HEINRICH BÖLL

Der mimische Ausdruck von Verachtung ähnelt dem von Ekel, häufig ist er schwächer ausgeprägt. Er zeigt sich asymmetrisch, nur in einer Gesichtshälfte. Die Bewegung – das Anheben der Oberlippe – verläuft dann anders. Ein Mundwinkel ist angespannt und leicht hochgezogen. Der leicht verzogene Mundwinkel zeigt sich zusammen mit der Andeutung eines Lächelns. Es entsteht der Eindruck einer eitlen, selbstgefälligen Miene und Haltung. So wie es der Mikroausdruck der Verachtung zeigt.

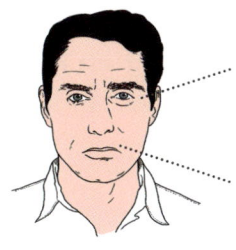

Mikroausdruck Verachtung
Da die Bewegung nur in einer Gesichtshälfte stattfindet, ist der Gesichtsausdruck asymmetrisch.
Ein Mundwinkel ist leicht angespannt und hochgezogen.

Trauer

Trauer steht dafür, Verlust zu erleiden. Trauer im engeren Sinn bezeichnet die Emotion, die durch den Verlust nahestehender Personen verursacht und gezeigt wird. Elisabeth Kübler-Ross, die schweizerisch-amerikanische Psychiaterin, beschrieb als erste fünf Trauer-Phasen, wenn wichtige Menschen sterben; ihr Phasenmodell war lange das Konzept für die Trauerbegleitung. Das Nachrichtenmagazin TIME wählte Kübler-Ross 1999 zu den 100 namhaftesten Wissenschaftlern und Denkern des 20. Jahrhunderts. Die Professorin und Lehranalytikerin Verena Kast[13] hat das Modell von Elisabeth Kübler-Ross in ihr Vier-Phasen-Modell integriert. Als Coach können sie immer wieder mal mit Trauer konfrontiert werden. Da ist es gut, diese idealtypischen Phasen zu kennen:

Es gibt kein Schicksal, das nicht durch Verachtung überwunden werden kann.
ALBERT CAMUS

1. **Nicht-wahrhaben-Wollen.** Der Verlust wird verleugnet, der Trauernde fühlt sich meist starr vor Entsetzen. Die erste Phase ist kurz und dauert ein paar Tage bis wenige Wochen.
2. **Emotionen brechen durch.** In dieser Phase werden Trauer, Wut, Freude, Angst und Ruhelosigkeit durcheinander erlebt. Das Zulassen von Aggression hilft den Trauernden, nicht in Depressionen zu versinken. Durch das Erleben adäquater Emotionen kann die nächste Trauerphase erreicht werden.
3. **Suchen, nicht finden, sich trennen.** In dieser Phase wird der Verstorbene unbewusst oder bewusst gesucht: Dort, wo er im Leben zu finden war. Mit der Realität konfrontiert, lernt der Trauernde, was sich irreversibel geändert hat. Der Verstorbene wird zum inneren Gesprächspartner, mit dem man in Beziehung bleiben kann.

4. Neues Beziehen auf sich und die Welt. Jetzt wird der Verlust so akzeptiert, dass der Verstorbene zur inneren Figur wird. Neue Beziehungen und ein neuer Lebensstil können wieder möglich werden. Jede Beziehung ist vergänglich, diese Erkenntnis setzt sich letztlich durch.

Wir benötigen jeden Tag vier Umarmungen zum Überleben, acht Umarmungen zum Leben und jeden Tag zwölf Umarmungen zum Wachstum.

VIRGINIA SATIR

Trauern ist kein passiver Vorgang, der Trauernde muss aktiv werden. Bleibt die Trauerarbeit aus, kann der Prozess lange andauern oder sogar pathologisch werden. Der Trauerprozess verläuft individuell jeweils spezifisch anders. Trauer oder Traurigkeit können jedoch auch bedrückende Gefühle sein, die auf negativen Erlebnissen oder schlechten Erfahrungen beruhen. Traurigkeit geht meist mit Verlusten, Niederlagen und anderen unerwünschten Erlebnissen einher. Wie beispielsweise einer zurückgewiesenen Liebe, Trennung oder Scheidung, bei Gesichtsverlust, bei ungerechtfertigter Kritik vor Dritten, wenn man sich abgelehnt fühlt oder wenn Ziele verpasst oder Erwartungen enttäuscht werden.

Mimischer Ausdruck und andere Zeichen bei Trauer

Die Wangen sind leicht hochgezogen, sie bilden eine Spannung zu den nach unten gezogenen Mundwinkeln. Die Lippenmuskulatur ist schlaff, der Mund ist oft leicht geöffnet. Die Haut zwischen Kinnspitze und Unterlippe ist bei Trauer häufig gerunzelt. Die Oberlider senken sich, der Blick geht nach unten, selten wird Blickkontakt gesucht und gehalten. Die Innenseiten der Augenbrauen ziehen sich über der Nasenwurzel zusammen, als würden die Brauen sich runzeln. Bei Trauer und Verzweiflung wird die Stimme leise, sie klingt wie behaucht. In tiefer Trauer bewegen wir uns langsam und zeigen wenig Gestik.

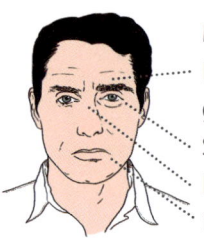

Mikroausdruck Trauer
Die Augenbrauen sind in der Mitte leicht aufwärtsgeneigt.
Schlaff herabhängende Augenlider.
Der Blick ist nicht fokussiert.
Die Mundwinkel sind leicht nach unten gezogen.

Angst

Angst ist in der Psychologie häufiger untersucht als jede andere Emotion. Körperliche oder psychische Bedrohungen kennzeichnen alle Angstauslöser. Der archetypische Auslöser ist körperlicher Schaden, der uns droht. Schlangen und Spinnen sind wohl universale Angstauslöser, auch wenn sich diese Art von Bedrohung in unserer Zivilisation äußerst selten stellt. Als angstauslösende Variationen kommen sonst alle Themen und Dinge in Frage, die wir bisher als bedrohlich, riskant oder gefahrvoll gelernt haben.

Am stärksten empfinden wir Angst, wenn wir nichts tun können, um drohenden Schaden von uns abzuwenden. Wie schwerwiegend die Bedrohung ist beziehungsweise ob die Gefahr unmittelbar droht oder zeitlich erst absehbar ist, nimmt ebenfalls Einfluss auf das Ausmaß erlebter Angst respektive mit welchen Verhaltensmustern und welcher Physiologie wir reagieren: Mit Flucht, Schockstarre, Kampf oder reduzierter Schmerzempfindlichkeit.

— PSYCHOLOGIE —

100 : 1

Studien Angst vs. Mut

Angst hilft uns auch, denn

* Angst warnt uns vor drohenden Risiken und sichert unser Wohlbefinden und Überleben;
* sie ist das klare Signal, dass momentan Gefahr droht: es ist an der Zeit, zu fliehen, sich zu wehren oder seine Ressourcen zu schonen;
* Angst fokussiert die Aufmerksamkeit und energetisiert, mit der Bedrohung angemessen umzugehen oder der Gefahr entgegenzutreten;
* Augenblicksmimik bei Angst warnt andere vor drohender Gefahr, so dass sie sich selbst schützen können;
* Mimik und Anzeichen von Angst rufen andere um Hilfe und bitten sie um Schutz und Beistand;
* Mimik bei Angst kann andere abhalten, uns noch stärker zu schaden (aber auch Angreifer zu weiteren Attacken aufs „Opfer" stimulieren).

Auch beim Zustand von Angst gibt es Menschen, die das genießen können: Siehe Bungeejumping, Thriller und Krimi als Buch oder Film.

Angst lähmt nicht nur, sondern enthält die unendliche Möglichkeit des Könnens, die den Motor menschlicher Entwicklung bildet.

SØREN KIERKEGAARD

Mimischer Ausdruck und andere Zeichen bei Angst

Unser Körper weist bei Angst eine feste Spannung auf. Die Gestik ist eng, kleinzügig und angespannt. Der Blick ist starr, Augen und Pupillen sind weit aufgerissen, die Oberlider angehoben und die Augenbrauen hochgezogen. Der Mund ist leicht geöffnet, der Kiefer fällt ein wenig nach unten. Unsere mimische Muskulatur ist völlig verkrampft.

Menschen, deren Gesichter Angst ausdrücken, zeigen auch noch andere physiologische Merkmale: Die Aufmerksamkeit ist deutlich erhöht, die Seh- und Hörnerven sind empfindlicher. Erhöhte Muskelanspannung verleiht uns eine gesteigerte Reaktionsgeschwindigkeit. Herzfrequenz und Blutdruck sind erhöht. Die Atmung wird flacher und schneller. Die Hände und die gesamte Peripherie werden kälter. Die Stimme ist klein bis fast unhörbar. Manche reagieren mit Schweißausbrüchen, Zittern oder Schwindelgefühl. Physiologische Merkmale von Angst sind ganz normale körperliche Reaktionen, die bei einer realen oder phantasierten Gefahr im Extremfall das Überleben sichern sollen. Sie bereiten auf Kampf- oder Fluchtsituationen vor.

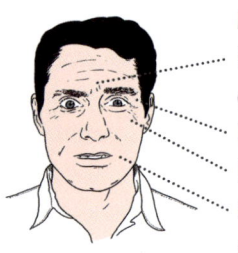

Mikroausdruck Angst

Die Augenbrauen sind hoch- und zusammengezogen.

Die oberen Augenlider sind angehoben.

Die unteren Augenlider sind verspannt.

Die Lippen sind leicht auseinandergezogen, sie weisen in Richtung der Ohren.

Überraschung

Von allen Emotionen ist Überraschung diejenige, die am kürzesten währt. Überraschung hält meist maximal eine Sekunde an! Sobald wir checken, was passiert ist, ist die Überraschung schon wieder vorbei. Überraschung macht dann Platz für die augenblicklich zutreffende Emotion, also Freude, Wut, Angst, Abscheu, Verachtung oder Trauer.

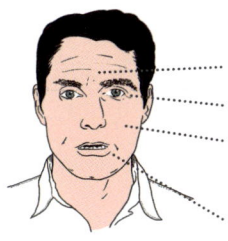

Mikroausdruck Überraschung
Die Augenbrauen und Oberlider sind angehoben.
Die Augen sind aufgerissen und geweitet.
Der Kiefer fällt leicht, die Lippen sind in Richtung
der Ohren gespannt.
Der Mund steht einen Spalt weit offen.

Von oben nach unten, von der Mimik zur Gestik

Die Grundemotionen gehören bei uns Menschen zur evolutionsbiologi-
schen Serienausstattung. Dass sich diese Grundemotionen dann in allen
Kulturen und Kontinenten gleich äußern, darf nicht überraschen.Silvan
Tomkins und Paul Ekman liefern den Nachweis, dass nonverbaler mimischer Ausdruck bei den Grundemotionen zuverlässig zu lesen ist. Wer
über die universalen Mimiken von Grundemotionen Bescheid weiß, kann
dieses Wissen nahezu überall anwenden. Eine Anekdote dazu: Silvan
Tomkins fand damals wegen der Rezession zunächst keine akademische
Anstellung. Deshalb arbeitete er zwei Jahre auf Rennplätzen. Für Pferde.
Dort schätzte er die Siegchancen einzelner Pferde für die Buchmacher
in Derbys ein. Die außerordentliche Genauigkeit seiner Vorsagen er-
klärte er damit, dass er den „Gesichtsausdruck von Pferden" treffend
einschätzen könne.

*Wir können lernen,
uns so gut wie vor
allem zu fürchten.*
PAUL EKMAN

Uns wird bereits früh beigebracht, ein Pokerface aufzusetzen, zu bluffen
und wirkliche Gefühle zu maskieren. „Sag' dem Onkel („den mag ich
aber überhaupt nicht!") vielen Dank für das schöne Geschenk!"(„so was
Blödes will ich gar nicht haben!"). Psychologen und Verhaltensforscher,
die der nonverbalen Kommunikation, den Emotionen und dem Körperausdruck auf der Spur sind, zitieren gerne unsere drei gelernten Strategien, um zu überleben: die Schockstarre, Flucht und den Kampf. Schockstarre nutzen wir bevorzugt unbewusst als Strategie, denn wir haben
mitgekriegt: Bewegung zieht erst mal Aufmerksamkeit auf sich. Und das
macht schnell zum Opfer und zur Beute. Wer nicht gleich entdeckt und
wahrgenommen wird, ist zumindest so lange sicher. Der Totstellreflex ist
die ultimative Schockstarre. Absolutes Stillhalten schützt zunächst ein-

mal davor, entdeckt zu werden. Und zwar am besten, wenn man sich dabei möglichst klein macht.

Eine neue Studie bringt dazu folgende Ergebnisse: Ab dem 17. Jahrhundert brachten Immigranten aus Europa nach Neuseeland Nesträuber wie Ratten, Katzen, Hermeline, Igel und anderes Getier mit. Diese Säugetiere rotteten in der Folge mehr als 40 Prozent aller Vogelarten aus. Forschungen von Melanie Massaro von der Universität Christchurch zeigen, warum Bellbirds, auch Korimakos genannt, dies besser als alle anderen Vogelarten überstanden haben. Im Kowhai-Urwald nahe der Küstenstadt Kaikoura auf der Südinsel machen Nesträuber den Vögeln das Leben besonders schwer. Wie regungslos brüten die Bellbird-Weibchen, um den Nesträubern keine Möglichkeit zu bieten, die Vögel zu entdecken. Sobald die Küken geschlüpft sind, fliegen ihre Eltern nur sehr selektiv und sporadisch zum Füttern ans Nest, um auf ihren Nachwuchs nicht unnötig aufmerksam zu machen.

Die größten Menschen sind jene, die anderen Hoffnung geben können.
JEAN JAURÈS

Die zweite Überlebensstrategie ist Flucht. Die Evolution lehrt uns, dass Schockstarre dann nicht mehr angemessen hilft, wenn Angreifer und Gefahr zu nahe kommen und zu bedrohlich werden. Jetzt gilt es, die Beine in die Hand zu nehmen und die Flucht zu ergreifen - nix wie weg, je schneller, desto besser. Im Alltag müssen wir vielleicht nicht wirklich davonlaufen. Körpersprachlich drehen oder lehnen wir uns von jemandem weg, der uns zu nahe kommt. Wir blicken ihn dann am besten nicht mal an, sondern gehen ihm schweigend aus dem Weg. Wir lassen jemanden körperlich nicht nahe an uns heran. Und häufig machen wir das eher mit Worten, indem wir uns von jemandem verbal distanzieren und abgrenzen.

Die dritte Form des Überlebens ist der Kampf. Ihn tragen wir allerdings selten körperlich aus. Wir maskieren ihn und reiten eher verbale Attacken, werden sarkastisch, fallen anderen ins Wort und unterbrechen sie. Wir schwingen Monologe, werden laut oder bedrohlich leise und persönlich und nehmen dabei in Kauf, dass andere ihr Gesicht verlieren. Obwohl wir wissen, alles im Leben fällt irgendwann auf uns zurück. Unser Körperausdruck verrät in solchen Momenten, wie es uns wirklich geht. Paul Ekman weist darauf hin, was er am intensivsten erforscht hat: Emotionen zeigen sich vor allem im mimischen Ausdruck. Andere Psychologen und Verhaltensforscher wiederum behaupten, wir hätten Gesichtsausdruck und Mimik gut im Griff, könnten sie jederzeit situationsangemessen und rollenkonform kontrollieren. Deshalb würden Emotionen, die unbewusst und reflexhaft ablaufen, sich vor allem in der Peripherie zeigen: An Händen, Fingern, Beinen und Füßen. Beine und Füße sind unser primäres Fortbewegungs- und Fluchtmittel, wenn es gilt, Reißaus zu nehmen. Daher seien sie kaum unter Kontrolle zu halten, wenn uns starke Emotionen überkommen. „Fight-or-flight", sagt der amerikanische Physiologe Walter Cannon dazu. Flucht oder Kampf beschreibt unsere rasche körperliche und seelische Anpassung in Gefahrensituationen. Während der Fight-or-flight-Reaktion schüttet unser Gehirn Adrenalin aus, das Herzschlag, Muskeltonus und Atmungsfrequenz erhöht. Diese Kraftreserve liefert die Energie für Kampf, Flucht oder anderes Verhalten, das der jeweiligen Bedrohungs- und Stresssituation angemessen ist.

Neuere Studien finden einen Unterschied der Stressreaktion bei Männern und Frauen heraus. Die Fight-or-flight-Reaktion trifft auf beide Geschlechter zu, ist bei der Frau jedoch schwächer ausgeprägt. Bei Gefahr schließt sie sich lieber anderen an. Der Psychologe Shelley Taylor[14] von der University of California bietet das Wortpaar „Tend-and-be-friend" für die Reaktion der Frau auf lebensbedrohlichen Stress an: „Sorge für Dich und biete Deine Freundschaft an".

Wir zeigen mehr als 10.000 verschiedene Gesichtsausdrücke

und etwa 40 unterschiedliche Arten zu gehen.

Angst ist eine wunderbare Mitteilung an uns selbst: dass wir nicht gut unterwegs sind und etwas ändern müssen.
GERALD HÜTHER

Gesten, die beruhigen

Beruhigungsgesten fallen von Person zu Person völlig unterschiedlich aus. Manche entspannen sich, indem sie mit ihrer Hand Bart, Kinn oder Nacken massieren oder sich übers Gesicht streichen. Wer seine Drosselgrube bedeckt, will sich unbewusst schützen, wenn er sich unter Druck fühlt und verunsichert ist. Bei der Drosselgrube handelt sich um die Vertiefung in der vorderen Mittellinie des Halses zwischen oberen Brustbeinrand und Kehlkopf. In Richtung Brusteingang endet die Drosselrinne in der Drosselgrube. In der Drosselrinne läuft die Drosselvene direkt unter der Haut. Sie nimmt das Blut aus Kopf und Halsbereich auf und gibt es an die obere Hohlvene weiter. Bei der Drosselvene kann, wie der Name sagt, der Blutfluss gedrosselt werden. Unser Gehirn schickt den Befehl, etwas zu tun, was bestimmte Nervenenden stimuliert oder beruhigt.

Keine solcher Gesten kann wirklich helfen, Bedrohungen zu neutralisieren oder Probleme zu lösen; sie beruhigen jedoch. Wie ein auffälliges Gähnen, das unseren Mund befeuchtet und uns Frischluft und Sauerstoff zuführt. Oder wenn wir unsere Lippen lecken und sie somit anfeuchten. Sich die Stirn reiben kann ebenfalls ein zuverlässiges Signal sein, dass sich jemand unwohl fühlt, verunsichert ist oder mit sich hadert. Unbehaglich oder unsicher fühlen wir uns, wenn etwas passiert, was wir nicht mögen oder wenn wir uns zu etwas gezwungen fühlen. Auch wenn wir vorgeführt, vor Dritten kritisiert werden oder uns persönlich angegriffen fühlen.

Im Kehlkopf- und Nacken-Bereich liegen viele Nerven, unter anderem auch der Nerv, der den Herzschlag verlangsamt, wenn er stimuliert wird. Wenn sich Männer über den Hals streichen, wollen sie Stress abbauen. Sie neigen dazu, sich mit der Hand über den Hals zu fahren oder diesen leicht zu massieren. Auch dafür gibt es physiologische Gründe.

Nervosität, Stress, Angst oder Unsicherheit äußern sich noch in anderen Körperbewegungen. Schützen wollen wir uns sichtbar dann, wenn wir ein Buch, einen Aktenordner oder den Laptop wie ein „Schutzschild" vor unsere Brust halten beziehungsweise vor uns her tragen. Das kann ein Zeichen dafür sein, dass jemand auf Distanz geht und diese Utensilien zum Abschotten nutzt. Oder wir fangen an, hibbelig zu werden, bewegen uns oder gehen auf Distanz. Wir ändern die Haltung, ob im Sitzen oder Stehen, rutschen unruhig auf dem Stuhl hin und her oder trommeln mit den Fingern auf Tisch oder Stuhl.

Die Handflächen abwischen: Die Hände auf den Oberschenkeln abwischen kann ebenfalls Indikator für Nervosität und Anspannung sein. Unsicherheit zeigt sich nicht nur in Mimik und Gestik. Wir reagieren auch körperlich. Unser Herz schlägt in einem solchen Zustand flotter, die Atmung wird schneller und flacher, wir fangen auf Handflächen, Stirn, in den Achselhöhlen oder am ganzen Körper vermehrt zu schwitzen an.  Werden Unbehagen, Angst oder Unsicherheit intensiver, reagieren wir auch mal mit Gänsehaut: Unsere Haare am Körper richten sich auf. Diese physiologischen Reaktionen laufen unbewusst und automatisch ab. Wer verunsichert oder nervös ist, wischt seine Handflächen am Rock oder an der Hose an den Oberschenkeln ab. Das reduziert das Aquaplaning auf den Handinnenflächen. Die Körperbewegung „Handflächen abwischen" wird meist unter dem Tisch gemacht. Sie bleibt daher oft unentdeckt. Ein Grund mehr für Sie, Coaching mit Klienten nicht an einem 80 Zentimeter hohen Arbeitstisch durchzuführen. Sie hätten dann keinen guten Blick auf körpersprachliche Signale Ihrer Klienten.

Unsicherheit verrät auch, wer sich unbewusst die Schläfen reibt, das Gesicht knetet oder mit den Händen über den Hinterkopf streicht. Wer etwas hört, was ihm nicht behagt, schließt nahezu paradox seine Augen, um das für sich auszublenden. Missfällt uns jemand, eine Situation oder eine Handlung, wenden wir häufig instinktiv unseren Blick beziehungsweise Oberkörper ab, wir verschränken reflexartig die Arme zur symbolischen Barriere.

Sich Luft zuführen ist ebenfalls eine Geste, die beruhigen, Stress reduzieren und Spannung abbauen mag. Führt sich jemand Luft zu und verschafft sich Kühlung, indem er seinen Hemdkragen mit den Fingern weitet, dann tut er es gewöhnlich, um sich zu beruhigen. Es sei denn, der Hemdkragen ist wirklich zu eng, es ist ungewöhnlich heiß oder schwül.  Wir sollten uns bei der Körpersprache und ihrer Interpretation immer auch bewusst sein, dass alle Gesten und Bewegungen pragmatisch begründet sein können: Also im Moment für den Betreffenden einfach nur entspannend oder bequem sein mögen.

Was uns Hände und Daumen erzählen

Zeigen die Daumen nach oben – und zwar nicht nur ein einziger, der mit demonstrativer Geste ausgestreckt wird –, dann ist das für gewöhnlich ein Zeichen, dass jemand gut drauf ist und sich gerade mit angenehmen Themen beschäftigt. Zeigen die Daumen im Gespräch nach unten in die Hände und verschwinden schier, dann ist der Betreffende meist unsicher, mit unangenehmen Gedanken oder ängstlichen Gefühlen beschäftigt. Wer nervös, aufgeregt oder beunruhigt ist, den mag und kann es beruhigen, die Hände oder die Handflächen aneinander zu reiben und mit den Fingern über die Handinnenflächen zu streichen.

Wenn Watzlawick sagt, es sei unmöglich, nicht zu kommunizieren, heißt das auch, dass es nicht möglich ist, mit unserem Körper nicht kommunikativ zu wirken. Oder etwas anders ausgedrückt:

Wir kommunizieren immer, auch wenn wir dies gar nicht wollen.

Manche vermitteln Unbehagen oder Missfallen dadurch, dass sie anfangen, mit den Fingern Flusen von Kostüm oder Anzug zu entfernen. Andere rollen oder verdrehen die Augen. Manche zischen leicht zwischen den Zähnen aus oder atmen langsam und hörbar mit einen „pffff" ein, um deutlich zu machen, dass ihnen der andere bzw. die augenblickliche Situation völlig gegen den Strich geht oder, dass sie sich im Moment ganz klar überlegen fühlen.

Was uns Beine und Füße verraten

Beine, Füße und deren Bewegungen bieten uns häufig wertvolle Hinweise, wie es Klienten bei belastenden Themen im Coaching geht. Sie werden feststellen, dass eine Eigendynamik in der Körperperipherie, sprich: wenn sich Gliedmaßen „selbstständig" machen, den Klienten häufig selbst gar nicht auffällt. Ich bin eigentlich schon weg! Weist der Oberkörper zum Gesprächspartner, während ein Fuß in Richtung Tür zeigt, kann das heißen, dass die betreffende Person eigentlich schon in die Richtung unterwegs ist, in die ihr Fuß zeigt.

Könnte sein, dass sie schon längst weg sein will und sich durch den Kontakt eher aufgehalten fühlt. Es kann pragmatisch auch nur bedeuten, die eingenommene Stellung ist im Augenblick einfach bequem. Zuckt, zappelt oder vibriert ein Fuß unwillkürlich oder schlägt ein Fuß plötzlich scheinbar unmotiviert aus, dann deutet das gewöhnlich darauf hin, dass derjenige sich nervös, unwohl oder im Moment unter Druck und Beobachtung fühlen mag. Dreht jemand im Sitzen seine Zehen nach innen, verschränkt plötzlich die Beine oder umschlingt die Stuhlbeine mit seinen Füßen, dann können das ebenfalls Zeichen von Beunruhigung, Stress oder Angst sein. Jemand „nimmt sich" in diesem Moment seine kleine Schockstarre rumpfabwärts.

Wenn ich solche Körperbewegungen und Gesten im Coaching beobachte und feststelle, integriere ich das und spreche es gezielt an: „Wenn Ihr Fuß (der gerade ausschlägt) jetzt sprechen könnte, was würde er zu diesem Thema sagen?" Spätestens dann wird Klienten bewusst, dass ein Thema sich unbewusst ein Ventil sucht und im Sinn des Wortes bewegend ist. Häufig antworten Klienten daraufhin tatsächlich stellvertretend für ihren Fuß.

Sich nonverbal synchronisieren

Sie erinnern sich noch, welche für Professor Rosenthal neben wechselseitiger Aufmerksamkeit und Sympathie die dritte Bedingung für harmonische Beziehungen ist? Die Tatsache, sich nonverbal gut zu synchronisieren. Dr. Fabian Ramseyer[15] liefert in seiner Arbeit „Nonverbale Synchronisation in der Psychotherapie" den Nachweis. Ein hohes Maß an nonverbaler Synchronisation korrespondiert mit hoher Beziehungsqualität, die subjektiv von Therapeut und Patient so beschrieben und bewertet wird. Nonverbale Synchronisation führt darüber hinaus auch zu besseren Ergebnissen im sogenannten „Macro-Outcome": darunter

Auf die Absicht aller Dinge, nicht auf den Erfolg blickt der Weise.

SENECA

versteht man Resultate von Vorher- und Nachher-Messungen mittels einer psychometrischen Testbatterie. Synchronisieren meint zum einen, wie gut es Ihnen als Coach und Klient gelingt, sich zu synchronisieren. Synchronisieren bedeutet jedoch auch, dass unterschiedliche verbale und nonverbale Äußerungen Ihres Klienten synchron laufen. Beantwortet Ihr Klient eine Frage von Ihnen mit einem Ja, dann sollte seine Kopfbewegung ohne Verzögerung die wörtliche Aussage auch stimmig unterstreichen. Wenn ein Klient eine Frage verneint, darf sein Kopf dabei nicht nicken, das wäre nicht synchron, sondern widersprüchlich.

Wir betonen und verstärken wichtige verbale Aussagen durch klare Worte und kurze Sätze sowie durch Stimme, Sprechlage, Tonfall, Lautstärke und Sprechtempo. Meist wird der Nachdruck verbaler Aussagen deutlich stärker durch eine kongruente und synchrone Körpersprache unterstützt. Klienten betonen beispielsweise im Sitzen häufig wichtige emotionale Aussagen durch schnelles Heben ihrer Knie, durch ein Nach-vorne-Lehnen oder ein ihre Aussage begleitendes Wippen auf den Zehenspitzen. Natürlich unterstreichen Aussagen und Gesichtspunkte auch eine stimmige und synchrone Mimik, wie die Augen aufzureißen oder die Augenbrauen zu heben.

Souveräne und sichere Gesten

„Ich fühl mich sauwohl!": Den Kopf zur Seite geneigt, ein offener Blick und ein leichtes Lächeln im Gesicht. Ganz entspannt bin ich offen für die Dinge, die da kommen mögen." Für diesen mimischen und gestischen Ausdruck brauchen wir Menschen, die wir mögen und einen entspannten Kontext. Am besten gelingt dieser Körperausdruck, wenn wir ausgeschlafen sind, körperlich gelassen und wach sind.

Entspannt dominant: Verschränkt jemand in Gesellschaft anderer die Arme hinter dem Kopf, macht er sich dadurch größer: Er fühlt sich im Gespräch mit anderen sicher, entspannt und überlegen. Ein Bein ist dann oft lässig aufs andere abgelegt. Diese Pose wirkt beinahe flegelhaft und unschicklich. Häufig zeigen Chefs diese Körperhaltung und Positur der Überlegenheit in Besprechungen mit Mitarbeitern.

Nähe und Distanz

Neben Körpersprache und Körperausdruck spielt auch das Raumverhalten, also wie nah oder entfernt wir von jemandem sind, eine vitale Rolle in unserer Kommunikation. Räumliches Verhalten hängt von vielen Faktoren ab, wie

- den kulturellen Spielregeln in der jeweiligen Situation,
- dem intimen oder persönlichen Raum, den jeder von uns braucht,
- dem Vertrautheitsgrad zwischen den Menschen,
- der sozialen Hierarchie zwischen den Parteien,
- der Bewegungsrichtung sowie dem Bewegungstempo,
- der Größe beziehungsweise Höhe des Raumes.

Ob nah oder fern, Distanzzonen entscheide ich gern

die intime	bis 45 und 75 cm
die persönliche	zwischen 75 und 120 cm
die soziale	von 120 bis 360 cm
die öffentliche	von 360 bis 750 cm

Sind im Flugzeug die Sitze in den Passagierreihen sehr eng nebeneinander montiert, akzeptieren wir situativ die unter alltäglichen Umständen als zu stark empfundene Nähe unter einer Bedingung: Dass der neben einem sitzende Fluggast die gedachte Grenzlinie zwischen beiden Sitzen nicht verletzt. Nähe und Distanz vermitteln wir auch durch Sprache, Sprechweise, Mimik und Gestik. Räumliche Sprachbilder wie „Abstand halten", „auf die Pelle rücken", „auf Distanz gehen", „die kalte Schulter zeigen" oder „sich vom Leib halten" beschreiben Nähe und Distanz. Wir können mit Worten knallhart auf Distanz gehen:

Arroganz ist der beste Schutz vor Nähe.

> *„Bitte halten Sie doch ein wenig mehr Abstand!"*
> *„Ich möchte jetzt gerade nicht mit Ihnen sprechen!"*

Es genügen bereits kleinere Aktionen, um Distanzverhältnisse zu verändern, wie die Hand ausstrecken oder den Fuß nach vorne setzen.

*Anpassung ist
die Stärke der
Schwachen.*

WOLFGANG HERBST

Stimmlich wirken insbesondere Lautstärke. Sprechspannung und Pausen setzen auf Nähe und Distanz. Gibt es Unterschiede in der Haltung im Gespräch und im Kommunikationsverhalten zwischen Frauen und Männern? Das zeigt sich in entspannten privaten Gesprächsanlässen unter vertrauten Partnern nicht so sehr. Steht jedoch etwas auf dem Spiel, wie in herausfordernden beruflichen Situationen, können sich folgende Besonderheiten und Unterschiede zeigen:

Geschlechtsspezifisches Gesprächsverhalten

♀ Frauen	♂ Männer
Verbale Abschwächungen	Sichere Äußerungen
Kein dominantes Verhalten	Dominantes Verhalten
Viel Gesprächsarbeit	Intensive Themenarbeit
Wenig Augenkontakt	Halten von Blickkontakt
Nehmen wenig Raum für sich	Nehmen viel Raum ein
Eher leisere Stimme	Laute Stimme
Integratives Verhalten	Wettbewerbsverhalten
Tendenz, sich unterbrechen zu lassen	Unterbrechungspotenzial hoch
Unterstützen beim Verstehen, *ja, mhm, genau*	Wenig Rezipienzsignale, Pokerface

Modifiziert nach Christa Heilmann

Lösungsorientiertes Coaching

Das Format Coaching

Um den Begriffskuddelmuddel unterschiedlicher Schulen, Theorien, Modelle und Methoden in Beratung und Therapie zu klären, führt Buer[16] 1997 die wichtige Unterscheidung zwischen Format und Verfahren ein:

Formate sind Coaching, Consulting, Counseling, Mediation, Mentoring, Organisationsberatung, Psychotherapie, Supervision und Training.

Verfahren sind Gesprächstherapie, Gestalttherapie, Gruppendynamik, NLP, Psychoanalyse, Psychodrama, Systemik, Aufstellungen, TZI und Transaktionsanalyse.

Zehn Jahre später resümiert Ferdinand Buer[17], dass Formate und Verfahren aufeinander angewiesen sind. Das eine existiert nicht ohne das andere. Coachingausbildungen entscheiden sich oft für ein Format oder ein Verfahren. Zwischen Format und Verfahren herrscht Spannung, denn Formate sichern ab, während neue Verfahren verunsichern. Weil Verfahren nach Buer „subversives, emanzipatorisches Begehren der Subjekte" zum Ausdruck bringen. Als Subjekte tituliert Buer Pioniere wie Satir, Erickson oder de Shazer.

Die Unterscheidung Format und Verfahren gilt für alle Typen professioneller Arbeit, in denen Experten mit ihren Kunden und Klienten starke Beziehungen entwickeln, um sie für Lernen und Veränderung aufzuschließen. Es handelt sich bei all diesen um „Vertrauensprodukte[18]". Kunden und Auftraggeber können die Qualität vorab und von außen nur schwer richtig einschätzen. Das Ausdifferenzieren von Formaten passiert nicht in der Wissenschaft, darum kümmern sich die jeweiligen Berufsverbände. Im Coaching sind das aktuell 26, in Worten sechsundzwanzig Berufsverbände. Das ist doch ein klares Zeichen geballter Lobby und Interessenvertretung sowie von „Wir ziehen alle an einem Strang"!

Die Buersche Unterscheidung Verfahren und Format macht es möglich, zwischen Beratungsformaten wie Coaching, Consulting, Counseling[19] und Supervision zu unterscheiden. In diesen Formaten wird vor allem mit Kommunikation und Prozessberatung gearbeitet. Coaching handelt dabei mit Methoden und Werkzeugen verschiedener therapeutischer Verfahren, und auch mit Tools der Positiven Psychologie, der kognitiven Psychologie, des Psychodramas, der Trancearbeit, der Personal- und Organisationspsychologie, diverser Führungs- und Managementmodelle sowie anderer Quellen.

Künstler ist nur einer, der aus der Lösung ein Rätsel machen kann.
KARL KRAUS

Coaching weist im Vergleich zu anderen Formaten einige Handicaps auf. Coaching hat eine vergleichsweise kurze Geschichte und relativ wenig empirische Praxis. Zudem lässt Coaching offen, was es fürs Gemeinwohl tut. Coaching lässt sich keiner Form von Sozialarbeit zuordnen. Coaching hat explizit keine Wissenschaft hinter sich, die sich als Lobby für seine Interessen und Entwicklung starkmachen wollte. In meinem eigenen Berufsverband, dem Berufsverband Deutscher Psychologinnen und Psychologen e. V., fristete Coaching lange das Dasein eines Mauerblümchens. Erst in jüngster Zeit bewegt sich erfreulicherweise mehr. Stefan Kühl[20] nennt Professionalisierung dann Professionsbildung, wenn

- für eine hauptberufliche Tätigkeit, also einen „richtigen" Beruf ausgebildet wird,
- der Beruf ausreichend Honorar abwirft *und*
- er professionelle Standards für Ausbildung und Ausübung hat.

Auf gemeinsame Ausbildungsstandards hat sich ein Round Table deutschsprachiger Coaching-Verbände verständigen können. Bis Coaching jedoch auf breiter Basis ein „ordentlicher" Hauptberuf mit entsprechendem Einkommen wird, gehen sicher noch viele Tage ins Land.

„Das entscheidende Wissen einer Profession speist sich nicht aus den Wissenschaften, sondern aus den Erfahrungen beim Einsatz eines Formats." Ferdinand Buer

110

Lösungsorientiertes Coaching riecht nach einem Bastard aus dem Format *„Coaching"* und dem Verfahren systemischer *„Lösungsorientierung"*. Lösungsorientierung ist jedoch nicht nur systemisch zu verstehen, sondern auch als gemeinsame Perspektive quer durch die Formate und Verfahren. Bei Google finden sich mittlerweile Angebote wie *„Systemische, lösungsorientierte und Ericksonsche Psychotherapie auf konstruktivistischem Hintergrund"* – dagegen ist jeder Wolpertinger[21] reinrassig.

Wurzeln der Lösungsorientierung

Als Coach lohnt es sich, einen Blick auf die Wurzeln lösungsorientierter Beziehungsarbeit zu werfen. Systemisches, lösungsorientiertes Coaching geht auf die lösungsfokussierte Kurztherapie zurück. Steve de Shazer und Insoo Kim Berg stellen sie 1982 zum ersten Mal öffentlich vor:

Der „Dreh" von De Shazer ist, den Fokus auf Ziele, Stärken, Ressourcen und Ausnahmen vom Problem zu richten und nicht zu stark auf Probleme und deren Entstehung zu fokussieren.

Lösungsorientierung verbreitete sich schnell in Psychotherapie, Pädagogik sowie in Management und Führung. *Lösungs-* an Stelle von *Problem-*orientierung heißt, positive Unterschiede zum Problem zu erkennen, zu würdigen und zu verstärken. Das bedeutet, sich besonders auf die Ausnahmen vom Problemzustand, also auf das zu fokussieren, was „trotz Problem" gut funktioniert. Klienten, die das erkennen, wünschen sich, die Ausnahmen künftig besser und am liebsten durchgängig zu beherrschen.

Probleme lösen Sie am besten mit denen, die daran beteiligt sind.

The Bateson Team, 1955: William Fry, John Weakland, Gregory Bateson, Jay Haley.

111

STEVE DE SHAZER

*Einfachheit ist
das Schwierigste
überhaupt.*
LEONARDO DA VINCI

Probleme sind meist *kontextualisiert*, das heißt sie treten in gewissen Situationen oder mit bestimmten Personen auf. Steve de Shazer und Insoo Kim Berg entwickelten ihre lösungsorientierte Kurztherapie im Brief Family Therapy Center in Milwaukee. Inspiriert wurden sie dabei auch von Forschern des Mental Research Institute in Palo Alto wie William Fry, John Weakland, Gregory Bateson, Jay Haley, von Virginia Satir oder Paul Watzlawick.

Kybernetik, Systemik, Konstruktivismus und die Hypnosetherapie von Milton Erickson beeinflussten die Entwicklung der lösungsorientierten Kurztherapie ebenfalls stark. Radikal neu am lösungsfokussierten Ansatz ist sein klares Bekenntnis zur Einfachheit.

Wirkung erzielt, wer beobachtet, was bei Klienten bereits wie gewünscht funktioniert. Und wer Klienten dann dazu bringt, dass sie schrittweise davon mehr, systematischer und bewusster tun. Voraussetzung für Lösungsorientierung ist der Glaube, dass sich etwas zum Besseren verändern kann. Lösungsorientiertes Coaching setzt voraus, dass Veränderung stets passiert, ja unvermeidbar ist.

Lösungsorientiert vorzugehen heißt, das anerkennen, was bereits gut läuft. Lösungsorientiertes Coaching nutzt die Ausnahmen vom unerwünschten Denken oder Handeln als bereits funktionierende Lösungen bewusster, häufiger oder systematischer. Etwas anerkennen heißt, einen Wert erkennen, ihn dadurch vergrößern. Das Positive anerkennen bringt positive Emotionen mit sich, die wiederum regen positive Veränderung an und verstärken sie. Lösungsorientiertes Coaching geht davon aus, dass bereits kleine Veränderungen im Verhalten zu erheblichen Veränderungen im Klientensystem führen können. Lösungsorientierung konzentriert sich auf Momente, in denen kleine Abweichungen vom Problemzustand auftreten. Eine Veränderung, so klein sie sein mag, ist wichtiger als die Reflexion darüber, wie sich falsches und unerwünschtes Verhalten eventuell korrigieren ließe. Das Bestreben, ein minimales Auftreten des erwünschten Zielzustandes zu finden, steht hinter den Interventionen im Coaching. Lösungsorientierung im Coaching folgt folgenden Annahmen.

Die Annahmen der Lösungsorientierung

- Positive Veränderungen in komplexen Kontexten passieren in kleinen Schritten.
- Wenige Informationen über das, was früher oder anderswo schon besser funktionierte, helfen schon.
- Was macht den Unterschied zwischen besser und schlechter aus? Nicht: „Wie genau kam es dazu?"
- Konkretes Handeln in kleinen Schritten ist wesentlich sinnvoller als, Probleme erschöpfend verstehen zu wollen.
- Einvernehmlich wird vorausgesetzt, dass alle Beteiligten offen für positive Veränderungen sind.

Bekenntnis zur Einfachheit

Repariere nicht, was nicht kaputt ist!

Finde heraus, was schon gut funktioniert: Mach's öfter oder systematischer!

Klappt etwas nicht, dann mach was anderes!

Lösungsorientierung bedeutet ferner, dass Lösungen das Herzstück Ihrer Arbeit als Coach bilden. Dabei helfen Ihnen die Talente, Stärken und Ressourcen Ihrer Klienten. Stärkenorientiert arbeiten heißt, im Coaching die Talente und Stärken Ihrer Klienten zu entdecken, sie anzusprechen sowie aktiv und ausdrücklich immer wieder anzuerkennen. Wer als Coach lösungsorientiert arbeitet, ist überzeugt, dass eine Veränderung eintreten wird. Offen bleibt dabei lediglich, wann dies geschehen wird.

Gemeinsam mit Klienten konstruieren Sie Lösungen und Alternativen zu deren dysfunktionalen[22] Gedanken, Gefühlen und Handlungsmustern.

Originell muss eine Idee nur in der Anwendung auf das Problem sein, an dem Sie gerade arbeiten.
THOMAS EDISON

113

Lösungsorientierung zeichnet dabei aus, sich konsequent auf die Stärken des Klienten als Ressourcen für mögliche Lösungen zu konzentrieren und sich nicht mit dem Beseitigen möglicher Defizite aufzuhalten. Wenn Sie lösungsorientiert vorgehen, entwickeln Sie zusammen mit Klienten neue Perspektiven, regen sie an und ermutigen sie, sich eigeninitiativ und kreativ auf den Weg zu ihren Zielen zu machen. Sie verzichten auf Diagnosen, die Defizite Ihrer Klienten beinhalten. Sie explorieren auch nicht tiefgründig Probleme, abweichendes Verhalten, Konflikte und Störungen; Ursächlichkeiten brauchen Sie nicht zu interessieren. Denn Spekulationen über die Entstehung von Problemen machen eher schlechte Laune und verändern nichts zum Positiven. Die volle Konzentration gilt den Stärken und Ressourcen der Klienten und den Möglichkeiten, sie aktiv nutzen zu können: um rasch und direkt Lösungen für ihre Herausforderungen zu bewirken.

Weisheit besteht in der Kunst des Weglassens.
WILLIAM JONES

Lieber das Kleine tun, statt das Große nur zu wollen.

Coaching darf schon deshalb „kurzweilig", sprich: von kurzer Dauer sein, weil in den Sitzungen vor allem Anregungen und Anstöße für die eigentliche Veränderung entwickelt werden. Die Veränderung selbst vollzieht sich meist zwischen den Sitzungen im Alltag Ihrer Klienten. Zeitliche Kürze war auch für de Shazer und Kim Berg kein Ziel, sondern die logische Konsequenz ihrer lösungsorientierten Vorgehensweise. Sie benötigten für lösungsfokussierte Kurztherapien mit Klienten zwischen vier und sieben Sitzungen.

There is more to life than increasing its speed.
MAHATMA GANDHI

Lösungsorientiertes Business Coaching heißt nicht, als Coach übermäßig Gas geben zu müssen. Orientieren Sie sich am Tempo, der Auffassungsgabe und den Möglichkeiten Ihrer Klienten sowie an der Komplexität des Themas, das gerade anliegt.

Coaching ist das eigentliche Gespräch. Dazu gehört, Klienten und sich selbst zu entschleunigen. Neue Studien aus Hirnforschung und Neurowissenschaften bestätigen die Wirksamkeit lösungsorientierten Vorgehens. Neuroplastizität[23] erklärt, dass das Gehirn seine Struktur und damit zusammenhängende Funktionen laufend verändert. Es passt sich immer wieder an Erlebnisse und gemachte Erfahrungen an. Lernen funktioniert durch Verstärken synaptischer Verbindungen zwischen den Nervenzellen.

„If something works, do more of it. If something doesn't work, do something else." Steve de Shazer

Als Coach laden Sie Klienten ein, mehr von dem zu tun, was fürs Erreichen von Zielen hilft. Das stimuliert diejenigen neuronalen Repräsentationen, die für die Lösung verantwortlich sind, sie werden dadurch gestärkt. Die neuronalen Repräsentationen, die fürs Problem „zuständig" waren, bilden sich zurück und verlieren an Einfluss. Lösungsorientierung vermitteln Sie Klienten durch Ihre Haltung, Ihre Sprache und Ihr Coaching-Design. Das schließt auch ein, die Probleme Ihrer Klienten zu würdigen und ernst zu nehmen.

Realismus ist der Glaube, dass die Dinge in Wirklichkeit so sind, wie sie uns im Geist erscheinen.
DANIEL GILBERT

Ein Problem wird erst dadurch zum Problem, wenn es bereits irgendwo die Idee einer Lösung gibt. Ohne Lösungsidee existiert kein Problem. Klienten sind demzufolge die einzig und wahren Experten für ihre Probleme. Entlastend für Sie ist die Einsicht: Kommen Klienten mit einem Problem zu Ihnen, bringen sie immer schon Ideen für Lösungen mit. Lösungsorientiert zu arbeiten bedeutet freilich auch, sich von Ideen *zu lösen* wie

- Sie als Coach könnten die Probleme Ihrer Klienten lösen,
- Sie seien dafür ganz alleine verantwortlich,
- Sie müssten als professioneller Coach stets parat haben, wie Lösungen genau auszusehen haben, damit sie garantiert funktionieren.

Carl Rogers, der große alte Mann der Humanistischen Psychologie und der Klientenzentrierten Therapie, war sich dessen schon vor etwa 50 Jahren bewusst:

„In my early professional years I was asking the question: How can I treat, or cure, or change this person? Now I would phrase the question in this way: How can I provide a relationship which this person may use for his own personal growth?" Carl Rogers[24]

Anleitung zu lösungsorientierter Einfachheit

» Lösungen statt Probleme: Fragen Sie Ihren Klienten, wie es dann ist, wenn es besser ist – vertiefen Sie nicht das Problemverständnis.

» Interaktion statt isolierter Individualität: Sprechen Sie über beobachtbares Handeln. Verhalten entfaltet sich erst im Kontext und der Interaktion mit anderen – diskutieren Sie nicht über Meinungen, Lehren oder Theorien.

» Beachten und nutzen Sie das, was da ist – nicht das, was fehlt. Klären Sie das, was heute bereits zumindest etwas besser klappt und vernachlässigen Sie Lücken zwischen Wunsch und Wirklichkeit.

» Sehen Sie die Chancen im Heute, Morgen und Gestern? Chancen in der Zukunft zu suchen, ist normal. Noch wichtiger ist, zu finden und zu nutzen, was sich gestern bereits als Stärke und Chance erwies. Das gilt es künftig noch konsequenter und frequenter zu nutzen.

» Einfach sprechen: Sprechen Sie umgangssprachlich, seien Sie klipp & klar – verzichten Sie auf lange, komplizierte oder beeindruckende Begriffe und Erklärungen.

» Jedes Anliegen ist individuell, es verdient damit auch keine Küchenpsychologie. Lassen Sie sich immer wieder offen auf Ihren Klienten ein, lassen Sie sich jederzeit wissbegierig und positiv von Neuem überraschen.

Wissen über Lernen und Veränderung

„Menschen, die zu sehr an die Macht natürlicher Begabung glauben, schöpfen ihr eigenes Potenzial nicht voll aus. Sie sind zu sehr damit befasst, einen klugen Eindruck zu machen und ja keinen Fehler zu begehen. Dagegen sind Menschen, die von der Formbarkeit und Entwicklung von Fähigkeiten überzeugt sind, diejenigen, die wirklich Dinge voranbringen, an Grenzen gehen und aus ihren eigenen Fehlern lernen." Carol Dweck[25]

Wissenswertes zu Lernen[26]

Unser Gehirn ist nicht spezialisiert. Wir können uns auf verschiedenste Aufgaben und Herausforderungen einstellen. Unser Gehirn lässt uns wesentlich besser lernen als andere Lebewesen. Wir sind fürs Lernen so geschaffen wie ein Adler zum Fliegen oder ein Fisch zum Schwimmen. Dabei wiegt das Gehirn nur etwa eineinhalb Kilogramm, das macht weniger als drei Prozent des Körpergewichts aus. Es beansprucht allerdings 20 Prozent unserer Energie. Die Natur hat sich was dabei gedacht. Wenn das Gehirn so viel Energie kosten darf, muss es uns Menschen auch große Vorteile bieten. Unser Gehirn lernt ständig, wobei das meiste Lernen einfach so geschieht, in der Interaktion mit unserer Umwelt. Schätzungen gehen davon aus, dass lediglich 30 Prozent des Lernens von Schülern in der Schule stattfinden. Sie lernen auch außerhalb der Schule, nicht nur bei ihren Hausaufgaben. Sie lernen beispielsweise viele Charaktere und komplexe Erzählstränge in sieben Harry Potter-Büchern kennen oder das, was in 50 Folgen einer Nachmittagssoap im Fernsehen passiert. Denn wir sind gar nicht in der Lage, *nicht* lernen zu können.

Wir verlernen ständig etwas von dem, was wir wissen. Größtenteils vergessen wir wieder, vor allem das, was wir nicht häufig anwenden. Wir müssen wohl ständig Altes verlernen, um Neues lernen zu können. Schön daran ist, dass wir sehr viel mehr können, als wir wissen. Das Meiste von dem, was wir gelernt haben, wissen wir zwar nicht mehr, beherrschen es aber praktisch!

Lernen braucht viel Übung, denn unsere Synapsen lernen langsam. Sich etwas nachhaltig merken und sich daran erinnern können, benötigt bis zu 16 Wiederholungen. Komplizierte Bewegungsabläufe brauchen, bis wir sie meisterhaft beherrschen, hunderttausend oder mehr Wiederholungen.

Lernen ist ein aktiver Vorgang. Es stört uns, wenn wir in der Zeit, in der wir lernen, anderes tun. Auch beim Lernen funktioniert Multitasking nicht. Neues und Bedeutsames lernen wir am liebsten. Wenn wir etwas Besonderes lernen, ist unser Hippocampus beteiligt. Er unterscheidet Neues von bereits Gespeichertem. Bewertet er etwas als neu, bildet er dafür neuronale Repräsentationen aus. Am liebsten lernen wir übrigens Geschichten. Und gar nicht gerne lernen wir isolierte Zahlen, Daten und Fakten; sie vermitteln erst im Zusammenhang Sinn. Unser Gehirn merkt sich auch nicht so leicht Abstraktes. Nur der Zusammenhang macht Einzelheiten so interessant, dass unser Gehirn sie speichert. Lernen isolierter Fakten bringt nichts. Lernen anhand von Geschichten, Beispielen, Metaphern und Eselsbrücken hingegen viel. Es gilt, kontinuierlich zu lernen und dranzubleiben. So kostet uns beispielsweise ein Aufenthalt im Krankenhaus von (lediglich) 20 Tagen zunächst ein Drittel unserer Intelligenz. Lernen klappt dann am besten, wenn wir gut drauf und positiv gestimmt sind. Stress hingegen beeinträchtigt die Neuronen im Hippocampus negativ: Stress wirkt sich also äußerst ungünstig auf unser Lernen und Behalten aus. Wer glücklich und zufrieden ist, lernt am besten. Je wacher wir sind, desto besser lernen und behalten wir Gelerntes. Wichtig ist, dass wir uns mit den richtigen Gefühlen motivieren, um den aktuellen „Lernstoff" besser aufnehmen und behalten zu können. Ist unser Körper in Bewegung, werden Merkspanne und Verarbeitungskapazität leistungsfähiger. Zum Beispiel wenn wir dabei Kaugummi kauen, nebenbei kritzelnd Notizen machen oder spazieren gehen. Für mentale Aktivitäten wie Lernen oder konzeptionelles Arbeiten empfiehlt sich: Fünf Minuten kleine mentale Aufwärmübungen machen wie Silbenrätsel oder Zahlenreihen aus dem Gehirntraining – entspannt, ohne Leistungsdruck. Danach am besten 45 bis 75 Minuten lernen beziehungsweise mit dem

Lernen kann man nicht delegieren.

Kopf arbeiten. Anschließend noch fünf Minuten das Gehirn deaktivieren, indem Sie das Gelernte zusammenfassen. Im Schlaf findet dann das Offlineverarbeiten neu erlernter Inhalte statt, wir lernen sozusagen nach. Ältere lernen tatsächlich etwas langsamer als junge. Ältere setzen allerdings bereits Gelerntes dafür ein, neues Wissen zu integrieren. Was wir bereits wissen, hilft also, Neues einzuordnen und zu verankern. In der Kindheit wie im Alter wirken übrigens dieselben Mechanismen: Ein abwechslungsreiches Umfeld mit neuen Reizen fördert Neugier und Aktivität. In Wohnstiften für Senioren wird das leider noch zu selten berücksichtigt. Die alterungsbeständigste Form von Lernen ist übrigens das Lernen körperlicher Fähigkeiten und Bewegungsweisen. Wer einmal Skifahren, Tanzen oder Fahrradfahren erlernt hat, vergisst das sein Leben lang nicht mehr.

Dass wir lernen müssen zu lernen, stimmt nicht. Wir können das schon. Schön an unserer Intelligenz ist, dass wir vom ersten Moment an intelligent sind. Es kommt darauf an, so intelligent wie möglich zu bleiben. Eine Längsschnittstudie mit 13.500 Teilnehmern zeigt, dass jeder IQ-Punkt über dem Durchschnitt 560 Euro Mehrverdienst pro Jahr bringt. Lernen zahlt sich also in barer Münze aus.

Lernen ist die Vorfreude auf sich selbst.
PETER SLOTERDIJK

Komfort oder Wachstum?

Ob wir uns verändern, darüber entscheidet unsere emotionale Betriebstemperatur. Sind wir zu kalt, passiert nix. Zu hohe emotionale Betroffenheit löst Angst aus, das wirkt bedrohlich, gefährlich und furchteinflößend. Angst ist kein gutes Milieu, um sich zu verändern. Entwicklungsgeschichtlich tendieren wir bei Angst und Panik zu unseren „erstbesten" Mustern: Überleben hat die oberste Priorität. Die Frage nach Lernen und langfristiger Veränderung stellt sich in diesem Zustand nicht. Lernen und Veränderung brauchen die Wachstumszone, auch wenn viele immer wieder für sich entscheiden, das kuschelige Geborgensein in der Komfortzone vorzuziehen. Häufig überwiegen Furcht vor der Veränderung und Angst vor dem Scheitern. Wir weigern uns daher innerlich, unsere Komfortzone zu verlassen und erfinden allerlei gute Einwände, warum es nicht funktioniert. Unsere Komfortzone ist der Bereich, durch den wir behaglich davon ausgehen, alles Nötige bereits zu können und zu wissen: Das stimuliert nicht, uns zu ändern. Es gibt keinen offensichtlichen Grund dafür. Wir verhalten uns in der Komfortzone routiniert, genießen die Sicherheit und wissen um unsere Stärken und Fähigkeiten.

Komfort- und Wachstumszone

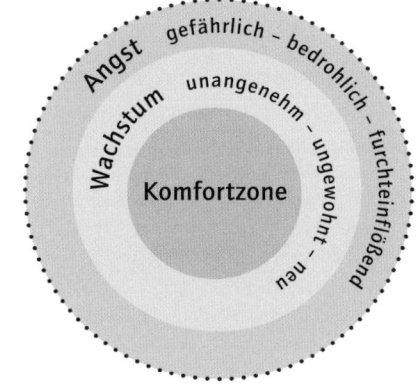

In der Wachstumszone lernen wir, weil wir aktiviert und emotional beteiligt sind. Hier bieten sich die besten Chancen, sich zu verändern. In der Wachstumszone liegt das, was wir noch nicht wissen und können, womit wir bisher noch nicht zu tun hatten. Lernen und sich verändern wollen fordern also Mut und Überwindung. Die Wachstumszone bietet uns Chancen und Impulse, die stimulieren, zu lernen und uns zu verändern. Unsicherheit und Angst sind keine guten Agenten für Veränderung. Wir kontrollieren dann unbewusst die Situation mit geübten Abwehrmechanismen und Rationalisierungen für uns. Dieser Zusammenhang und die Konsequenz daraus müssen auch Ihren Klienten klar werden. Dann stellen sie sich auch gerne der Herausforderung, eigenverantwortlich und bewusst zu handeln. Lernen und Veränderung heißt: Raus aus der Komfortzone! Erste, auch nur kleine Erfolge sind außerordentlich wichtig, sie belohnen den Mut, sicheres Terrain zu verlassen. Ein *Couchpotato* steht ursprünglich für die Komfortzone und das Klischee einer Person,

Expand your Comfortzone!

die den Großteil ihrer Zeit auf dem Sofa chillt, fernsieht, Chips isst und Bier trinkt. Der Cartoonist Robert D. Armstrong gründete 1975 mit Freunden den Verein für faule Leute, die *Couchpotatoes*. Die Komfortzone war ihr Reich und ihr Gegenentwurf zu Fitnessfanatikern à la Jane Fonda. Wer Elan, Eigeninitiative und Willen vermissen lässt, ist im übertragenen Sinne ein mentaler Couchpotato.

Was passiert bei nicht gewollten Veränderungen?

Etwas, womit wir nicht gerechnet haben: Veränderung, die nicht von uns ausgeht, kann uns wie eine Attacke erscheinen, die es abzuwehren gilt. Haben wir die Chance, uns auf Veränderung vorzubereiten, dann können wir sie leichter zu unserem Nutzen verwenden. Wie stellen Sie fest, dass sich etwas verändert hat?

Es ist nicht mehr so, wie es war: Das ist die physische Wahrheit. Ich fühle mich nicht mehr so, wie ich mich fühlte: Das ist die psychologische Wahrheit.

Veränderungen, die nicht durch uns selbst initiiert sind, können direkte Bedrohungen unserer Sicherheit darstellen. Nur wem es gelingt, sich der neuen Situation anzupassen, erlangt wieder Sicherheit. Veränderungen widersprechen uns, wir suchen nicht aktiv nach Veränderung. Wir organisieren unser Leben so, dass wir Unbekanntes vermeiden. Denn Veränderungen sind Verlust eines lieb gewonnenen, gewohnten Zustandes, wir reagieren zum Teil auf diese Veränderungen mit Trauer, Angst oder Wut:

Das einzige menschliche Lebewesen, das laut nach Veränderung schreit, ist ein Baby mit nassen Windeln.

- Wir sind aggressiv auf die Sache, das System, andere Personen, etwa den Überbringer der schlechten Nachricht, mit Worten bis hin zur Handgreiflichkeit.
- Wir projizieren oder weisen Schuld zu: „Sie ist schuld!"; „Hätte er nicht, wäre bestimmt nicht…!"; „Ich hab's ja gleich gesagt…!"
- Wir vermeiden oder verdrängen: „Mit mir hat das nichts zu tun!"; „Das geht mich nichts an!"

Klienten geht es nicht anders als uns selbst. Die Fragen lauten:

- Habe ich die Veränderung selbst gewählt? Handelt es sich bei der Veränderung um eine Überraschung?
- Wird das, was ich erwarte, erfüllt oder nicht erfüllt werden?
- Freue ich mich über die Veränderung? Oder erfüllt mich die Veränderung mit Trauer oder Angst?
- Ist die Veränderung schleichend, nicht sofort spürbar, wie zum Beispiel, wenn ich Gewicht zunehme?
- Wie weitreichend ist die Veränderung? Wie sehr wird sich dadurch mein Leben verändern?

Die Harvard-Formel für Change

Die Formel für Veränderung lernte ich in einem Business-Seminar über *Change Management* bei Prof. Michael Beer an der Harvard Business School kennen.

$$Ch = f (d \times m \times p) < costs$$

Change is a function of (dissatisfaction x model x process) which has to be minor than the costs of change.

Soll heißen, dass Veränderung eine Funktion von Unzufriedenheit, einem gewissen Leidensdruck, ist, multipliziert mit einem Modell und dem Prozess der Veränderung: Das Ganze geht nur dann auf, wenn die Veränderung nicht mehr kostet als das Verbleiben im Status quo. Die Harvard-Formel bestätigt das Modell der Komfort- und Wachstumszone. Denn in der Komfortzone sind wir zufrieden, wir haben keine Veranlassung, etwas zu verändern. Erst wenn wir mit unserem Zustand nicht zufrieden sind, werden wir aktiv, um etwas anders zu machen. Der Ansatzpunkt für Veränderung ist das, was beibehalten werden soll. Gibt es nur eine einzige kleine Möglichkeit, die Anstoß für Veränderung bildet, dann ist es mit dem Willen zum Verändern meist schnell wieder vorbei.

Wer ständig glücklich sein möchte, muss sich oft verändern.
KONFUZIUS

Kaum einer lernt „einfach nur so" auf Verdacht
oder ändert schon mal etwas auf „Vorrat".

Wollen Menschen sich verändern, stellen sie sich vor, irgendwas *könnte,*
sollte oder müsste besser werden. Dabei kann Ihnen helfen, den Status
quo abzuwerten, um sich zusätzlich für Veränderung zu motivieren. Das
Abwerten kann die Zukunft rosiger erscheinen lassen als die aktuelle Situation. Es kann Erwartungen wecken, die nur schwer zu erfüllen sind. Im
Coaching entwickeln Sie mit Klienten ein „Modell", eine Lösungsvision
und Idee, wie eine Beziehung oder eine Situation künftig ohne Problem
aussehen kann. Ist das geschafft, brauchen Klienten noch eine klare Vorstellung über den Prozess, sich verändern zu können. Die gute Nachricht:
Klienten kommen zu Ihnen als Coach, weil sie mit etwas unzufrieden
sind. Sie haben sich also bereits entschlossen, etwas zum Positiven zu
verändern. Betrachten wir die Welt aus sicherer Distanz vom gemütli-
chen Sofa wie ein Couch-Potato, lässt uns vieles kalt. Wir verspüren keine
Veranlassung, etwas zu ändern. Martina Schmidt-Tanger hat das Bild von
den Herdplatten entwickelt: Herdplatten[27] regulieren die Hitze. Sind sie
zu heiß, kocht es über. Sind sie kalt oder lauwarm, bleibt auch das Essen
kalt. Stellen Sie sich Fragen wie Drehschalter für Herdplatten vor. Jede
davon kann auf ihre Art beeinflussen, wie Klienten aktiviert und emotional beteiligt werden. *Entweder* steuern Sie die emotionale Beteiligung
Ihrer Klienten, indem Sie bewusst zwischen den Herdplatten Problem,
Ziel und Ressourcen wählen:

*Ihr müsst die
Menschen lieben,
wenn ihr sie
ändern wollt.*
JOHANN
HEINRICH PESTALOZZI

Problem: „Wie haben Sie sich gefühlt, als klar war, dass Sie mit diesem
Projekt gescheitert sind?"
Ressourcen: „Was oder wen bräuchten Sie das nächste Mal als Unter-
stützung oder Beistand?"
Ziel: „Wie lässt sich messbar überprüfen, ob Sie Ihr Ziel erreicht haben?"

Oder Sie dosieren die emotionale Aktivierung durch die Art Ihrer Fragen:
• Sie können Klienten durch Fragen emotional abkühlen: Das ist dann

123

sinnvoll, wenn ein Klient zu stark erregt ist. Wenn er lauter wird oder vor sich hin schluchzt, wenn er sich verbal im Ton vergreift oder die Fassung verliert. Also dann, wenn konstruktives Arbeiten mit dem Klienten unmöglich wird, weil zu viele Gefühle im Spiel sind.

- Sie können Klienten emotional anknipsen und ihre Betriebstemperatur erhöhen. Wenn Klienten beispielsweise unangemessen distanziert über emotional aufwühlende Erlebnisse sprechen: Hinweise sind stereotype Redewendungen wie *„Ich denke, ... ich sag mal"*, Passivsätze mit „man"- und „die"- Formulierungen sowie emotionslos klingendes, unakzentuiertes, leises Sprechen.

Das Yerkes-Dodson-Gesetz

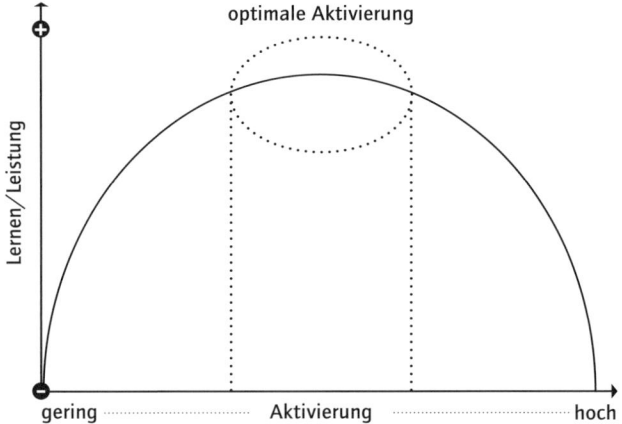

Psychologen und Neurologen konnten zeigen, dass Menschen bei mittlerem Aktivierungs- und Erregungsniveau am besten lernen und sich verändern. Robert Yerkes und John D. Dodson bewiesen das als Erste. Das aktuell gebräuchliche Modell der Komfortzone (und der Wachstumszone) fußt auf dem Yerkes-Dodson-Gesetz.

Wer zu stark erregt ist, wenn zu viel Adrenalin im Spiel ist, kann nicht klar denken. Sind Klienten zu distanziert und emotional zu wenig involviert, fehlen auch die nötige emotionale Aktivierung und

— DEUTSCHLAND —

40 %

der Akademikerinnen haben keine Kinder.

der Antrieb, sich verändern zu wollen. Durch den Wechsel zwischen Problem-, Ressourcen- und Zielfragen sowie durch antörnende oder abkühlende Fragen können Sie die emotionale Erregung Ihrer Klienten auf ein mittleres und somit optimales Niveau für Lernen und Veränderung bringen.

Ein Grashalm wächst auch nicht schneller, wenn man daran zieht.
AUS CHINA

- Achten Sie auf den Gefühlszustand und den Grad der emotionalen Aktivierung Ihrer Klienten.
- Variieren Sie, stellen Sie bewusst Fragen zum Problem, zu Ressourcen, zum Ziel beziehungsweise zu Lösungen.
- Steuern Sie die emotionale Aktivierung Ihrer Klienten durch abkühlende oder antörnende Fragen.

Die emotionale Erregung Ihrer Klienten sinkt, wenn Sie Fragen nach der Sache stellen. Dadurch können sich Klienten emotional von heißen Themen dissoziieren.

Die Betriebstemperatur herunterkühlen

- Sachlich fragen:
  „Wer genau war da alles beteiligt?"
- Zirkulär fragen:
  „Wie würde Ihre Sekretärin als Außenstehende den Sachverhalt schildern?"
- Fragen mit zeitlicher oder räumlicher Distanz:
  „Wie werden Sie wohl in sechs Wochen darüber denken?" „Wenn Sie jetzt irgendwo am Strand in einer Hängematte schaukelten, wie würden Sie dann darüber denken?"

Die emotionale Aktivierung steigt, wenn Sie Emotionen ansprechen: Klienten sind dann mit ihren Gefühlen assoziiert.

Die Betriebstemperatur anheizen

- Fragen stellen, die emotionalisieren:
  „Als die Geschäftsführung Sie rausgeschmissen hat, nach fünf

125

Jahren vollstem Einsatz: Wie haben Sie sich da gefühlt?"

„Vor allen Kollegen hämisch verlacht zu werden, was fühlen Sie da?"

„Als auf Ihre Rede gar keine, nicht mal die leiseste Reaktion aus Ihrem Team kam, was ging da in Ihnen vor?"

- Statt nach Abstraktem nach konkret Fühlbarem fragen:

  „Vom erfolgreichen Chef mit Dienstwagen, Villa und Angestellten nun im überfüllten Flur des Arbeitsamtes auf den Aufruf zu warten: Wie geht es Ihnen dabei?"

PS auf die Straße bringen

Sich zu verändern, ist herausfordernd. Wir kämpfen dabei gegen die *Ohnmacht* unserer Gewohnheiten. Mehr als 90 Prozent dessen, was wir tun, haben wir so verinnerlicht und automatisiert, dass wir uns wie selbstverständlich so verhalten. Mancher Versuch, ein neues Verhalten in gewohnte Abläufe und Muster zu integrieren, scheitert früh.

Vielleicht, weil der „Weg zur Hölle" bereits mit zu vielen guten Vorsätzen gepflastert ist. Nur selten ist der Wille, sind das Durchhaltevermögen und die Disziplin so stark, dass wir neues Verhalten zur positiven Gewohnheit werden lassen. Muss man jedes Mal innehalten und erst mal darüber nachdenken, bevor man etwas tut, hält man das nicht durch. Ein Ritual, von lateinisch *ritualis:* „den Ritus betreffend", ist eine nach bestimmten Regeln ablaufende, meist formelle, in manch spirituellen Kontexten feierliche Handlung mit hohem Symbolgehalt. *Ritus* steht ebenfalls für Gewohnheit und Brauch. Es lässt sich jedoch auch mit „wie" oder „nach Art von jemandem" übersetzen[28].

Rituale bedienen sich strukturierter Mittel, um Handlungen sichtbar, plausibel und planbar zu machen – oder auch um Bedeutungen symbolisch darzustellen. Den Begriff Ritual verwenden wir, um feste Gewohnheiten einer Person oder eines Rollenträgers zu beschreiben. Psychologen beschreiben einen Ritus als *„die immer in derselben Weise wiederkehrende Abfolge eines gelernten Tuns"*. Rituale greifen auf gewohnte Handlungsabläufe zurück, sie geben uns Orientierung, Routine und Takt. Rituale vereinfachen Alltagssituationen, da sie Handeln durch ständige

Wiederholungen in festgelegte Abläufe bringen. Rituale erleichtern auf diese Weise unser Alltagshandeln immens, sie geben individuellen und zeitlichen Abläufen Takt und Rhythmus. Rituale und ritualisiertes Handeln spielen im disziplinierten Umgang mit sich selbst eine große Rolle. Wenn wir lernen, wie wir uns verändern wollen, können Rituale schnell und nachhaltig zum Erfolg führen. Tony Schwartz und Jim Loehr[29] haben dem Ritual zur Renaissance verholfen:

„Positive Energierituale und konkret definierte Energie-Management-Gewohnheiten sind die Schlüssel zu vollem Einsatz und Höchstleistung." Tony Schwartz, Jim Loehr

Den Begriff Ritual[30] verwenden die beiden ganz bewusst, um die Idee des konkret definierten und strukturierten Handelns klar zu machen.

Push oder Pull?
Willenskraft, Absicht und Disziplin schubsen – PUSH! – uns zu einem bestimmten Verhalten. Rituale ziehen uns dahin – PULL! Plausibles Beispiel dafür ist das morgendliche und abendliche Zähneputzen. Wir müssen nicht ausdrücklich erinnert werden, wir putzen uns automatisch und unaufgefordert mindestens zweimal am Tag die Zähne. Der Charme eines solchen Rituals liegt darin, dass wir keine weitere Energie dafür aufbringen. Das regelt unser Autopilot, unser Unbewusstes. Die dadurch gesparte Energie bleibt uns für Kreatives und Neues erhalten.

Alte Gewohnheiten sterben langsam. Old habits die hard.

Ein positives Ritual ist ein Verhalten, das wir aus tiefer Überzeugung mit der Zeit automatisch ausführen.

Wer Kinder hat, weiß um die Kraft positiver Rituale: etwa die gute Nachtgeschichte vor dem Einschlafen oder die gemeinsame Zeit der ganzen Familie bei den Mahlzeiten. Das sind Zeiten, in denen sich manche Gespräche überhaupt erst entwickeln können, ohne die manche Themen gar nicht auf den Tisch kommen. Denken Sie auch an bereichernde Rituale, die Sie mit Ihrem Partner oder Ihrer Partnerin pflegen. Oder wie Sie als Chef Ihren Mitarbeitern mit bestimmten Rituale wie regelmäßiges Feedback oder Training-on-the-Job Orientierung, Sicherheit und „Heimat" vermitteln. Überlegen Sie, welche Rituale Ihnen helfen, sich als Coach auf den nächsten Klienten zu kalibrieren oder eine neue Coachingsitzung zu beginnen. Starke Unternehmenskulturen leben vom Inszenieren, vom Reichtum und der schönen Kraft positiver Rituale. Positive Rituale sind ein außerordentlich potentes Mittel, um Verhalten zu ändern und Energie zu schonen, um sie für Neues und anderes Wichtiges einzusetzen.

Long lists don't get done.

Rituale sind dreifach wirksam

- Rituale helfen, die Energie dafür einzusetzen, wofür wir sie gerade dringend benötigen.
- Rituale ermöglichen, dass wir unsere Disziplin nicht willentlich bemühen müssen, um ins Tun zu kommen.
- Rituale unterstützen uns, Wichtiges und Nützliches strukturiert sowie mit Rhythmus und effizient zu tun.

Rituale wirken so nachhaltig und stark, weil sie kaum Energie binden. Anders als Willenskraft und Disziplin, die uns zum Handeln treiben, ja fast schon zwingen, bieten sinnvolle, positive und gut strukturierte Rituale den Vorteil, uns zu ziehen. Neben den Vorteilen von Kontinuität, Stetigkeit und Energiesparen helfen uns Rituale, Veränderungen effektiv und erfolgreich umzusetzen. Wenn wir neues Verhalten nachhaltig in unser Leben „einbauen" wollen, sollte das nicht mehr Energie kosten als nötig. Je herausfordernder Veränderungen sind, desto strikter hat ein Ritual zu sein. Wer schon unter Anleitung eines Lauf-Coachs mit dem Joggen begonnen hat, wird sich erinnern: Dr. Strunz & Co. fordern, 30 bis 45 Tage mindestens drei bis viermal pro Woche zu einer bestimmten Uhrzeit zu laufen. Erst dann bekommt Joggen als neues Verhalten überhaupt die Chance, Ritual zu werden und sich zum körperlichen Reflex zu entwickeln. Schön und zusätzlich verstärkend dabei ist, dass der Körper jedes Joggen mit einer Extra-Ausschüttung von Glückshormonen belohnt. Wir

Im freien Fall hat noch niemand die Richtung gewechselt.
BERTHOLD HUBER

wissen, wer beim Lernen positiv verstärkt und belohnt wird, der lernt und verändert sich schneller und effektiver. Wichtig bei neuen Ritualen ist, Tageszeit, Dauer, Präzision und Abfolge des Verhaltens vor allem in den ersten 30 bis 60 Tagen exakt festzulegen. Förderlich für Veränderung ist Erfolg. Umgekehrt gibt es wenig, was seltener von Erfolg gekrönt ist als Übertreiben. Größten Erfolg verheißt ein Vorgehen in kleinen, nachvollziehbaren und überprüfbaren Schritten mit ersten Erfolgserlebnissen.

Wenn alles wirklich so wäre, wie wir es wollten, würden die Leute sich beschweren, dass nichts mehr so ist, wie es einmal war.

GRAFFITI

Wer zu viel in zu kurzer Zeit will, dem bleibt der Erfolg garantiert genauso schnell aus.

Misserfolg kostet noch mehr Energie, dran zu bleiben und sich weiter zu motivieren. Alles Schlechte hat auch sein Gutes. Manche können dann Ihr Vorurteil weiter pflegen: „Ich wusste schon immer, es will einfach nicht klappen, bestimmte Gewohnheiten zu ändern!" Andererseits haben Sie auch gelernt, etwas, was Ihnen wichtig ist, nicht zu tun, verbraucht ganz besonders viel Energie und Willenskraft. Es empfiehlt sich, neue Rituale Schritt für Schritt aufzubauen: Konzentrieren Sie sich jeweils auf eine einzige wichtige Veränderung. Setzen Sie sich für jede Phase klare und erreichbare Ziele. So gelingen mit jedem Schritt auch kleine Erfolgserlebnisse. Das ermutigt und stärkt die Ausdauer für weitere größere nächste Veränderungsschritte.

Ich glaube, man kann sich in jedem Alter ändern, aber es ist viel besser, es jetzt zu tun.

RITA MAE BROWN

Werkzeuge

Wie passen Techniken und Werkzeuge zu Begegnung, Dialog und Resonanz? Wenn es Ihnen gelingt, Klienten im Dialog zu berühren, schaffen Sie die Basis, Werkzeuge einfühlsam, flexibel sowie situationsadäquat einsetzen zu können. Werkzeuge im Coaching helfen nur, wenn sie nicht ihrer selbst wegen eingesetzt werden. Tools sind nicht dafür da, Ihnen den Job als Coach einfach zu machen. Setzen Sie Werkzeuge nur ein, wenn diese Ihren Klienten auch neue Einsichten, Lösungen und Veränderung ermöglichen. Frisch ausgebildete Coachs legen gerne mit neuen Werkzeugen los: Das kann den Dialog mit Klienten sogar stören. Besser ist, sich überraschen zu lassen, wie viel mehr passiert, wenn Sie mit Ihrem Klienten mitgehen, statt bemüht ein Werkzeug (oder sich selbst) in Szene zu setzen. Mitgehen braucht Zutrauen in das, was im Gespräch auftaucht. Lassen Sie los, vertrauen Sie, damit was Größeres entstehen kann.

*Jeder Coach hat ein ganz zentrales Werkzeug:
sich selbst und alle seine Fähigkeiten.*

Klienten im Dialog zu begegnen, schließt den Einsatz von Techniken und Tools nicht aus. Intensives Begegnen mit Klienten steigert oft sogar die Wirksamkeit von Tools. Bleiben Sie offen für das, „was da ist". Dann fällt es auch leicht, effektiv und flexibel zu intervenieren. Sich mutig einlassen, Unbekanntem und Unvorhersehbarem ins Gesicht schauen, das verlangt einiges von Ihnen als Coach. Trauen Sie dem, was sich gerade entwickelt, erspüren Sie, ob und wann sich welches Werkzeug anbietet.

Für Techniken und Tools gilt auch:

- Werkzeuge binden Aufmerksamkeit. Dadurch können sie die Sicht auf das Anliegen, Chancen und mögliche Lösungen einschränken.
- Werkzeuge können triviales oder lineares Denken fördern. So wie es Paul Watzlawick beschrieben hat: „*Wer nur einen Hammer hat, für*

den sieht jedes Problem aus wie ein Nagel." Coaching folgt einer anderen Logik. Das wichtigste Instrument sind Sie, Ihre professionelle Persönlichkeit und Ihr Coachingrepertoire, das Sie flexibel einsetzen.

Jedes Werkzeug ist so gut, wie der Coach, der es einsetzt.

- Werkzeuge ohne theoretischen Hintergrund einsetzen, ist riskant. Wenn Sie Klienten nicht erklären könnten, warum Sie gerade jetzt ein Werkzeug einsetzen, wäre das nicht professionell und kompetent.
- Werkzeuge vermitteln vielleicht falsche Sicherheit: Wer ein Werkzeug bedient, glaubt, es auch sicher „bedienen" zu können. Es kommt jedoch viel mehr auf Ihre Arbeitsbeziehung mit Klienten an als auf Tools.
- Werkzeuge sind Lösungen für gestern: Sie wurden zu einem bestimmten Zeitpunkt für ein spezielles Problem mit bestimmten Annahmen entwickelt. Damit ist wieder der Hammer im Spiel.

Werkzeuge wollen dem Klienten, seinem Anliegen, dem Kontext sowie ethischen Anforderungen entsprechen.

Auch Juristen kennen den Begriff des Werkzeugs. So kann bei Begehen einer Straftat das Verwenden oder Mitführen eines Werkzeugs ein qualifizierendes Tatbestandsmerkmal oder einen besonders schweren Fall darstellen.

Fazit: Tools können im Coaching sehr wertvoll sein. Richtig eingesetzt bringen Sie echten Mehrwert. Werkzeuge werden zum Problem, wenn sie den Blick aufs eigentliche Thema und auf Lösungen verstellen. Sie setzen als Coach bewusst und gezielt Interventionen ein, die die Chance erhöhen, dass sich Klienten in Richtung Zielerreichung und Lösung bewegen. Die Instrumente *dafür* sind in erster Linie Kommunikationsinstrumente, sie funktionieren auf ehrlicher, wertschätzender und resonanter Haltung gegenüber Ihren Klienten.

Der Meister der Schönschreibkunst wird sich nie über den Pinsel beklagen, den er benutzt.

Anmerkungen

1 Alliteration ist eine Stilfigur in der Literatur, bei der zwei oder mehrere benachbarte Wörter den gleichen Anfangslaut besitzen. Durch Alliteration lassen sich Begriffe besser merken.

2 Buber, Martin: *Das dialogische Prinzip: Ich und Du. Zwiesprache. Die Frage an den Einzelnen. Elemente des Zwischenmenschlichen. Zur Geschichte des dialogischen Prinzips.* Gütersloh 2004.

3 Desmond Morris, der britische Zoologe, Verhaltensforscher und Autor von „Der nackte Affe", beschreibt das als Haltungsecho.

4 Navarro, Joe; Karlins, Marvin: *Menschen lesen. Ein FBI-Agent erklärt, wie man Körpersprache entschlüsselt.* München 2010.

5 Heilmann, Christa: *Körpersprache richtig verstehen und einsetzen.* München 2009.

6 Ekman, Paul: *Gefühle lesen. Wie Sie Emotionen erkennen und richtig interpretieren.* 2. Auflage. Heidelberg 2010.

7 Ein wirklich lesenswertes Buch mit einer Hör-CD dazu hat Hartwig Eckert geschrieben: *Sprechen Sie noch oder werden Sie schon verstanden? Persönlichkeitsentwicklung durch Kommunikation.* 2. Auflage, München 2010.

8 Tim Roth spielt Dr. Cal Lightman, den führenden Forscher für „Lug und Trug" in der Fox TV-Produktion ‚Lie to Me.' Die Serie läuft in Deutschland bei Vox, jeweils mittwochs ab 21:15 h.

9 Rozin, Paul et al.: „Disgust: The body and soul emotion". In: Dalglish, T.; Power, M. J.: (Hg.): *Handbook of Cognition and Emotion.* Chichester (U. K.) 1999.

10 Haggard, Ernest; Isaacs, Kenneth: Micromomentary facial expressions as indicators of ego mechanisms in psychotherapy. In: Gottschalk, L. A. et Auerbach, A. H. (Hg.): Methods of research in psychotherapy. New York 1966.

11 Ekman, Paul; Friesen, Dan: *Nonverbal leakage and clues for perception.* Psychiatry 1969.

12 Wikipedia.org: Ekel, 29.08.2011.

13 Kast, Verena: *Trauern. Phasen und Chancen des psychischen Prozesses.* Stuttgart 1982.

14 Taylor, Shelley et al.: „Biobehavioral responses to stress in females: Tend-and-befriend, not fight-or-flight". *Psychological Review* 2000.

15 Ramseyer, Fabian; Tschacher, Wolfgang: „Nonverbal synchrony in psychotherapy: Coordinated bodymovement reflects relationship quality and outcome". *Journal of Consulting and Clinical Psychology,* 79(3), 2011.

16 Buer, Ferdinand: „Zur Dialektik von Format und Verfahren. Warum eine Theorie der Supervision nur pluralistisch sein kann". *OSC 4* (4), 1997.

17 Buer, Ferdinand: „Zehn Jahre Format und Verfahren in der Beziehungsarbeit". *OSC 3/07,* 2007.

18 Heidi, Möller: *Beratung in einer ratlosen Arbeitswelt.* Göttingen 2010.

19 Zur Beratungsleistung Counseling gehört das Initiieren, Steuern, Begleiten und Auswerten von Veränderungsprozessen. Im Mittelpunkt stehen dabei der Einzelne, die Gruppe oder das Unternehmen.

20 Kühl, Stefan: *Coaching und Supervision. Zur Personenorientierten Beratung in der Organisation.* 2008

21 Der Wolpertinger, ein bayerisches Misch- und Fabelwesen, dessen genaue Herkunft nicht nachgewiesen ist. Bekannt ist allerdings, dass Tierpräparatoren im 19. Jahrhundert präparierte Körperteile verschiedener Tiere zusammensetzten, um sie als Wolpertinger an Touristen aus dem preußischen Ausland zu verkaufen.

22 Dysfunktional, mit fehlender oder mangelhafter Funktion. Dysfunktional ist beispielsweise eine Uhr, die die Zeit nicht richtig angibt.

23 Neuronale Plastizität ist die Eigenschaft von Synapsen, Nervenzellen und auch ganzer Areale in unserem Gehirn, sich abhängig von der Verwendung in ihren Eigenschaften zu verändern. Der Psychologe Donald O. Hebb gilt als Entdecker der neuronalen, synaptischen Plastizität.

24 Carl Ransom Rogers (1902–1987), amerikanischer Psychotherapeut, machte sich unter anderem einen Namen durch die Entwicklung der Klientenzentrierten Gesprächstherapie und Weiterentwicklung der humanistischen Psychologie.

25 Dweck, Carol: *The New Psychology of Success.* New York 2006.

26 Das Buch über Lernen: Spitzer, Manfred: *Lernen: Gehirnforschung und die Schule des Lebens.* Heidelberg 2006.

27 Die Herdplattenbegrifflichkeit hat Martina Schmidt-Tanger eingeführt. Das Modell ist jedoch viel älter als sie und geht zurück auf das Yerkes-Dodson-Gesetz der beiden amerikanischen Psychologen Yerkes, Robert und Dodson, John: „The Relation of Strength Stimulus to Rapidity of Habit Formation". In: *Journal of Comparative Neurology and Psychology,* 18, 1908.

28 Lateinisch-Deutsches Schulwörterbuch von Josef Stowasser.

29 Schwartz Tony; Loehr Jim: *The Power of full Engagement.* New York 2003.

30 Im Vergleich zu Ritual bezeichnen wir mit Routine eine Folge von Handlungen, die durch häufige Wiederholung zur Gewohnheit wird.

Prozess

Der Prozess im Coaching ist ein Kreislauf von achtsam sein, anschlussfähig bleiben und anregen, ein Kreislauf, der sich fortwährend wiederholt. Alle drei zusammen treiben den Prozess an und weiter.

Achtsam sind Sie zum Beispiel nicht, wenn Sie mehrere Dinge zur gleichen Zeit tun, wenn Ihre Gewohnheiten und Glaubenssätze Sie dumpf steuern oder wenn Sie Lösungen lediglich aus einem einzigen Blickwinkel erarbeiten.

Achtsam sein

Achtsam sind Sie dann, wenn es Ihnen gelingt, innere und äußere Vorgänge gleichzeitig entspannt und aufmerksam zu beobachten und dabei das ganze Bild aufnehmen.

Achtsam sein setzt voraus:
- Sich ganz bewusst darauf einlassen, achtsam zu sein,
- sich aufs Wahrnehmen konzentrieren – ohne Ablenkung,
- nicht das bewerten, was wahrgenommen wird,
- sich bewusst machen, dass die eigene Perspektive immer subjektiv ist.

Achtsamkeit ist im Vergleich zu gerichteter Aufmerksamkeit nicht fokussiert. Wenn Sie achtsam sind, geht es um alles, was auftaucht, während Sie wahrnehmen. Es geht um Denken, Fühlen, Erinnerungen, Phantasien, Vorstellungen, Sinneseindrücke und Emotionen. Achtsamkeit üben und entwickeln ermöglicht ein offenes, weites und umfassendes Aufnehmen von Vorgängen. Das schließt ein, das eigene Handeln im jeweiligen Kontext wahrzunehmen. *„Man scheint ... die Position des Beobachters innezuhaben, der die Situation von einem abseits gelegenen Beobachtungspunkt aus und sich wie ‚von außen' sieht.*[1]*"* Achtsamkeit unterscheidet sich von Konzentration: Achtsamkeit fokussiert die eigene Aufmerksamkeit, mal enger, mal weiter.

Achtsamkeit ist die bewusste Wachsamkeit für das, was dein Geist tut.
ALAN WALLACE

Konzentriert aufmerksam zu sein, kann auf einen ganz bestimmten Bereich des Erlebens, eine Vorstellung oder ein Detail einengen: Das sticht heraus, überlagert oder blendet dadurch anderes aus. Achtsamkeit entwickeln Sie, indem Sie die gewöhnliche Aufmerksamkeit überwinden und Ihren Aufmerksamkeitsfokus nach und nach weiter ausdehnen. Das Erweitern des Bewusstseins führt zu einer offenen und wachen Präsenz. Um achtsam zu bleiben, ist es wichtig, sich den Respekt vor einer gewissen Unsicherheit und einem Nichtwissen zu behalten.[2] Neugierde ist Voraussetzung für Achtsamkeit und Wachsamkeit. Neugierde als wohlverstandener Wunsch und Interesse, neue Erfahrungen zu machen und neue

Informationen aufzunehmen. Achtsamkeit und Neugierde gehören zu den Kernkompetenzen von Coachs. Ohne Neugierde gibt's keine neuen Informationen, keine Achtsamkeit und kein Lernen. Achtsamkeit ist der Prozess, die Welt um uns und den Klienten gesamthaft aufzunehmen. Achtsamkeit ist Voraussetzung für alle weiteren Schritte im Coaching. Informationen, Wissen, Erkenntnisse und Einsicht sind das Ergebnis von Neugierde und Achtsamkeit.

Lass dich nicht gehen, geh selbst!
MAGDA BENTRUP

Wessen Film läuft gerade?

Der Begriff Übertragung stammt aus der Psychoanalyse. Wir übertragen alte, verdrängte Emotionen, Erwartungen und Befürchtungen aus unserer Kindheit unbewusst auf neue Beziehungen und reaktivieren sie dadurch. Bei positiver Übertragung werden aus früheren Beziehungen Liebe, Zuneigung und Vertrauen übertragen, bei negativer Übertragung vielleicht Hass, Angst und Abneigung, Wut oder Misstrauen. In Coachings kann es passieren, dass Ihr Klient bestimmte Gefühle, Erwartungen oder Wünsche auf Sie als Coach richtet, die nicht Ihnen gelten: Sie stammen aus früheren Beziehungen Ihres Klienten. Umgekehrt können auch Sie als Coach Gefühle auf Klienten übertragen; das heißt dann Gegenübertragung. Übertragung und Gegenübertragung sind völlig alltägliche Phänomene, sie kommen in den meisten menschlichen Kontakten vor.

Menschen, die miteinander zu tun haben, lösen im anderen unbewusst Gefühle aus, die manchmal mehr mit dem eigenen Film zu tun haben. Um als Coach damit angemessen umzugehen, brauchen Sie Selbsterfahrung. Selbsterfahrung, durch die Sie im Rahmen Ihrer Ausbildung eigene Konfliktthemen und Kränkungen kennenlernen. Das sensibilisiert und lässt Sie unterscheiden, was Sie aus Ihrer eigenen Lebensgeschichte zu Klienten ins Coaching mitbringen. Und was eventuell nur mit Ihnen und wenig mit Klienten zu tun hat. Erkennen Sie Phänomene von Übertragung und Gegenübertragung in Ihren Coachings, können Supervision oder kollegiale Beratung hilfreich sein. Häufig führt das nicht nur zu einem besseren Verständnis Ihrer Klienten, sondern auch dazu, wichtige Themen der eigenen Geschichte zu bearbeiten.

*Warum Achtsamkeit und nicht etwa Wachsamkeit?
Wachsamkeit, vom italienischen all'Erta, bedeutet, buchstäblich auf der Lauer zu sein – das passt nicht zur Haltung des professionellen Coachs.*

Anschlussfähig bleiben

Rationalisieren bedeutet, etwas so zu begründen, dass es vernünftig ist oder klingt.

Anregungen, Angebote und Aktionen im Coaching müssen anschlussfähig sein. Klienten sollen mit dem, was Sie als Coach unternehmen oder unterlassen[3], etwas anfangen können. Klienten sollen Ihre Anregungen wie beispielsweise Fragen aufgreifen und in ihr Denken, Fühlen und Handeln integrieren wollen und können. Und sich damit auseinandersetzen, dass sie daraus etwas Eigenes entwickeln. Fragen, Angebote oder Äußerungen, die Klienten über- oder unterfordern, weil konzeptionell oder sprachlich zu abgehoben oder trivial, sind nicht anschlussfähig.

Klienten erleben ihren Coach dann als nicht anschlussfähig, wenn er ungefragt mit Ratschlägen um die Ecke kommt oder sie mit Dingen konfrontiert, die sie ohnehin nicht ändern können!

Anschlussfähigkeit bedeutet nicht dasselbe wie Akzeptanz. Die Wirksamkeit von Interventionen erfordert nicht sofort spontane Akzeptanz. Coaching besteht darin, Glauben und Anregungen zu vermitteln, um Lernen und Veränderung möglich zu machen. Das braucht auch Interventionen, die das bisherige Denken und Handeln von Klienten buchstäblich in Frage stellen. Da kommt es durchaus vor, dass Klienten das vorübergehend nicht besonders amüsant finden oder kurzfristig eine Intervention auch nicht akzeptieren mögen.

Akzeptanz und Anschlussfähigkeit von Interventionen hängen unter anderem davon ab, zu welchem Zeitpunkt sie im Prozess erfolgen, ob ihr „Timing" passt. Führen Äußerungen und Handlungsweisen nicht zu neuen Denkweisen und Einsichten bei Klienten, lösen Sie auch nichts aus. Ihr Handeln als Coach bleibt dann ohne konstruktive Folgen. Das mag schon mal vorkommen. Ihr professioneller Anspruch geht jedoch sicher darüber hinaus. Neue Einsichten entstehen, weil sich Klienten mit Ihren Fragen, Denkanstößen und Perspektivwechseln auseinandersetzen. Können Klienten dem etwas abgewinnen, dann entwickeln sie aufgrund dieser Anregungen neue Sichtweisen und Veränderungsansätze. Voraussetzung dafür ist in jedem Fall, dass Sie mit Ihren Äußerungen und Interventionen anschlussfähig sind. Anschlussfähig sein ist für jede Art von Kommunikation und Gespräch wichtig. Vor allem für diejenigen, die so verstanden werden wollen, wie sie es meinen und die an einer Fortsetzung von Beziehungen interessiert sind. Ob Ihre Angebote und Interventionen angenommen werden, bestimmen einzig und allein Ihre Klienten. Normalerweise machen Klienten das still mit sich aus. Leichter machen es Ihnen Klienten, die das zur Sprache bringen: *„Damit kann ich jetzt überhaupt nichts anfangen, das verstehe ich nicht."* Dann wissen sie zumindest, woran Sie sind.

Akzeptanz können Sie von Klienten nicht einfordern, sie läßt sich auch nicht erzwingen. Coachingerfahrung, professionelles Weiterentwickeln und Supervision erhöhen die Chancen, dass Klienten sich Ihren Beziehungsangeboten oder Interventionen anschließen, zustimmen und gerne folgen. Anschlussfähigkeit erreichen Sie in erster Linie indem Sie guten Rapport[4] mit Ihren Klienten haben.

Die Therapieforschung bestätigt, dass Klienten die Güte der therapeutischen Beziehung als wichtigsten Erfolgsfaktor beschreiben. Therapeuten dagegen neigen dazu, ihre therapeutischen Resultate vor allem auf die Effektivität der verwendeten Techniken zu „schieben". Werden Klienten befragt, was sie in Therapie und Beratung als besonders hilfreich erleben, nennen sie meist die zugewandte, freundliche und wertschätzende Haltung und das entsprechende Verhalten ihres Therapeuten. Lösungsorientiertes Coaching setzt eine Beziehungsgestaltung voraus, die Stärken bei Ihren Klienten aktiviert – und dadurch per se als wertschätzend und freundlich erlebt wird.

Expertenansätze in der Beratung von Unternehmen sind oft deshalb nicht effektiv, weil sie eine genaue Vorstellung davon haben, wie das Endprodukt aussieht. Sie achten weder auf das Beteiligen von Betroffenen, noch darauf, ob ihre Ideen anschlussfähig sind.

Anregen und auslösen

So anregend können Sie als Coach sein! All diese Begriffe stehen für anregen.

Begriffe für anregen

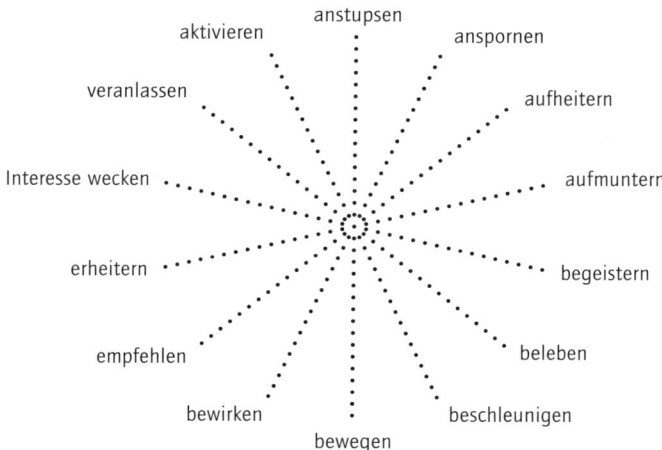

Sich ein klares Bild über die Ausgangssituation zu machen und eine Strategie, also ein Coachingdesign zu haben, ist wichtig. Mit dem Coachingdesign verhält es sich wie mit einer Melodie fürs Coaching. Folgende Fähigkeiten lassen sich für den Coach ableiten:

- Das eigene Verhalten variieren können.
- In der Lage sein, die Auswirkungen des eigenen Verhaltens wahrnehmen und zu erkennen.
- Diese Beobachtungen und Schlussfolgerungen als Hinweise für eigenes Verhalten nutzen.

Zur Interventionsstrategie gehört auch die zeitliche Strukturierung Ihrer Coachings: Planen Sie Sitzungen von 60 beziehungsweise 120 Minuten? Oder bevorzugen Sie Halbtages- oder Tagessitzungen? Mit welcher Taktung arbeiten Sie zwischen den einzelnen Sitzungen? Ein weiterer Teil Ihrer Interventionsstrategie bezieht sich auf Ihren Coachingschwerpunkt: Liegt der auf rein anlassbezogener, zeitlich limitierter Prozessberatung oder dem Begleiten und Unterstützen von Klienten über einen längeren Zeitraum? Das Coachingdesign ist wie eine Partitur[6], sie enthält alle Stimmen und Musikinstrumente der Gesamtkomposition. Situative Interventionen sind einzelne Töne und Akkorde, die Sie in einem Stück für vier Hände zusammen mit dem Klienten spielen. Beachten Sie dabei: Je strukturierender Ihre Interventionen sind, desto mehr schränken sie die Reaktionsmöglichkeiten von Klienten ein. Vor allem in den ersten Sitzungen ist das wenig effektiv. Strukturierendes Intervenieren macht Vorgaben und greift dadurch stark in den Prozess ein. Zwar kommen Sie so schneller an Informationen, schränken jedoch gleichzeitig Klienten in ihrem kreativen Spielraum und ihrer Entscheidungsfreiheit ein. Zu viel strukturieren kann dazu führen, dass vieles verdeckt bleibt.

Gerade zu Beginn eines Coachings wollen Sie Freiraum und Vertrauen schaffen, um Klienten zu öffnen. Wenig strukturierte Interventionen sind daher zu stark strukturierenden vorzuziehen. Je strukturierter, desto höher ist die Wahrscheinlichkeit, dass Klienten Widerstände entwickeln. Ein Widerstand liegt dann vor, wenn Klienten sich dem verweigern, was Sie als Coach wollen. Widerstände setzen voraus, dass Sie als Coach etwas Bestimmtes beabsichtigen. Blockaden sind übrigens keine Widerstände.

Wir brauchen unsere Kinder nicht erziehen, sie machen uns sowieso alles nach.
KARL VALENTIN

„Mein Lehrer in klassischer Musik sagte immer zu mir: ‚Wenn Du einen Fehler machst, unterbrich nicht. Mach ihn, wenn das möglich ist, zu einem Teil dessen, was Du spielst…'.
Eines meiner Unterrichtsziele ist immer, meinen Studenten die Relativität der Noten klar zu machen. Vom melodischen Standpunkt aus gibt es keine falschen Noten, denn jede Note kann zu einem Akkord in Beziehung gesetzt werden. Du kannst jede Note zu einem Teil deiner Notenreihe machen: Das hängt natürlich davon ab, wie schnell du sie in das Schema deines Arrangements integrieren kannst." Oscar Peterson[5]

Sieben Interventionsmodi

❶ Fragen.

❷ Akzeptieren und bestätigen.

❸ Verstärken, bekräftigen und ermuntern.

❹ Beschreiben, fokussieren, konfrontierend und provokativ hervorheben, akzentuieren und modellieren.

❺ In einen anderen Rahmen oder Zusammenhang stellen, umdeuten beziehungsweise interpretieren.

❻ Aktions-, imaginative oder kognitive Methoden einsetzen.

❼ Aufgaben stellen, Klienten veranlassen, etwas Bestimmtes zu tun.

Modifiziert nach Peter Fürstenau 1998

Interviewen und Inszenieren

Wichtig bei der Unterscheidung zwischen Interviewen und Inszenieren[7] ist, dass es sich nicht um Entweder-oder, sondern um Sowohl-als-auch handelt. Im Coaching überwiegt das gesprochene Wort: Der Coach „interviewt" seine Klienten. Im Business und Executive Coaching sind Klienten häufig Manager und Führungspersonen, die ihrerseits Meister des Wortes und der Formulierung sein können. Gleichzeitig sind sie oft auch außerordentlich gewitzt, wenn es um Rationalisierungen, Externalisierungen und Schuldzuweisungen geht: Weil nicht sein kann, was nicht sein darf. Es kommt meiner Erfahrung nach häufiger vor, dass Manager „als außenstehende Beobachter" Mitarbeiter „als Handelnde" für Dinge verantwortlich machen, die mehr der Situation geschuldet sind.

Ein Künstler, der nicht provoziert, wird unsichtbar. Kunst, die keine starken Reaktionen auslöst, hat keinen Wert.

MARILYN MANSON

Manager sind nicht nur rationale, sondern vor allem auch rationalisierende Wesen.

Als Coach zu glauben, alleine im Interviewmodus bleiben zu können, reicht nicht aus. Was ausschließlich mit Ratio, Denken, Sprache und Worten zu tun hat, limitiert und reduziert gleichzeitig emotionales Erleben.[8] Interviewen „spricht" Klienten primär linkshemisphärisch, rational und intellektuell an. Inszenieren als Erlebnis- und Verhaltensorientierung ergänzt und komplettiert Ihr Interventionsportfolio. Zugleich profitiert

Ihr Methodenportfolio vom unterschiedlichen Nutzen systemischer Wirkprinzipien. Der Coach, der konsequent und professionell in den beiden Optionen Interviewen und Inszenieren denkt und handelt, geht bewusst, flexibel und angemessen vor, um bei seinen Klienten Veränderung, Entwicklung und Lösungen anzuregen und auszulösen.

Interviewen und Inszenieren

Interviewen	Inszenieren
» Denken und Sprechen.	» Erleben und Verhalten.
» Hat unter anderem lösungsorientierte, kognitiv-verhaltenstherapeutische, linguistische und konstruktivistische Wurzeln.	» Hat unter anderem Aktions-, erlebnisorientierte, psychodramatische und hypnotherapeutische Wurzeln.
» Durch Interviewen und Fragen werden Verständnis, Bedeutung, Perspektiven, Rahmungen, Zuschreibungen in neuer Form deutlich oder partiell schon verändert.	» Durch Inszenieren, Erleben und Bewegen werden Situationen und Beziehungen emotional neu erlebt und neue Lösungsideen zugänglich gemacht.
» Veränderung und Neues entsteht durch Dialog und Fragen, kognitives Umstrukturieren, Feedback, Kommentare des Coachs. Veränderungen vollziehen sich in Alltagssystemen des Klienten zwischen einzelnen Sitzungen aufgrund neuer Einsichten, neuer Bedeutungszuschreibung und neuen Verhaltens.	» Veränderungen und Neues entstehen durch direktes Intervenieren, wie etwa durch Skulpturen und Aufstellen anderer Art, durch induzierte Trancen, durch Bewegen, Gehen und Stehen, durch geänderte Körper- und Sitzhaltung, durch Instruktion und Einüben neuen Verhaltens.

Stellen Sie sich diese Fragen:
- Welche Interventionen und Methodik empfehlen sich für welche Anliegen und Fragestellungen?
- Wo und wann im Prozess passen welche Interventionen und Tools?
- Welche Interventionen und Tools eigenen sich für welche Persönlichkeit von Klient?

Provozieren Sie doch!

Wer provoziert, will ein bestimmtes Verhalten oder eine spezielle Reaktion hervorrufen. Provozierend ist Handeln, das übertreibt und zu Tabubrüchen beziehungsweise Regelverletzungen einlädt. Provokation grenzt bewusst ab und kann Situationen eskalieren lassen. Provokation im Coaching ist eine kleine „Anleitung zum Unverschämt sein"[9]. Frank Farelly[10] startete seine therapeutische Laufbahn mit der Ausbildung zum Klientenzentrierten Psychotherapeuten bei Carl Rogers. Farelly zeigte sich schnell besonders talentiert. Rogers gab ihm in den therapeutischen Kriterien „Empathie" und „Kongruenz" sogar die Bestnote. Kurz nach der Ausbildung entwickelte Farelly jedoch seinen eigenen Stil. Er provozierte Patienten wertschätzend und humorvoll. So entstand die Provokative Therapie.

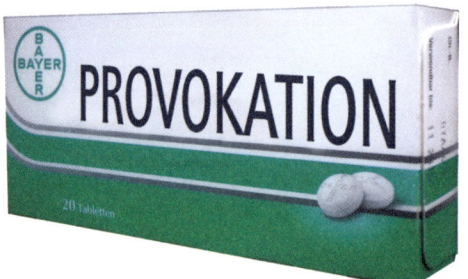

Systemische Therapeuten setzen Interventionen oft mit Störung oder Verstörung gleich. Provokation und Störung bedeuten, dass Sie als Coach nicht nur fröhlich und entlastend intervenieren, sondern, wenn angebracht, auch verrückend oder verwirrend. Wenn Sie so intervenieren, gehen Sie bewusst das Risiko ein, bei Klienten auch Irritation auszulösen. Die Kunst der Provokation fordert neben Empathie, Wertschätzung und Fingerspitzengefühl vor allem Mut, direkt und klar zu sein. Provozieren erweitert Ihr Coachingrepertoire sehr effektiv und kraftvoll. Kunstfertig eingesetzt kann Provokation ungeahnte Energie bei Ihren Klienten auslösen. Martina Schmidt-Tanger sieht in der Provokation und ihrer intuitiven, emotionalen Kraft „neuroduales" und damit erfolgreiches Coaching. An Stelle „ressourcenlimitierender, Schuldgefühle erzeugender, nichts mehr bewegender Verständnistrance" steht ein „liebevolles Nichternstnehmen" von Klienten. Wertschätzendes Provozieren erlaubt Klienten, so zu sein, wie sie sind. Die Kraft, die Klienten aufwenden, bestimmte Gefühle, Gedanken und Selbstschutz zu unterdrücken, kann durch provokative Interventionen „gedreht" und neu genutzt werden.

Die schönste Harmonie entsteht durch Zusammenbringen der Gegensätze.
HERAKLIT

Chancen provokanter Interventionen

» Provozieren durchbricht alte Muster und ermöglicht Neues.

» Humor schafft Nähe und gute Atmosphäre.

» Ausgelassenheit führt zu guter Denk-Physiologie.

» Spaß schafft gesunden Abstand und neuen Blick auf Herausforderungen.

» Die Interaktion ist spontaner als im Modus „salbungsvoll".

» Die Atmosphäre entkrampft, sie verliert das getragene „Therapeutische".

» Der Beziehung zwischen Coach und Klient verstärkt sich.

Wer interessieren will, muss provozieren.

SALVADOR DALÍ

Im Coaching provokativ intervenieren zu können, hat nichts mit Zynismus oder Allmachtsphantasie zu tun. Allerdings:

Nur derjenige sollte als Coach provokativ intervenieren, der emotional Wertschätzung und Sicherheit vermittelt, der empathisch schweigen und Widerstände offen in kreativem Denken oder Handeln auflösen kann.

Anmerkungen

1 Nigro, Georgia; Neisser, Ulrich: „Point Of View in Personal Memories". *Cognitive Psychology* 1983.

2 In der Psychotherapie wird seit der körperorientierten Arbeit in den 1960er Jahren Achtsamkeit oft in der buddhistischen Tradition verstanden. Achtsamkeit und Akzeptanz gehören jedoch schon in der Klientenzentrierten Psychotherapie von Carl Rogers zur Grundhaltung eines Therapeuten. Spirituell orientierte psychotherapeutische Meditationen und Übungen in Achtsamkeit haben ein erweitertes Erleben und Erfahren als Ziel. Freud nimmt in seiner Methode der freien Assoziation des Klienten eine Art gleichmütig akzeptierende Achtsamkeit ein und nutzt sie therapeutisch: Er nennt sie „kritiklose Selbstbeobachtung". In der Gestalttherapie ist Bewusstheit ein grundlegendes Element therapeutischer Theorie und Praxis. Bewusstheit bzw. Gewahr sein ist eine absichtslose, aktive, innere Haltung von Achtsamkeit und eine Form der Achtsamkeit, die sich auf alle Phänomene der Wahrnehmung und des Erlebens richtet.

3 Unterlassen einer Aktivität ist dann als Intervention zu werten, wenn der Coach beispielsweise schweigt, obwohl der Klient eine andere Reaktion wie einen Kommentar, erwartet. Kontraproduktiv sind alle Interventionen, die Pausen stören, die zum Nachdenken wichtig sind. Pausen ertragen können ist eine wichtige Fähigkeit für Coachs.

4 Rapport heißt der Zustand verbalen und nonverbalen Bezogenseins von Menschen aufeinander. Es handelt sich um eine starke Form gelebter Empathie, der Fähigkeit, das Denken, Fühlen und Wollen anderer nachempfindend zu erkennen und zu fühlen.

5 Keeney, Bradford: *Ästhetik des Wandels.* Hamburg 1987.

6 Die Partitur, vom italienischen *partire* teilen, einteilen, ist ein untereinander angeordnetes Zusammenstellen der einzelnen Stimmen und Instrumente einer Komposition. Mit der Partitur kann der Dirigent dem gesamten Werk auf einen Blick folgen.

7 Schwing, Rainer; Fryszer, Andreas: *Systemisches Handwerk. Werkzeug für die Praxis.* Göttingen 2007.

8 Deshalb haben Aktions- und Imaginative Methoden in unserer Westerhamer Business Coach (IHK) Ausbildung auch einen Anteil von etwa 30 Prozent.

9 Schmidt-Tanger, Martina: *Gekonnt coachen. Präzision und Provocation im Coaching.* Paderborn 2004.

10 Frank Farrelly, geboren 1931, emeritierter Professor für Psychologie der University of Wisconsin. Er ist der Schöpfer der Provocative Therapy.

Philosophie

Die Bild-Zeitung titelt am 26. Juli 2009: „Die beste
Nachricht der Woche blieb fast unbemerkt: Jeder Mensch
kann lernen, glücklich zu sein! Das ist zumindest ein
Ergebnis des internationalen Psychologenkongresses, der
diese Woche in Berlin stattfand. Wissenschaftler zogen
dort eine Bilanz der „Wohlbefindensforschung". Demnach
gibt es für die unterschiedlichsten Charaktere Strategien, das individuelle Lebensgefühl zu verbessern. Wie das
funktioniert, erklärt Professor Tal Ben-Shahar, einer der
prominentesten Glücksforscher der Welt. Mit fast 1000
Studenten ist seine Vorlesung zum Thema Glück die
bestbesuchte Veranstaltung an der berühmten Harvard-
Universität."[1]

Spaß und positive Gefühle jetzt

Tal Ben-Shahar macht die Erkenntnisse der Positiven Psychologie zum Mantra[2] seiner „Glücklicher!"-Botschaften. Drei Dinge machen glücklich:

Freude und positive Emotionen im Hier und Jetzt.
Langfristige Sinnerfüllung im Leben sowie viele Möglichkeiten,
eigene Signaturstärken oft und wirksam einsetzen können.

In „Glücklicher!" beschreibt Ben-Shahar im Kapitel „Gegenwart und Zukunft in Einklang bringen" sein „Hamburger"-Glücksmodell am Beispiel von Fastfood und Hamburgern. Jeder Burger steht für einen unterschiedlichen Archetyp. Die vier Archetypen nennt Ben-Shahar Glück, Karriere-Tretmühle, Hedonismus und Nihilismus. Hedonismus steht für Vergnügen, Lust, Genuss, Wollust, sinnliche Begierde. Sie ist die Philosophie, die Lust als höchstes Gut und Bedingung für Glück und gutes Leben ansieht. Hedonismus steht für eine am schnellen Genuss orientierte Einstellung zum Leben und wird oft als Dekadenz verstanden. Nihilismus[3] definiert Wikipedia wie folgt: „Eine Orientierung, die auf der Verneinung jeglicher Seins-, Erkenntnis-, Wert- und Gesellschaftsordnung basiert", das ist so etwas wie „Leere im Quadrat". Ein wissenschaftliches Modell für Glück anhand von Fastfood[4] und Hamburgern zu verdeutlichen, finde ich sympathisch. Noch dazu, wenn sein Schöpfer ein Harvard-Professor ist. Vertikal steht für „Bedeutung für die Zukunft", positiv oben oder, negativ unten. Horizontal präsentiert „Lebensfreude und Spaß in der Gegenwart", rechts positiv, links negativ. Die Namen der Burger und Quadranten habe ich geändert. Auf der Fahrt zu Jaguar und Land Rover in Schwalbach, nördlich von Frankfurt, fahre ich nach zwei Dritteln der Strecke bei Schlüsselfeld von der Autobahn ab. Da ist eine Aral-Tankstelle, daneben ein Burger King. Heißhungrig pfeife ich mir bei jeder Fahrt einen Hamburger mit Käse, Pommes und Cola Light, besser Zero, rein. Schmeckt superlecker. HEINZ Mayo setzt dem Ganzen die Krone auf. Drei Stunden später im Hotel in Bad Soden kann ich nicht einschlafen. Nicke

Wer glaubt, im Geschäftsleben ginge es um Fakten, der hat noch nie einen alten Dreijahresplan gelesen.
MALCOLM FORBES

ich dann ein, schlafe ich nicht besonders ruhig. Junkfood ist der Prototyp für den Quadranten rechts unten: Spaß sofort, ohne Rücksicht auf
„morgen".

Hamburger Modell für Glück

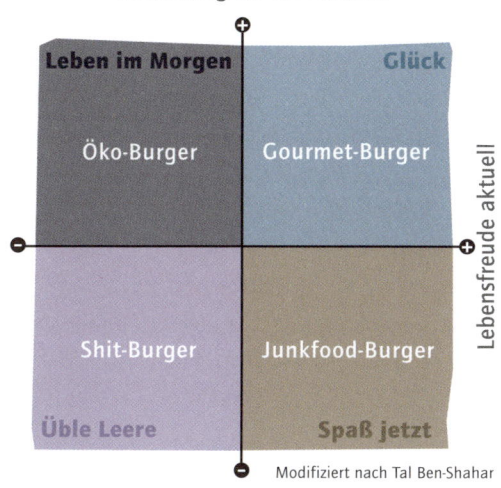

Modifiziert nach Tal Ben-Shahar

Den Shit-Burger kennen Sie: Es ist der schlimmste aller Burger, nur lauwarm und lutschweich. Er schmeckt einfach nur mies. Der Shit-Burger
erzeugt, schon weil man ihn nicht aufessen mag und kann, mental und
physisch eine Leere – jetzt und Stunden später. So gestaltet sich auch
das Leben im Quadranten unten links. Ist Ihnen der Öko-Burger schon be-
gegnet? Ebenfalls weich und warm, zeichnet er sich durch Voll-BIO, viele
Vitamine und gesunden Nährwert aus. Dem Optimum an strikt gesunder
Ernährung kommt er bereits nahe: Wenn Sie ihn essen, tun Sie Gutes für
Ihr leibliches Wohlbefinden, besonders für morgen. Auf Genuss heute
müssen Sie allerdings auch verzichten. Denn für Ihre künftige Gesundheit nehmen Sie in Kauf, dass der Ökoburger jetzt maximal bescheiden
schmeckt. So erleben das auch Menschen, die ausschließlich im Morgen
leben, im Quadranten oben links, nach der Devise: *„Fünf Jahre gab's für
mich nichts anderes als das Studium. Dann 18 Monate Trainee, nach*

*It has yet to be
proven that intel-
ligence has any
survival value.*
ARTHUR CLARKE

drei Jahren Teamleiter, nach weiteren zwei Jahren dann Abteilungslei-
ter. Jetzt muss ich nur noch fünf Jahre durchziehen, dann bin ich auch
schon Bereichsleiter!" Völlig überraschend wechselt nach vier Jahren der
persönliche Mentor das Unternehmen – und aus der Traum! Schlimmer
noch: Jahrelang ausschließlich für das Morgen gelebt und Lebensfreude
und Sinnstiftendes über die Arbeit hinaus links liegen gelassen zu haben.
Gott sei Dank gibt es noch den Gourmet-Burger, die perfekte Synthese ex-
quisiten Geschmacks, wertvoller Inhaltsstoffe und Vitamine, die man ge-
nussvoll zu sich nimmt. Der Gourmet-Burger beschert pures Glück, denn
er bringt Spaß, Lebensfreude und vollen Geschmack jetzt und gleichzeitig
hat er eine äußerst positive Bedeutung für das künftige Wohlergehen. Jeder, der wie ein Gourmet-Burger lebt, tut das Optimale für ein glücklicheres Leben. Wir sind glücklich, wenn wir etwas tun, was uns künftig etwas
bedeutet und gleichzeitig Spaß, Freude und positive Emotionen bringt.
Was wir tun, sollte sinnvoll und mit positiven Gefühlen verbunden sein.

Sinn und Bedeutung für die Zukunft

Neben Spaß und positiven Emotionen heute und jetzt ist für die Nachhaltigkeit von Veränderungen wichtig, Gegenwart und Zukunft von Klienten
in Einklang zu bringen. Klienten, die grundsätzlich mit ihrem Leben zufrieden sind, ruhen meist in sich selbst. Sie wissen, dass das, was sie unternehmen, positive Emotionen in der Gegenwart und zugleich Erfüllung
in der Zukunft bringt. Wobei heutiger Nutzen und Genuss manchmal im
Widerspruch mit morgigem Nutzen und Sinn stehen. Es kann situations-
bedingt sehr wohl zweckmäßig sein, auf den einen Nutzen zugunsten
des anderen zu verzichten.

Es gibt zwei Arten
von Menschen: Solche,
die alles in zwei
Kategorien einteilen,
und solche, die das
nicht tun.
JOHN BARTH

Erstrebenswert ist es, das zu tun, was heute Spaß macht und morgen
sinnvoll ist. Manchmal lohnt es sich, trotz großer Verlockung auf schnellen Genuss und Spaß zu verzichten, um in Zukunft noch mehr Freude
und Erfüllung zu haben. Zum Beispiel, wenn wir durch den Verzicht auf

ein schnelles Abenteuer für unseren Lebenspartner weiterhin ein integrer und verlässlicher Partner sind. Sich von Zeit zu Zeit kurzfristigem Genuss, einer Entspannung oder dem süßem Nichtstun hinzugeben, kann jedoch auch einfach nur gut tun und Kraft geben, wichtigen langfristigen Zielen und Aufgaben mit noch mehr Energie nachzukommen.

Ein untrügliches Zeichen von Weisheit ist, das Wunderbare im Alltäglichen zu sehen.
RALPH WALDO EMERSON

Auch wenn wir aktuellen Spaß einem größeren zukünftigen Zweck opfern: Es geht letztlich darum, so zu handeln, dass es uns heute Spaß und Freude schenkt sowie für morgen Sinn und Bedeutung beschert. Häufig wird es so sein, dass wir unsere Erfahrungen nicht nur im Moment genießen wollen. Wir wollen, dass unsere Erfahrungen so sind, wie sie sind und über den Tag hinaus bestehen. Um zufrieden mit dem Leben zu sein und um glücklich zu sein, gehören auf Dauer mehr als kurzfristiger Spaß und positive Emotionen dazu. Wir haben offenbar ein inneres Regulativ, das uns weiter trägt als das, was wir im Augenblick fühlen. Wir möchten nicht nur erleben und fühlen, sondern auch verstehen und nachvollziehen, dass unser Tun Wirkung erzielt. Wenn unser Handeln Sinn stiftet, dann sicher auch deshalb, weil wir uns längerfristig bestimmte Ziele setzen. Ziele erreichen, das bedeutet noch nicht, dass unser Leben sinnvoll ist.

Damit unser Leben an Sinn gewinnt, müssen Ziele und das damit verbundene Handeln aus sich heraus bereits tiefere Bedeutung und größeren gesellschaftlichen oder spirituellen Sinnzusammenhang haben. Das gilt für uns im gleichen Maße wie für Klienten. Wer handelt, erzielt Wirkung. Für die Wirkung, die er erzielt, muss er auch die Verantwortung übernehmen. Um die Verantwortung ernsthaft übernehmen zu können, müssen wir einsehen und verstehen, dass wir auch von außen beeinflusst werden.

„Es gibt eine synergetische Verbindung zwischen Lebensfreude und Bedeutung sowie gegenwärtigem und zukünftigem Nutzen. Wenn das, was wir tun, uns etwas bedeutet, dann genießen wir es mehr. Und wenn uns eine bestimmte Tätigkeit Spaß macht, bekommt sie auch größere Bedeutung für uns." Tal Ben-Shahar

Stärkenorientierung

Wenn Sie als Coach auf die Stärken von Klienten fokussieren, nehmen Sie diese leicht wahr und können sie auch jederzeit aktivieren. Stärkenorientierte Feedbacks an Klienten sind im lösungsorientierten Coaching Komplimente. Die Bedeutung stimmt damit überein, was wir umgangssprachlich damit verbinden: *Ein Kompliment ist eine anerkennende freundliche Äußerung.* Setzen Sie sich darüber hinweg, dass Komplimente von manchen auch seicht und oberflächlich verwendet werden.

Komplimente dürfen keine hohlen Nettigkeiten sein, kein aus Freundlichkeit hingegebenes Almosen oder eine aus strategischem Kalkül angewandte Technik[5].

Komplimente tun gut, sie drücken Anerkennung und Respekt aus und bewirken eine positive Gesprächsatmosphäre. Komplimente setzen voraus, dass uns der Gesprächspartner zugewandt ist, uns aufmerksam beobachtet und intensiv wahrnimmt. Das für sich genommen ist bereits besondere Wertschätzung. Für viele Erwachsene, auch für etliche Klienten, haben ehrlich gemeinte anerkennende Worte und Komplimente Seltenheitswert. Komplimente mögen Klienten ebenfalls dazu einladen, das eigene Erleben aus einem anderen, wohlwollenden Blickwinkel zu betrachten.

Sie als Coach konzentrieren sich dabei auf das, was bereits funktioniert, und sind den Ressourcen, Potenzialen und Stärken Ihrer Klienten auf der Spur. Wichtiger noch, Sie sprechen im gesamten Coachingprozess immer wieder explizit an, was Ihre Klienten schon alles gut, angemessen, clever und erfolgreich machen – auch wenn es nur Kleinigkeiten sind. Positive Aspekte können Sie in ihrer emotionalen Wirkung unter anderem dadurch verstärken, indem Sie die kritische oder negative Ausgangslage zuerst anführen, wenn

„Obgleich ..." „obwohl ..."

um dann umgehend aufs Positive zu verweisen:

„Trotzdem haben Sie."

„Dennoch ist es ihnen gelungen, dass …"

„Andere Klienten hätten in dieser Situation …, Sie jedoch haben …"

Immer wenn Sie Klienten Komplimente machen, docken Sie an bereits bestehende positive Verhaltensmuster an, erinnern Klienten daran und reaktivieren diese. Studien an den Unis Bamberg[6] und Bochum[7] belegen, dass Ressourcenaktivierung im lösungsorientierten Vorgehen von Klienten bezüglich der Effektivität am wirksamsten eingeschätzt wird. Beim lösungsorientierten Coaching handelt es sich um eine stärkenorientierte und ressourcenaktivierende Beziehungsgestaltung des Coachs mit seinem Klienten. Sie können Klienten jederzeit im Coaching ein Kompliment als lösungsorientierte Botschaft machen:

Ein hübsches Kompliment ist eine glaubwürdige Übertreibung.
PETER ALEXANDER

„Das finde ich wirklich beeindruckend, wie Sie …"

„Es gefällt mir wirklich gut, dass Sie …"

„Ich finde es bemerkenswert, wie Sie …"

„Es gehört sicher besonders viel Kraft dazu, wie Sie …"

„Es ist wunderbar, wie Sie …"

„Ich erlebe es als vorbildlich, dass Sie …"

„Ich möchte Sie beglückwünschen, dass Sie …"

Anmerkungen

1 Ben-Shahar, Tal: *Glücklicher. Lebensfreude, Vergnügen und Sinn finden mit dem populärsten Dozenten der Harvard University.* München 2007.

2 Mantra, Sanskrit, wörtlich übersetzt: „Instrument des Denkens und der Rede": kurze, formelhafte Folge von Worten, die häufig wiederholt wird.

3 Vom lateinischen nihil = nichts

4 Slow Food, vom englischen *slow* langsam und *food* Essen, ist Ausdruck für genussvolles, bewusstes und regionales Essen und steht für eine Gegenbewegung zum Trend des uniformen und genussfreien Fastfood.

5 Schwing, Rainer; Fryszer, Andreas: *Systemisches Handwerk. Werkzeug für die Praxis.* Göttingen 2006.

6 Höring, Stefan: *Wirkfaktoren in der lösungsorientierten Therapie.* Diplomarbeit, Universität Bamberg 2000.

7 Willutzki, Ulrike et al.: „Zur Psychotherapie sozialer Ängste: Kognitive Verhaltenstherapie im ressourcen-orientierten Vorgehen". *Zeitschrift für klinische Psychologie und Psychotherapie* 2004.

Praxis

Beim Studium lösungsortientierter Coaching-Formate stoßen Sie immer wieder auf Empfehlungen für einen chronologischen Ablauf bestimmter Arbeitsphasen. Einige Schritte und die Reihenfolge ergeben sich schon aus praktischer Plausibilität: Ohne das Problem, das Anliegen oder das Thema eines Klienten genau zu verstehen, oder ohne Auftrag brauchen Sie als Coach auch nicht nach irgendwelchen Zielen fragen oder Ziele entwickeln. Ohne Ziele ist die Arbeit an Lösungen weder sinnvoll noch effektiv.

Klienten coachen

Gesprächsphasen im Coaching

„Coachinggespräche folgen einem klar strukturierten Ablauf, der von Coaching zu Coaching nur in seinem darin angewandten Instrumentarium variiert", fordert Sonja Radatz[1]. Coaching wird sich in erster Linie immer an der einzigartigen Individualität der Klienten und deren Anliegen orientieren. Die Empfehlung, einzelne, im oben zitierten Fall acht, Phasen mit klar umrissenen Zeittakten von zwei bis fünf Minuten Zeitdauer bis zu maximal 35 Minuten zu versehen, schießt übers Ziel hinaus. Eine logische Abfolge bestimmter Phasen im Coaching allerdings bewährt sich in neun von zehn Fällen. Sie geben nicht nur frischgebackenen Coachs Orientierung und den Nutzen professioneller Routine. Das Gleiche gilt auch für die sechs Standardinterventionen im lösungsorientierten Coaching. Diese Standards bewirken nicht nur treffliche Lösungen für die Anliegen Ihrer Klienten. Sie vermitteln Ihnen auch wichtige Hinweise für Ihre weitere Arbeit mit Ihren Klienten. Beim Erarbeiten von Lösungen für Anliegen Ihrer Klienten mit „Best Practice" zu starten, erleichtert die Coachingarbeit und führt häufig schnurstracks zum Erfolg.

Ist der Weg das Ziel oder entsteht der Weg erst beim Gehen?

Der erste Kontakt mit Ihrem Klienten

Noch verwenden viele den Begriff Psychologie so, als gäbe es nur Klinische Psychologie oder Psychopathologie. Psychologische Beratung und Therapie werden in Deutschland noch viel zu oft damit assoziiert, dass Leute, die sich psychologisch beraten lassen, gravierende Probleme, Defizite oder Abweichungen kennzeichnen. Wer über Aufmerksamkeitsfokussierung reflektiert, wird daher Begrifflichkeiten wie psychologische Beratung und Therapie kritisch sehen. Die Positive Psychologie kommt noch nicht ohne den Zusatz „positiv" aus. Um zu verdeutlichen, dass sie sich mit Stärken, Kompetenzen, Ressourcen und den schönen Dingen des Lebens befasst, nicht etwa mit Krankheiten oder Problemen. Im Coaching finden Sie inhaltlich und methodisch oft ähnliche Interventionen wie in therapeutischen Settings. Allerdings geht es im Coaching vor allem

Coachingdesign – die Phasen

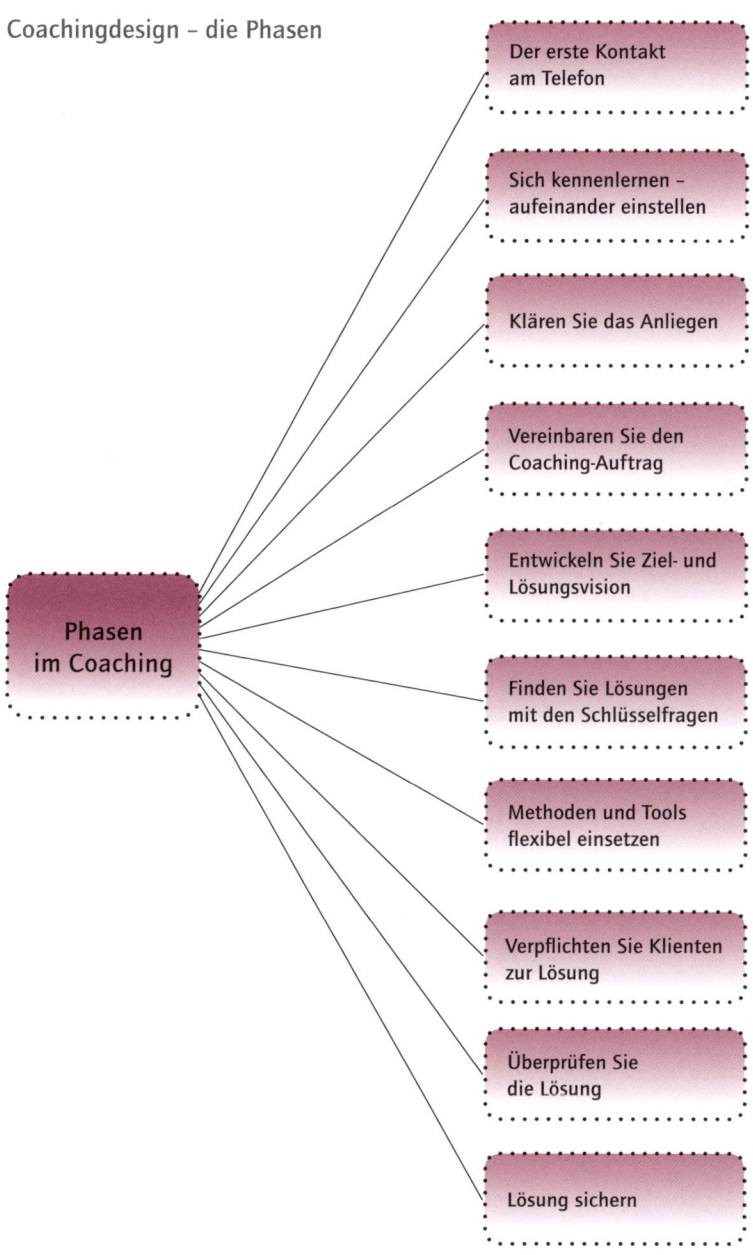

Phasen im Coaching

- Der erste Kontakt am Telefon
- Sich kennenlernen – aufeinander einstellen
- Klären Sie das Anliegen
- Vereinbaren Sie den Coaching-Auftrag
- Entwickeln Sie Ziel- und Lösungsvision
- Finden Sie Lösungen mit den Schlüsselfragen
- Methoden und Tools flexibel einsetzen
- Verpflichten Sie Klienten zur Lösung
- Überprüfen Sie die Lösung
- Lösung sichern

darum, Klienten ihre Stärken und Potenziale bewusst zu machen, ihre Ressourcen zu aktivieren und den Fokus auf eigene Kompetenzen und Lösungsansätze zu richten. Insofern ist es angebracht, dass Sie bereits beim allerersten Kontakt potenziellen Klienten zeigen, dass Sie stärken- und lösungsorientiert arbeiten. Bereits das erste Telefonat zur Terminvereinbarung bietet beste Chancen für eine auf Kompetenzen und Lösungen zielende, motivierende Coachingatmosphäre[2].

Was Du für den Gipfel hältst, ist nur eine Stufe.
SENECA

Wenn bei Ihnen jemand zum ersten Mal anruft, bitten Sie ihn nach aufwärmendem Small Talk um ein Stichwort oder eine Überschrift zum Anliegen beziehungsweise einen Hinweis auf das Ziel des Coachings:

> *„Können Sie mir bitte schon eine Überschrift oder ein Stichwort zur Lösung Ihres Anliegens geben? Was wollen Sie in der Zusammenarbeit mit mir erreichen?"*

Wenn Ihr neuer Klient sein Anliegen kurz beschreibt, paraphrasieren Sie ziel- und lösungsorientiert das Anliegen Ihres potenziellen Klienten:

> *„dass Sie Ihre Konflikte künftig konstruktiv klären wollen ..."*

> *„dass Sie neue Sicherheit gewinnen wollen ..."*

> *„dass Sie Wege finden wollen, wie Sie sich wieder besser fühlen und aktiver werden ..."*

> *„Ziel ist vermutlich, dass Sie Unterstützung dafür bekommen, sich da Schritt für Schritt weiter zu entwickeln ..."*

> *„dass Sie für ein besseres Umgehen mit Ihrem Chef alternative Verhaltensweisen zur Verfügung haben ..."*

> *„damit Sie wieder einfühlsam auf Ihre Kollegen eingehen können ..."*

„dass Sie diese Erfahrung dahin bekommen, wo sie hingehört,
nämlich in die Vergangenheit."

Beschreiben Sie, wie der erste Coachingtermin ablaufen wird:

„Es interessiert Sie sicher, was mir in unserem ersten Gespräch
besonders wichtig ist. So können Sie sich schon darauf einstellen.
Ich will natürlich alle wichtigen Fakten zu Ihrer Situation wissen.
Erst dann kann ich ein guter Coach für Sie sein."

Informieren Sie anschließend über die drei wichtigen Themen Ihrer ersten
Coachingsitzung:

„In unserem ersten Gespräch sind mir Antworten zu drei Fragen
wichtig: „Erstens werde ich mich besonders für Ihre Ziele
interessieren. Ich bin neugierig, was genau Sie im Coaching mit mir
erreichen wollen. Wenn wir erfolgreich zusammenarbeiten und Sie
sich irgendwann mit den Worten verabschieden: Coach, ich brauche
Sie jetzt nicht mehr, ich bin nun da, wo ich sein will!"

Die Zukunft
erkennt man nicht,
man schafft sie.
RALF BUSSMER

„Wo sind Sie dann? Wie geht's Ihnen dann? Wie sind Sie dann
drauf? Was hat sich dann bereits verändert?"

„Das wird Sie bereits bis zu unserem nächsten Termin beschäftigen.
Es mag durchaus sein, dass sich da bei Ihnen etwas entwickelt und
verändert. Zweitens werde ich fragen:"

„Was haben Sie bisher schon alles getan, um voranzukommen?
Mit welchem Erfolg?"

„Sicher hat Sie bereits irgendetwas vorangebracht: Das interessiert
mich besonders, weil Sie das eventuell noch öfter oder systematischer
einsetzen können."

„Und drittens interessiert mich, was sich zwischen heute und unserem nächsten Gespräch getan hat:"

„Also, was genau hat sich seit unserem Telefonat heute bis dahin positiv entwickelt oder verändert ..."

Erläutern Sie zudem die Dauer Ihrer Sitzungen, informieren Sie über Ihr Honorar, Terminoptionen und, wenn angebracht, die Anfahrt zu Ihren Räumen.

„Welche Fragen haben Sie an mich?"

Verbindlich wird es, wenn Sie sich Namen und Vornamen, Adresse, Telefon und Mailadresse Ihres Interessenten geben lassen. Schließen Sie das Gespräch fröhlich, also dass Sie schon gespannt sind, was sie beide in der Zusammenarbeit gemeinsam entwickeln werden.

Vor der ersten Sitzung ändert sich bereits etwas

Der einzige wirkliche Fehler ist der, von dem wir nichts lernen.
JOHN POWELL

Studien zeigen, mehr als 50 Prozent der Klienten berichten von Veränderungen *vor* der ersten Coachingsitzung, wenn (!) sie danach gefragt werden. Es lohnt sich also, die Aufmerksamkeit von Klienten darauf zu lenken, wie es dazu kam, sich zum Coaching anzumelden. Und was Klienten in der Zeit bis zum ersten Termin bereits für Veränderungen erleben. Wenn Sie nicht danach fragen, bleiben solche Vorabveränderungen unerwähnt und unberücksichtigt. Es könnte sein, dass Klienten derartige Veränderungen im Vergleich zum Problem als weniger wichtig einschätzen, sie nicht weiter beachten und damit deren Wirkung nicht würdigen.

„Als Sie beschlossen, zu mir zu kommen, wollten Sie was verändern: Das war Ihr erster Schritt in eine neue Richtung. Oft ändert sich bereits etwas, wenn man sich in eine neue Richtung bewegt. Was hat sich seitdem bei Ihnen schon verändert?"

„Ich höre öfter von Klienten, dass sie bereits durch die Anmeldung zum Coaching erleichtert sind und Dinge sich bis zum ersten Termin verändern. Was haben Sie da bei sich schon bemerkt? Gibt es schon eine winzige Veränderung zum Positiven? Auch kleine Veränderungen können bereits relevant sein."

Arbeiten Sie klitzekleine Hinweise solcher Vorabveränderungen durch gezielte Fragen und anerkennende Äußerungen heraus. Dadurch machen Sie Ihrem Klienten bewusst, dass
- er es ist, der sich bereits zu verändern angefangen hat,
- es seine Fähigkeiten, Stärken und Kompetenzen sind, die dabei sichtbar werden,
- diese Kompetenzen es ihm ermöglichen, fortzufahren, Dinge nachhaltig zu verbessern.

„Das klingt ja spannend, berichten Sie mehr davon!"

„Was haben Sie dazu beigetragen, dass ...?"

„Was könnten Sie noch tun, dass das so bleibt oder sich noch verstärkt und weiterentwickelt?"

Fragen Sie, ob das Problem schon mal stärker war. Dann können Sie die Fähigkeiten und Bedingungen herausarbeiten, die damals beigetragen haben, das Problem zu reduzieren:

„Wie haben Sie es geschafft, so lange durchzuhalten? Was hat Ihnen geholfen, diese Energie immer wieder aufs Neue aufzubringen?"

„Gab es Phasen, in denen das Problem besonders heftig war?"

„Wie ist es Ihnen gelungen, sich davon wieder zu lösen?"

*„Angenommen, Sie würden noch einen Schritt vorwärts machen,
was genau brauchen Sie dafür?"*

*„Wen erleben Sie in Ihrer Situation besonders unterstützend?
Wie nutzen Sie diese Hilfe für sich?"*

Gerade in der Anfangsphase ist es besonders wichtig, Ihrem Klienten
das Gefühl zu vermitteln, dass Sie ganz bei Ihm sind. Neben freundlicher
Zuwendung, Lächeln, Nicken und Augenkontakt erreichen Sie das zudem
durch Äußerungen wie:

„Ja." „Genau." „Aha." „Das ist ja spannend."

„Erzählen Sie mir bitte mehr davon."

„Und was kam dann?" „Wie ging's dann weiter?"

„Sie haben mich neugierig gemacht, was folgte dann?"

„Bitte erzählen Sie weiter, ich bin ganz bei Ihnen."

„Ich möchte gerne noch mehr darüber erfahren."

„Ich höre Ihnen da mit großem Interesse zu."

Fragen an sich als Coach vor der ersten Sitzung

- Wie will ich mit Referenzen und Hinweisen auf Dritte umgehen? Die
  Wirkung von Namen oder Firmen hängt davon ab, wie der Klient zu
  einer dieser Person oder einem Unternehmen steht. Gerade zu Beginn
  müssen sich Vertrauenswürdigkeit und Diskretion noch beweisen.
  Referenzen und Verweise auf Dritte können leicht indiskret erlebt
  werden.

- Woran will ich feststellen, dass der Klient am Coaching ernsthaft interessiert ist? Die erste Sitzung kann schon mal die erste und einzige bleiben. Entweder kann ich als Coach nicht überzeugen oder der Interessent fordert mich lediglich zu einem Angebot auf, weil er eine alternative Kostennote braucht.
- Welchen Eindruck wird der Klient in dieser ersten Sitzung wohl gewinnen, wie ich gerade zu diesem Coachingauftrag stehe? Am besten unterlasse ich alles, was den Eindruck erwecken könnte, ich sei auf das Mandat dringend angewiesen oder ich sei gerade bei dieser Art von Problem besonders prädestiniert für eine gute Lösung. Ein Klient wird sich kaum bei mir gut aufgehoben fühlen, wenn ich ihm vermittle, sein Problem sei ein 08/15-Problem.
- Wie kann ich durch Haltung und Verhalten professionelle Ernsthaftigkeit und Berechenbarkeit vermitteln? Wenn ich als Coach schnell Lösungsvorschläge mache, wenn ich zu viel verspreche, wenn ich zu originell sein will und ständig Aussagen des Klienten interpretiere, dann wird der mich kaum ernst nehmen können.
- Wie kann ich sicherstellen, dass ich am Ende der ersten Sitzung ein klares Bild vom Anliegen des Klienten und seiner Lösungsvorstellungen habe? Wichtig ist, dass ich mich am gewünschten Output des Coachings orientiere, das heißt genau nachfrage und reflektiere, welches Ergebnis das Coaching haben soll.
- Mit welcher Frage finde ich am besten heraus, welche Erfahrungen der Klient bereits mit Coaching, Beratung oder Therapie hat? Daraus kann ich schließen: Welche Erfahrungen will er auf jeden Fall vermeiden? Welche Erwartungen hat er daher speziell an mich als Coach?
- Wie stelle ich sicher, dass der Klient über alle notwendigen Rahmenbedingungen, wie Kosten und Dauer des Coachings, genau informiert ist? Indem ich glasklar bin, sonst belaste ich damit eventuell den Coachingprozess bis zum Ende.

Das Ende ist im Anfang, und trotzdem macht man weiter.

SAMUEL BECKETT

Sich kennenlernen – die erste Coachingsitzung

Nutzen Sie zu Beginn der ersten Sitzung die Chance, Klienten schon ein wenig kennenzulernen und eine vertrauensvolle Atmosphäre zu schaffen. Es gibt Klienten, die sind nervös und unruhig, sie wollen am liebsten gleich in die Vollen gehen und zum eigentlichen Thema und Anliegen kommen. Andere bevorzugen einen sanften, langsameren Einstieg, sie schätzen das Gefühl, ankommen zu dürfen. Sie wollen zunächst als Mensch wahrgenommen und wertgeschätzt werden, noch ohne den Status eines Klienten. Die Fähigkeit, zwanglos ein Gespräch aufzunehmen, über Alltägliches zu plaudern, um erste Gemeinsamkeiten herzustellen, ist eine für Sie als Coach wertvolle und wichtige Kommunikationsfähigkeit. Es kommt darauf an, dass Sie und Ihr Klient behutsam die Stimmung und Gesprächsbereitschaft testen. Schon die Höflichkeit gebietet, nicht sofort mit der Tür ins Haus zu fallen. Erst mal ein paar Worte zum Warmwerden wechseln. Sich zusammen erwärmen schafft Vertrauen und eine Basis, das Gespräch später direkt auf das Coachinganliegen und persönliche Themen Ihres Klienten zu lenken.

Als Coach und Klient vergewissern sie sich in dieser frühen Phase gegenseitigen Wohlwollens und eines ersten zarten Gefühls von Synchronisation. Bei Affen heißt dieses Ritual gegenseitiges Lausen, im Englischen gibt's dafür sogar einen eigenen Begriff: Social Grooming, also soziales Lausen.

Small Talk is smart Talk

Small Talk und Aufwärmphase liefern erste Hinweise darauf, was und wer für Klienten wichtig sind. „Small Talk" am Anfang der ersten Sitzung erhöht die Bereitschaft von Klienten, später genau zuzuhören, wenn es um Fragen zu ihren Anliegen und den Zielen des Coachings geht. Bereits zu diesem frühen Zeitpunkt können Sie viel über Ihren Klienten in Erfahrung bringen.

„Wie verbringen Sie Ihre Freizeit?"
„Was genau machen Sie beruflich als ...?"

Etikette, das ist wie ein Luftkissen. Es mag wohl nichts drin sein, aber es mildert die Stöße des Lebens.

ARTHUR
SCHOPENHAUER

„Was macht Ihnen in Ihrem Job besonders Spaß?
„Was fällt Ihnen beruflich besonders leicht?"

Antworten darauf bringen erste Hinweise auf Kompetenzen, Talente und Vorlieben von Klienten. Fragen sind konstruktiv, wenn sie Möglichkeiten zu denken und zu antworten nicht einengen, sondern erweitern. Wenn sie Klienten die Chance geben, die bisherige Sicht auf ihr Thema neu zu konstruieren. Jede Frage soll Klienten und Ihnen neue Informationen bringen.

Falls Sie vorher noch nicht telefoniert haben

„Ich bekomme häufig von Klienten zu hören, dass sie bereits durch Vereinbaren eines Coachingtermins erleichtert sind und sich Dinge schon bis zur ersten Sitzung verändern. Was haben Sie da bei sich bereits beobachten können?"

„Als Sie sich zum Coaching gemeldet haben, wollten Sie etwas än-dern. Der Termin mit mir war der erste Schritt in eine neue Richtung. Wer sich bewegt, hat die erste Veränderung oft schon begonnen. Was hat sich bei Ihnen bereits verändert oder ist gerade dabei?"

Solche Fragen suggerieren, es hätten bereits erste Veränderungen und Lösungen eingesetzt. Sie lenken die Aufmerksamkeit von Klienten in Richtung Lösungen, Kompetenzen und Besserung. Wenn sich erste Ände-rungen andeuten, reagieren Sie anerkennend darauf:

Informationen sind Unterschiede, die einen Unterschied machen.

GREGORY BATESON

„Das ist ja interessant und spannend – erzählen Sie mir mehr davon."

„Was müssten Sie anstellen, dass das so bleibt oder sich weiterentwickelt?"

„Was denken Sie, wie haben Sie dazu beigetragen, dass es
sich so entwickelt hat?"

Klären Sie das Anliegen – Was steht an?

Beginnen Sie mit einer „Diagnose" und Interventionen erst, wenn Sie als Coach sicheren Boden unter den Füßen haben. Von Interesse sind nicht so sehr irgendwelche Anekdoten oder Episoden, sondern Regelmäßigkeiten. Ihr Ziel ist, möglichst bald Muster im Denken, Fühlen, Sprechen oder Handeln Ihres Klienten zu erkennen. Jedes erfolgreiche Coaching beginnt damit, dass Sie als Coach noch vieles übersehen und nicht einordnen können. Das Anliegen klären ist jedoch nicht nur für Sie außerordentlich wichtig, es zeigt auch Klienten schon neue Perspektiven und Einsichten.

Nicht das Erzählte reicht, sondern das Erreichte zählt.

Es geht dabei um dreierlei. Nämlich, dass Ihr Klient Ihnen mitteilt,
• wer er wirklich ist,
• worum es ihm genau geht,
• was er sich von der Arbeit mit Ihnen wünscht.

Lösungsorientiertes Coaching geht von der Zusammenarbeit zwischen lösungssuchendem Klienten und lösungsorientiertem Coach aus. Nach Begrüßen, Aufwärmen und persönlichem Vorstellen führen Fragen wie diese weiter:

„Was genau führt Sie zu mir?"

„Was ist Ihr Anliegen? Worum geht es Ihnen ganz konkret?"

„Worüber möchten Sie heute mit mir sprechen?"

„Was ist Ihr Thema, was ist der konkrete Anlass für das Coaching?"

„Was genau möchten Sie mit mir bearbeiten?"

Behandeln sie das Problem Ihres Klienten wertschätzend. Es geht darum, Ihrem Klienten zu vermitteln, dass Sie ihn verstehen, dass Sie ihn und sein Anliegen respektieren. Bereits jetzt bietet sich die Chance, den wichtigen Unterschied zwischen Problem und Nichtproblem einzuführen. Um dabei herauszufinden, was Ihr Klient schon alles unternommen hat, sein Problem zu lösen und welche Möglichkeiten daher eventuell vorab schon als Lösung ausscheiden.

Nur bei Ebbe erfährst Du, wer nackt schwimmt.
WARREN BUFFETT

Klienten, die sich in ihren persönlichen Anliegen verstanden und geschätzt fühlen, lassen sich gerne auf eine Beziehung mit ihrem Coach ein. Sie werden vertrauensvoll mit Ihnen zusammenarbeiten. Sobald Ihr Klient spürt, Sie verstehen und würdigen sein Anliegen, leiten Sie den kontrastierenden Wechsel von Problem zu Nichtproblem ein. Das bringt Klienten dazu, zwischen problembelasteten und problemfreien Situationen unterscheiden zu lernen. Statt mit dem Problem verbundene Gefühle zu vertiefen, lenken Sie seine Aufmerksamkeit aufs äußere Verhalten in seinen ganz konkreten Kontexten oder Beziehungen.

„Woran genau erkennen Sie das Problem?"

„Wie beschreibt ein Außenstehender wohl das Problem?"

„Wer ist von dem Problem noch betroffen?"

„Was hält das Problem am Leben?"

„Für wen ist das Problem nützlich?"

„Woran merken Sie, wenn das Problem schwerwiegender wird?"

„Und woran, wenn es abklingt oder nachlässt?"

„Wie sieht das konkret aus, wenn Sie sich ... fühlen?

„Welche Verhaltensweisen sind dann anders als sonst?"

„Wie reagiert Ihr Partner (Ihr Chef, Kollege) darauf?"

„Wann genau haben Sie sich zuletzt so verhalten?"

*„Und wann haben Sie sich zuletzt anders verhalten,
auch wenn es nur ein wenig anders war?"*

*„Wer von Ihren Kollegen oder Ihrer Familie bemerkt als Erster, wenn
es einen Tag ohne dieses Problem gibt? Woran genau bemerkt er
oder sie das dann?"*

Geben Sie Klienten zunächst Zeit, ausführlich über ihr Anliegen und seine Situation zu sprechen. Erst gegen Ende bitten Sie, das Anliegen kurz und knapp auf den Punkt zu bringen.

*„Mal angenommen, Sie haben nur einen Satz, der Ihr Anliegen
auf den Punkt bringt: Wie lautet dieser Satz?"*

Zwei Aspekte sind besonders wichtig

Wir wissen nicht, was wir sehen. Wir sehen eher, was wir wissen.
JOHANN WOLFGANG VON GOETHE

Wo sieht Ihr Klient das Problem, bei sich oder anderen? Übernimmt er die Verantwortung für das Problem oder fühlt er sich eher ausgeliefert? Achten Sie, ob Ihr Klient das Problem externalisiert: Externalisieren, „nach außen verlagern, veräußern", bedeutet das Verlagern von Problemen oder Zuschreibungen nach außen. Sie erkennen das an Äußerungen wie diesen:

„Im Job ist bei mir zur Zeit der Wurm drin."
*„Meine Höflichkeit verbietet mir, meinem Chef gegenüber Klartext
zu sprechen."*
„Da sind mir die Hände gebunden, das wollen unsere Richtlinien so."
„Nein zu sagen, das wäre schön, geht aber bei uns nicht!"

„Das ist wieder typisch für meinen Kollegen, da kann ich nichts machen."

Das ist so formuliert, als sei das Problem nicht mehr „in" Ihrem Klienten, sondern außerhalb zu suchen. Aussagen wie diese vermitteln, Probleme würden außerhalb und nicht beeinflussbar von uns existieren. Dieser Logik folgend würde Ihr Klient dann auch keine Verantwortung für das Problem beziehungsweise die Lösung übernehmen. Viele Klienten externalisieren vorwiegend bei Themen und Verhaltensweisen, bei denen sie sich unsicher, emotional betroffen oder nicht gewachsen fühlen. Wenn Sie als Coach jetzt die Aufmerksamkeit auf Lösungen lenken, lassen Sie das Problem ein wenig in den Hintergrund treten.

Klienten brauchen das Gefühl, es handelt sich bei ihrem Anliegen um ein völlig *legitimes* Problem. Sie möchten die Bestätigung, den richtigen Schritt getan zu haben, Coaching in Anspruch zu nehmen und mit Ihnen zusammen an Lösungen zu arbeiten.

„Jetzt ist mir klar, wie Sie die Situation erleben. Gibt es Kollegen, Freunde oder Bekannte, die Sie in dieser nicht ganz einfachen Situation unterstützen? Und wie genau machen die das?"

„Sehen und verstehen diese Kollegen oder Freunde Ihr Problem in gleicher Weise oder gibt es Unterschiede darin, was diese Ihnen dann raten?"

„Welche dieser Sichtweisen erleben Sie besonders unterschiedlich zu Ihrer Sicht der Dinge?"

„Da derjenige es vermutlich konstruktiv meint, was mag der gute Kern seiner Perspektive und Hinweise sein?"

„Vielleicht sind diese Tipps unter bestimmten Bedingungen ja doch hilfreich: Welche Konsequenzen hätten sie denn?"

„Gibt es weitere Personen, die das auch anders als Sie sehen?"

„Wie könnten Sie von dieser Sichtweise profitieren?"

„Was von dem, was Sie bereits an Lösungen probiert haben, hat am besten in der von Ihnen gewünschten Richtung gewirkt?"

Lösungsorientiertes Coaching interessiert sich nicht so sehr für Ursachen und Hintergründe von Problemen: Sie sind ohnehin meist nicht auf einen einzigen Grund zurückzuführen. Oft sind sie intellektuell oder lebensgeschichtlich überlagert oder nicht ohne weiteres rekonstruierbar. Coaching blickt mehr auf lösungsorientierte Konsequenzen.

Wo genau steht Ihr Klient?

Sichtbare Dinge verbergen immer andere sichtbare Dinge.
RENÉ MAGRITTE

Sie Lösungen zu nähern, das geschieht oft in kleinen Schritten. Schritt für Schritt verändert sich ein Problem zu einer Folge kleiner ausführbarer Aufgaben. Skalen und Zahlen bringen Klienten dazu, sich konkret Unterschiede vorzustellen. Sie markieren und verdeutlichen Fortschritte und können bei Klienten die Hoffnung auf Erfolg stärken. Stellen Sie deshalb fest, wo genau Ihr Klient aktuell steht. So können Sie als Coach damit künftig überprüfen, was sich in Richtung weniger, mehr, besser, stärker oder häufiger verändern wird. Häufig sind solche Veränderungen minimal, nur ein halber oder ein ganzer Skalenpunkt.

Skalierungsfragen helfen Nuancen von Veränderung aufzeigen. Sie suggerieren dadurch Fortschritt und motivieren für weitere Veränderungen:

„Ich möchte Ihre Situation so gut wie möglich verstehen. Auf einer Skala von eins bis zehn: Wenn eins für die Situation steht, die für Sie die schwierigste war und zehn dafür: „Jetzt ist es wirklich o. k." Wo auf dieser Skala stehen Sie im Augenblick? Wo standen Sie, als Sie sich fürs Coaching entschlossen haben?"

„Was ist heute anders als damals?"

„Woran genau kann heute ein Dritter Unterschiede feststellen?"

„Nehmen Sie eine Situation oder einen Zeitpunkt, als Sie sich, wenn auch nur kurz, einen Skalenwert höher erlebt haben: Was genau war da anders?"

„Wenn Sie mehr davon unternehmen, wie wird sich das auf der 10-er Skala auswirken?"

„Angenommen, Sie wollen noch einen Skalenwert höher kommen, was genau sollten Sie dafür tun?"

Anschaulich und besonders motivierend sind Skalierungsfragen, wenn Sie Klienten bitten, ihre aktuelle Position auf einer gedachten Linie oder Bodenankern von eins bis zehn einzunehmen. Ihr Klient kann so nach vorne schauen oder zurückblicken und beschreiben, was er sieht. Er denkt und fühlt, was er bereits geschafft hat und was sein nächster „Schritt" zur Veränderung sein wird.

Vereinbaren Sie Ihren Coachingauftrag

Jetzt geht es um das Vereinbaren der Zusammenarbeit mit Klienten. Wie Ihr Klient sein Anliegen präsentiert, drückt meist schon aus, was er sich von Ihnen in der Zusammenarbeit wünscht. Welche konkreten Erwartungen hat Ihr Klient an Sie? Wie können Sie ihm helfen? Sie können entweder

Die Neugierde steht immer an erster Stelle eines Problems, das gelöst werden soll.
GALILEO GALILEI

den Fokus der Aufmerksamkeit in Ihre Richtung lenken

„Wie kann ich Ihnen dabei helfen?"

„Was sind dabei Ihre Erwartungen an mich?"

„Wie stellen Sie sich vor, dass ich Sie dabei unterstütze?"

oder in Richtung Ihres Klienten:

„Wie kann ich Sie dazu bringen, sich auf neue Ideen und Möglichkeiten einzulassen?"

„Wenn ich erkenne, dass Sie auf dem richtigen Weg sind: Mit welcher Form von Klarheit und Direktheit können Sie gut umgehen?"

Wenn man einem Mann trauen kann, erübrigt sich ein Vertrag. Wenn man ihm nicht trauen kann, ist ein Vertrag überflüssig.
JEAN PAUL GETTY

Was Ihr Klient sich erwartet und wünscht, entscheidet er selbst, das ist seine Sache. Sie als Coach wissen bei all den Erwartungen und Wünschen von Klienten, was Sie aufgrund Ihrer Kompetenzen und Erfahrungen als Coach für angemessen und machbar halten. Sie formulieren, wie es gemeinsam weitergeht, auch mit welchem zeitlichen Aufwand Sie fürs Coaching rechnen. Oder ob Sie entscheiden, den Coachingauftrag *nicht* anzunehmen. Eine positive Vereinbarung beinhaltet den Auftrag für das Coaching sowie die Erwartungen des Klienten, ihre Form der Mitarbeit, die geschätzte Zahl von Sitzungen und damit verbundene Kosten, die Investition für das Coaching. Klären Sie die Rahmenbedingungen des Coachings, bevor Sie einen Auftrag annehmen. Wie Sie den Vertrag fürs Coaching genau formulieren, hängt von der Situation und Ihrem Klienten ab. Manchmal können Sie auf einen schriftlichen Vertrag verzichten, da sich die Vereinbarung aus dem übereinstimmenden Verhalten von Klienten ergibt. Meist empfiehlt sich ein schriftlicher Coachingvertrag. Wichtig ist, dass sie die Art der Zusammenarbeit gemeinsam besprechen, dass es sich um eine gemeinsame Vereinbarung handelt. Nicht das Formulieren des Auftrags, sondern der psychologische Vertrag, den Sie eingehen, legitimiert Sie, mit Interventionen direkt Einfluss auf die Beziehung und Veränderungsarbeit mit ihrem Klienten zu nehmen.

Verabredet vor der Zeit gibt nachher keinen Streit.

Ein Vertrag gibt Klienten Sicherheit. Sie wissen dadurch, was auf sie zukommt und was sie für eine Lösung und fruchtbare Zusammenarbeit zu tun haben. Andererseits mag es keiner, auf irgendetwas festgelegt zu sein, wenn er plötzlich nicht mehr will. Meine Kunden könnten jederzeit aus dem Coaching aussteigen, ohne irgendwelche Kosten. Ich arbeite nach dem Gebot der Zufriedenheit: Ist ein Klient nicht zufrieden, stelle ich auch nach zehn Sitzungen keine Rechnung. Es gibt keine versteckten Kosten. Jeder Klient hat ein Recht auf den besten Preis. Lediglich bei Rahmenverträgen kann es zehn Prozent Abschlag ab einem bestimmten Kontingent geben. Zu Beginn jeder Coachingsitzung vereinbaren Sie mit Klienten Thema und erwartetes Ergebnis der Sitzung. Den Einstieg können Sie in drei Richtungen steuern:

Eine Sache ist das wert, was der Käufer dafür zu zahlen bereit ist.
PUBLIUS SYRUS

Inhaltlich weit oder eng gefasst:

> *„Worüber wollen Sie heute mit mir sprechen?"*
> *„Wie genau hat sich das Problem seit unserem letzten Gespräch verändert?"*

Mit Blick auf Ihren Klienten oder auf Sie als Coach:

> *„Was möchten Sie heute für sich erreichen?"*
> *„Was kann ich tun, damit Sie diese Sitzung weiterbringt?"*

Fokus auf dem Ziel Ihres Klienten:

> *„Was soll nach unserer heutigen Zusammenarbeit anders sein als zuvor?" „Worum geht es Ihnen heute?"*

Am Ende der Sitzung regeln Sie den Termin fürs nächste Mal. Es bewährt sich, den Zeitpunkt durch Klienten bestimmen zu lassen.

Was ist das Ziel?

Wer sich Ziele setzt, ist erfolgreicher im Leben. Klare, herausfordernde Ziele führen zu besserer Leistung und größerem Erfolg.[3] Wer sich ein Ziel setzt, geht gleichzeitig eine verbale Verpflichtung ein: Gedanken und Worte entwickeln die Kraft, dass künftig etwas Neues entsteht. Wer sich

Sei realistisch, plane ein Wunder.
LAOTSE

Ziele setzt, zeigt sich und anderen, dass er überzeugt ist, Widerstände überwinden zu können. Bei langfristigen Zielen kommt es nicht nur darauf an, diese Ziele tatsächlich und minutiös auch zu erreichen. Der Nutzen langfristiger Ziele ist auch, dass sie als Fixsterne und Richtungsgeber fungieren. Mit ihnen können Sie den Augenblick und die Gegenwart bewusster genießen. Ein Ziel, sich wirklich auf etwas einlassen, fokussiert die Aufmerksamkeit auf dieses Vorhaben und hilft, Wege zu finden, wie dieses Ziel zu erreichen ist. Bedeutsam ist, dass Sie mit Zielen arbeiten, die Ziele Ihrer Klienten sind und von denen Ihre Klienten tief überzeugt sind. Psychologische Studien zeigen einen klaren Zusammenhang von Zielen und Erfolg.

Life is what happens, while you're busy making other plans.

JOHN LENNON

Alles kann nicht besser werden

„Alles kann besser werden", so heißt der Titel einer CD von Xavier Naidoo. Alles ist jedoch nie das Thema im Coaching. Es geht um die Konzentration aufs Wesentliche. Weil es Dinge im Leben gibt, die sich verändern lassen, und bei denen sich der Aufwand lohnt. Und weil es andere Dinge gibt, die sich nicht ändern lassen beziehungsweise wo Aufwand und Ertrag in keinem vernünftigen Verhältnis zueinander stehen.

Michael Balint[4] entwickelte vor 60 Jahren die Fokaltherapie, eine Form psychoanalytischer Kurztherapie. Seine Arbeit konzentriert sich auf das Herausarbeiten, Klären und Bearbeiten des Kernthemas. Im Mittelpunkt steht ein Ziel, das möglichst klar und frühzeitig definiert wird. Die Fokaltherapie braucht lediglich wenige Sitzungen. Coaching ist meist „Fokal"-Coaching": Selten geht es um die Gesamtpersönlichkeit von Klienten, meist um ein definiertes Anliegen von Klienten in einem bestimmten Kontext oder einer Interaktion. Als Coach sollten Sie sicher sein, dass Ihr Klient sein Ziel selbst bestimmt. Nicht, dass andere oder Sie für ihn entscheiden oder entschieden haben. Es geht darum, Klienten beim Finden und Formulieren ihrer selbstbestimmten Ziele zu unterstützen, dabei auf vollständige Zielkriterien zu achten und Ziele wohlgeformt zu machen.

Konzeptionell lautet die Frage nach dem Ziel:

Was ist, wenn das Problem nicht mehr da ist?

Klienten stellen Sie diese Frage besser verhaltensnah und konkret:

„Woran genau werden Sie merken, dass das Problem gelöst ist?"

„Sondern ...? Was wünschen Sie stattdessen?"

„Was werden Sie sehen, denken, hören, fühlen, riechen, schmecken, wenn Ihr Anliegen gelöst ist?"

„Was werden Sie dann tun, was Sie jetzt noch nicht tun? Was ist dann anders?"

„Was wird Dritten dann als Erstes bei Ihnen auffallen?"

„Welche Veränderung wird sie am meisten beeindrucken?"

„Welche Konsequenzen ergeben sich daraus konkret für Sie im Umgang mit den Kollegen?"

Ziele passen selten auf Anhieb. Sie wollen mit den Klienten maßgeschneidert erarbeitet werden. Nicht nur der Inhalt, auch die sprachliche Formulierung hat treffend zu sein. Erst wenn gemeinsames Verständnis darüber besteht, was Ihr Klient erreichen will und kann – und welche Kriterien das Erreichen seines Ziels deutlich machen, arbeiten Sie mit Ihrem Klienten an Lösungen. Manches Erfolgsziel entspringt übernommenen Glaubenssätzen, Konventionen oder ungesunden Motiven. Nicht jedes genannte Ziel ist für Klienten der goldene Weg. Gute Ziele sind Ziele, die einen wichtigen Aspekt von uns selbst ausdrücken. Und nicht Ziele, die aus der Absicht entstehen, andere zu beeindrucken. Im Zielmodell

Wollen kann man nicht lernen.

SENECA

sehen Sie links Ziele, die konkret und knallhart messbar sind. Monats-, Halbjahres- oder Jahresziele sind Ihnen vom Job vertraut. Sie sind zum Beispiel Bestandteil von Zielvereinbarungen mit Ihrem Chef.

Das Zielmodell

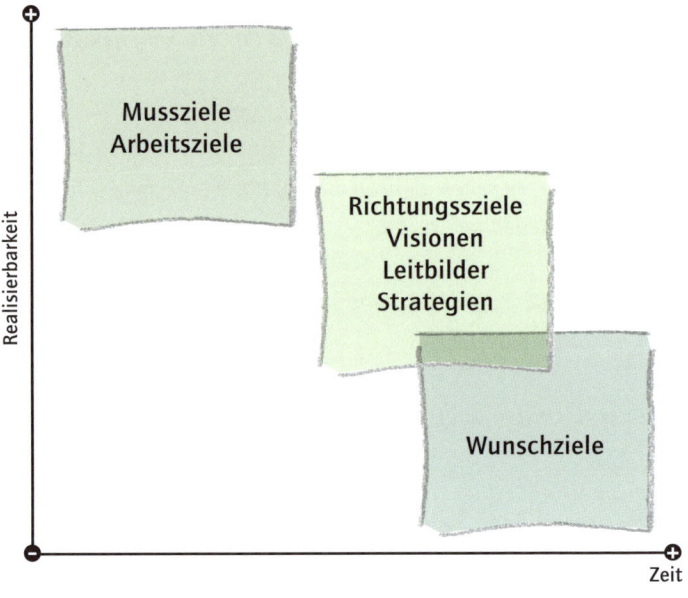

Daneben gibt es Wunschziele, deren kurzfristige Realisierbarkeit nicht im Vordergrund steht. Wunschziele können auch den Charakter unerfüllter Träume haben. Mittel- und langfristige Richtungsziele sind Leuchttürme und Richtungsgeber für unser Handeln und Leben. Es kommt nicht so sehr darauf an, dass Sie langfristige Ziele auch punkt- und zeitgenau erreichen. Wichtig ist, sie zu haben. Langfristige Ziele lassen uns die Gegenwart besser genießen. Statt in einem langfristigen Ziel einen definitiven Endpunkt zu sehen, ist das Ziel besser als Mittel zum Zweck zu sehen, das die Reise dorthin genießen lässt. Langfristige Ziele sind notwendig, um nachhaltig Erfolg und dauerhaft Glück zu erreichen; ihre Existenz alleine reicht dafür jedoch nicht aus. Ziele muss Ihr Klient wirk-

Wunschdenken gehört in die Welt der Märchen.

lich wollen, sie müssen bedeutend für ihn sein. Die Reise, auf die sie ihn schicken, muss Spaß machen und positive Emotionen mit sich bringen. Erreichbare Ziele sind die besten. Denn darauf können Sie bauen. Erfolg sorgt für Motivation, hält Klienten bei Laune und treibt sie weiter an. Ohne „Quick Wins" erreichen Sie nicht viel. Niemand befasst sich gerne mit Dingen, deren Ende nicht absehbar ist. Um motiviert zu bleiben, brauchen Klienten zwischendurch Erfolgserlebnisse. Quick Wins! Schon kleine Fortschritte bringen neue Dynamik. Je länger es braucht, ein Ziel zu erreichen, desto unwahrscheinlicher wird es, das Ziel auch zu erreichen. Große Schritte sind schwer zu gehen, sie bergen das Risiko, mühsam zu korrigieren zu sein. Helfen Sie Klienten Entscheidungen zu treffen, die sich zeitlich überschaubar auswirken. Kleinere Ziele stecken bedeutet nicht, keine großen Ziele haben zu können. Es heißt, Größeres schon daher zu erreichen, weil jedes kleine Ziel, eins nach dem anderen, erreicht wird.

Wahrscheinlich gehört das zu den häufigsten Fehlern, die wir begehen: Dass wir denken, alle dächten so wie wir.
HERMANN KANT

Scharf? Noch schärfer!

Hat Ihr Klient ein eigenes, selbstbestimmtes Ziel gefunden, dann schärfen Sie es mit einer dieser Zielformeln weiter:

S-m-a-r-t[5] fürs Coaching

» **Spezifisch:** Sind die im Ziel vorgestellten Verhaltensweisen konkret sinnes- und situationsspezifisch beschrieben? Als ein Beginn, nicht etwa als Ende von etwas.

» **Machbar**: Handelt es sich um ein Ziel, das der Klient alleine umsetzen kann? Passt das Ziel zur aktuellen Lebenswelt Ihres Klienten? Sind kleinere oder größere Schritte angemessen?

» **Attraktiv:** Ist die mit dem Ziel verbundene Vorstellung emotional positiv und attraktiv? Wirkt das auch in der wörtlichen Formulierung wohlklingend und anziehend?

» **Relevant:** Macht der Zielzustand für den Klienten den Unterschied zum Status quo? Im Denken, den fünf Sinnen und in der Beziehung mit anderen?

» **Tonisch:** Zeigt der Klient beim Sprechen über sein Ziel und den Zielzustand gute Energie und definierte Körperspannung? Zeigt sein Tonus, dass es sich um den Beginn von etwas Neuem handelt?

Man muss seinen Traum finden, dann wird der Weg leicht.
HERMANN HESSE

177

Die S-m-a-r-t-Formel fürs Coaching leitet sich aus dem bekannten S-m-a-r-t für Ziele ab.

S-m-a-r-t

Specific .... spezifisch

Measurable .... messbar

Attainable .... selbst erreichbar

Realistic .... realistisch

Time phased .... terminlich fixiert

Voller Hoffnung zu reisen, ist ein schöneres Ding als anzukommen.

ROBERT LOUIS STEVENSON

Oder Sie nutzen diese Eselsbrücke:

Ziele sind m-e-h-r a-l-s Absichten[6]

M .... messbar oder überprüfbar

e .... erreichbar

h .... herausfordernd

r .... realistisch, unabhängig von anderen beeinflussbar

a .... als Ergebnis formuliert, als ob bereits erreicht

l .... lieber ein bisschen höher und herausfordernd

s .... schriftlich, um die Zielerreichung zu überprüfen

Lösungen finden mit Schlüsselfragen

**Sechs
Lösungs-
konzepte
und typische
Fragen**

❶ Veränderung vor der ersten Sitzung
„Was hat sich zwischen Ihrer Anmeldung
und der ersten Sitzung verändert?"

❷ Bereits funktionierende Lösungen
Die Ausnahmen vom Problem.
„Gibt es Situationen, in denen das Prob-
lem weniger oder nicht auftritt?"

❸ Imaginativ lösen
„Was wäre, wenn ...?"
    1. Zauberfragen
    2. Zirkuläre Fragen
    3. Helikopterperspektive

❹ Das Problem umdeuten
„In welchen anderen Kontext passt das?
Welche Fähigkeiten zeigen sich darin?
Was ist die gute Absicht dahinter?
Wie läßt sich das anders erreichen?"

❺ Das Verhalten ändern
„Lieber Klient, mach' was anders!"

„Was gibt es Neues, was Sie in Ihrem
 Verhalten ändern könnten?"

❻ Sich als Coach anders verhalten

„Was kann ich als Coach in meinem
Denken und Verhalten ändern?"

179

Intervenieren und den Prozess begleiten

Lieben Sie theoretische Diskussionen? Oder geht es Ihnen im Coaching darum, was wie und wo wirkt? Es zählt nur, was wirkt. Sie lernen von Klienten und Erfahrungen in der Praxis des Coachings kontinuierlich mehr darüber, wie Sie Klienten am besten erreichen und welche Ihrer Fragen und Interventionen am ehesten zu Lernen und Veränderung einladen. Dazu einige Spielregeln:

Spielregeln für Sie als Coach

- » Handeln Sie stets so, dass Sie die Anzahl an Möglichkeiten für Ihre Klienten erweitern.
- » Kontextualisieren Sie die Anliegen und Lösungen für Ihre Klienten.
- » Gehen Sie stets kompetenz- und ressourcenorientiert vor.
- » Arbeiten Sie lösungs-, nicht problemorientiert.
- » Bleiben Sie neugierig und offen dafür, was Ihre Klienten aus Ihren Interventionen machen.
- » Laden Sie Ihre Klienten jederzeit zu neuen Perspektiven, Denkweisen und neuem Handeln ein.

Vor und zwischen den Sitzungen finden Veränderungen statt

Man verirrt sich nie so leicht, als wenn man glaubt, den Weg zu kennen.
CHINESISCHES SPRICHWORT

Wissenschaftliche Studien belegen, dass mehr als 50 Prozent der Klienten von Veränderungen vor der ersten Coachingsitzung sprechen, wenn sie danach gefragt werden. Es lohnt sich daher, die Aufmerksamkeit Ihrer Klienten darauf zu lenken: Wie kam's dazu, dass sich Ihr Klient zum Coaching anmeldete? Welche Änderungen haben sich bei ihm bis zum ersten Coachingtermin bereits eingestellt? Falls Sie als Coach nicht danach fragen, bleiben solche Veränderungen eventuell unerwähnt, unberücksichtigt und ohne Würdigung. Klienten betrachten oft kleinere Veränderungen im Vergleich zum Problem als nicht bedeutsam. Es gibt immer wieder Klienten, die kleinere Veränderungen nicht weiter ernst nehmen, sie würdigen deren Wirkung nicht. Das gilt auch für Veränderungen zwischen einzelnen Sitzungen. Daher könnte eine Standardfrage in Ihrem Repertoire sein:

„Was hat sich seit unserem letzten Treffen verändert?"

„Als Sie beschlossen haben, zu mir zu kommen, wollten Sie was verändern. Ihre Anmeldung zum Coaching war bereits ein Schritt in eine neue Richtung. Was hat sich seitdem bei Ihnen schon zu verändern begonnen?"

„Ich höre von Klienten, die sich bei mir anmelden, dass sie dadurch bereits erleichtert sind. Sie sagen auch, dass sich bis zum ersten Termin bereits etwas verändert hat. Was konnten Sie bei sich bereits feststellen?"

Als Coach arbeiten Sie auch klitzekleine Hinweise von Veränderungen anerkennend und möglichst konkret heraus. Dadurch verdeutlichen Sie Ihrem Klienten:

- Er ist es, der sich bereits zu verändern angefangen hat,
- es sind seine Fähigkeiten und Stärken, die sichtbar werden,
- seine Stärken machen es möglich, sich weiterzuentwickeln.

Ben Furman bietet mit dem Dreisprung[7] eine wirksame Intervention, auf Veränderungen von Klienten ressourcenorientiert und wertschätzend zu reagieren.

Zuerst Anerkennung ausdrücken: *„bemerkenswert, toll, beeindruckend, anerkennenswert, beachtlich, erstaunlich, klasse, wow, et cetera."*

Zweitens die Herausforderung der Aufgabe anerkennen: *„Das war sicher herausfordernd für Sie, das hinzukriegen ..."*

Drittens nachfragen, um mehr zu erfahren: *„Und wie genau haben Sie das so hinbekommen?"*

„Das klingt ja spannend, erzählen Sie mir bitte mehr davon ..."

„Was haben Sie dazu beigetragen, dass sich das so produktiv entwickeln konnte?"

„Und was können beziehungsweise sollten Sie tun, dass dies so bleibt oder sich noch besser entwickelt?"

„Was haben Sie getan, um diese Verbesserung zu erzielen?"

„Wo und wann genau ist das aufgetreten?"
„Wer hatte noch damit zu tun?"

„Wie haben Sie das so hingekriegt?"

To break a bad habit, just drop it. GRAFFITI Fragen Sie Klienten, ob das Problem eventuell früher heftiger war. Arbeiten Sie die Fähigkeiten und Bedingungen heraus, die beigetragen haben, dass Klienten das Problem bereits reduzieren konnten:

„Wie haben Sie es überhaupt geschafft, mit diesem Problem so lange durchzuhalten und sich nicht unterkriegen zu lassen?"

„Was genau hat Ihnen geholfen, diese Kraft immer wieder aufs Neue aufzubringen?"

„Gab's schon mal Phasen, in denen Sie das besonders schlimm erlebt haben? Was haben sie getan, um davon Abstand zu gewinnen?"

„Angenommen, Sie machen einen weiteren Schritt vorwärts, was genau braucht es dafür?"

„Wen Ihrer Freunde erleben Sie dabei als echte Unterstützung? Wie nutzen Sie die Hilfe für sich?"

Ausnahmsweise

Kein Problem tritt immer und ohne Ausnahme, Unterbrechung oder Pause auf. Mit anderen Worten, immer stimmt nie! Wenn Sie als Coach Klienten nach Ausnahmen vom Problem fragen, äußern spontan mehr als zwei Drittel aller Klienten, dass es diese gibt.

Probleme treten nie immer & überall auf.

Es gibt Situationen und Zeiten, in denen Probleme nicht beziehungsweise nicht so gravierend auftreten. Richten Sie deshalb die Aufmerksamkeit von Klienten auf die situativen Bedingungen, welche die Ausnahme begründen und das konkrete Verhalten Ihrer Klienten in dieser „Ausnahme"-Situation beeinflussen. Was genau sind Unterschiede zum unerwünschten Verhalten?

Was machen Klienten, wenn das Problem nicht da ist?

> » Was macht Ihr Klient dann, was er sonst nicht tut?
>
> » Was sieht, hört, riecht und schmeckt Ihr Klient dann, was er sonst nicht wahrnimmt?
>
> » Was denkt er dann, worauf er sonst nicht kommt?
>
> » Was fühlt er dann, was er sonst nicht fühlt?
>
> » Was plant er dann, wenn er sonst keine Ziele hat?
>
> » Was motiviert ihn dann, wo er sonst eher passiv ist?

In den Ausnahmen vom Problem stecken wertvolle Informationen, was helfen kann und für Lösungen bedeutsam ist. Ausnahmen stehen stellvertretend für gewünschte Alternativen zum Problem oder Problemverhalten. Sie funktionieren bereits als Lösungen, auch wenn das Klienten so noch nicht bewusst ist. Machen Sie das Klienten bewusst und nutzen Sie die Ausnahmen für die weitere Lösungsfindung: Immer mit Blick auf vorhandene Ressourcen Ihrer Klienten. Finden Sie heraus, wie verhalten sich Klienten, wenn das Problem ausbleibt oder nur schwach

Die Gewohnheit ist eine zweite Natur.
MARCUS TULLIUS CICERO

183

Wer einen Menschen bessern will, muss ihn erst einmal respektieren.

ROMANO GUARDINI

ausgeprägt ist. Dies zu analysieren und zu entdecken, ist wichtiger und nützlicher, als tiefgründig Probleme zu explorieren. Wenn Sie bei Klienten den Fokus weg vom Problem zu den Ausnahmen lenken, können Sie oft emotionale Veränderungen, einem anderen Mikroausdruck, eine stärkere Durchblutung oder Veränderungen im Muskeltonus beobachten.

„Wann und in welchen Situationen erleben Sie das Problem als weniger schlimm?"

„Wie viel Prozent Ihrer Zeit fühlen Sie sich dadurch beeinträchtigt?"

„Was genau unterscheidet sich, wenn Sie das Problem heftiger erleben, davon, wenn es schwächer ist?"

„Wer hat noch Einfluss darauf, dass das Problem schwächer oder stärker auftritt?"

„Als Sie sich zuletzt besser fühlten, was hätte ich da an Ihrem Verhalten als Erstes bemerkt?"

„Was wäre ein Zeichen dafür, dass Sie schon ein wenig von dem entwickeln, was Sie sich als Ziel vorgenommen haben?
Woran könnte ein guter Freund das zum Beispiel feststellen?"

„Wie verhalten Sie sich an Tagen, an denen Sie dem Problem mit gesunden Abstand begegnen können?"

„Was können Sie dann von sich selbst lernen?"

Die Ausnahmen stellen beobachtbares Verhalten und entscheidende Fähigkeiten für die Lösungsfindung dar. Die Aufmerksamkeit Ihres Klienten auf diese Ausnahmen zu lenken, das setzt das Potenzial für gute Lösungen frei.

Lenken Sie die Aufmerksamkeit auf

... manchmal ist es so ...
... und manchmal ist es auch anders ...

Dadurch laden Sie ein, auch die andere Seite zu sehen. „Einerseits ... und ... andererseits" sowie „sowohl ... als auch" sind effektive Trigger.

Sollte ein Klient nicht in der Lage sein, eine Ausnahme zu finden, versuchen Sie's bewusst anders herum:

> *„Was genau müssten Sie tun, um ihr Problem zu verschlimmern?*
> *Wie könnten es andere erreichen, dass das Problem schlimmer wird?*
> *Was genau müssten sie dafür tun?"*

Was wäre wenn?

Vielleicht haben sich bisher bei Ihrem Klienten kaum Veränderungen gezeigt. Oder noch keine Ausnahmen vom Problemverhalten entdecken lassen. Wie die Situation auch ist, Sie beginnen nun damit, imaginativ Lösungen zu entwickeln: Ihr Blick geht noch konsequenter auf Lösungen, Sie aktivieren positive Energie, zeigen Zutrauen in Ihren Klienten und laden Ihn ein, phantasievoll und kreativ zu sein.

Wir Menschen haben die einzigartige Fähigkeit, bereits in der Zukunft leben zu können – in unserer Vorstellung.
DANIEL GILBERT

Drei „Was wäre wenn"-Fragen

Zauberfragen:
> *Was wäre, wenn ein Zauber passierte und Ihr Problem wäre gelöst?*

Zirkuläre Fragen:
> *Woran merken andere, dass Ihr Problem gelöst ist?*

Helikopter-Fragen:
> *Was würden Sie sich selbst empfehlen, um Ihr Problem zu lösen?*

Die drei Fragenkonzepte sind Ausnahmen von den Ausnahmen. Diese Ausnahme hat sich zwar bisher noch nicht ergeben. Durch seine Antworten stellt Ihr Klient sie sich jedoch schon mal als mögliche Ausnahmen vor.

Variationen zur Zauberfrage:

„Mal angenommen, wenn Sie morgens aufwachen, ist durch einen Zauber Ihr Problem verschwunden, ganz einfach so. (Mit den Fingern schnippen!) Da das geschieht, während Sie schlafen, können Sie nicht wissen, ob dieser Zauber wirklich stattfand. Wenn Sie nun morgens aufstehen, woran könnten Sie beobachten, dass es diesen Zauber gab? Was wird dann anders sein? Was genau werden Sie anders machen?"

„Nehmen Sie an, unser Coaching hilft und zeigt Ihnen neue Lösungen auf: Wer außer Ihnen wird die Veränderung als Erster bemerken? Was wird die erste Veränderung sein, an der Ihr Chef das erkennt?"

„Wir haben unser Coaching erfolgreich beendet. Nach einigen Wochen rufen Sie mich an und berichten, inzwischen habe sich vieles verändert. Was für Unterschiede gibt es im Vergleich zu jetzt?"

„Nehmen wir einen Augenblick an, Sie sind zum Geschäftsführer befördert worden. Wodurch genau ist es Ihnen gelungen, andere von Ihren Fähigkeiten zu überzeugen?"

„Angenommen, Sie schreiben gerade Ihre Biografie: Nächstes Kapitel dreht sich vieles zum Guten. Was genau könnten Sie im übernächsten Kapitel schreiben, was sich bereits alles Positives ereignet hat?"

„Ihre Vergangenheit haben Sie bereits geschildert: Jetzt bin ich neugierig, wie ihre Zukunft aussieht, nachdem Sie Ihr Anliegen gelöst haben. Was genau werden Sie dann tun? Was wird anders als früher? Gibt es jetzt schon Momente, in denen Sie das tun?"

Eigene Zauberfrage

```
...................................................
.                                                 .
.                                                 .
.                                                 .
.                                                 .
.                                                 .
.                                                 .
.                                                 .
.                                                 .
...................................................
```

Zirkuläre Sichtweise – zirkuläre Fragen

„Stellen Sie sich vor, wir fragten Ihren Chef, woran er als Erstes bemerkt hat, dass dieser Zauber gewirkt hat, was wird er wohl sagen?"

„Angenommen, Ihr bester Freund säße Ihnen auf diesem Stuhl gegenüber und würde sagen: „Ich bin überzeugt, Du löst dieses Problem. Als Erstes wirst du ... Wie geht der Satz dann weiter?"

„Was genau könnten Sie tun oder lassen, damit Ihr Chef überzeugt wäre, dass es Ihnen wirklich besser geht ...?"

„Ihr Problem ist gelöst: Sie feiern und laden Ihre Freunde ein. Zu Beginn danken Sie mit ein paar Sätzen allen, die Sie zuletzt unterstützt haben, Dinge zu tun, die Sie sonst nicht geschafft hätten. Sie erzählen nun, mit welchen drei Schritten Sie das geschafft haben ..."

„Angenommen, Sie haben gerade die ersten 100 Tage in Ihrer neuen Position hinter sich: Was würden Ihre Mitarbeiter berichten, wodurch Sie in dieser Zeit schon besonders positiv beeindrucken konnten?"

Eigene zirkuläre Frage

Fragen aus der Helikopter-Perspektive

„Stellen Sie sich für einen Moment die Person vor, die Sie künftig sein wollen. Als Ihren persönlichen Berater konnten Sie sich selbst gewinnen: Welchen Rat geben Sie sich als Ihr neuer Berater in der jetzigen Situation?"

„Manchmal hilft es, jemanden Dritten dazu zu nehmen, der wertvolle Hinweise geben kann, weil er einen gesunden Abstand hat: Was wird Ihnen ein solcher Berater wohl sagen, wenn Sie fragen, welche Lösung sich abzeichnet?"

„Oft gehen Menschen rein sachlich an Lösungen heran. Es kann hilfreich sein, auch die emotionale Seite zu Rate zu ziehen. Wenn Sie Ihrer intuitiven Seite Ihre Fragen anvertrauen: Welche Antworten spüren Sie dann?"

Eigene Frage zur Helikopter-Perspektive

Dem Problem eine neue Bedeutung geben

Umdeuten (Reframing) heißt, die eigene Wirklichkeit durch anderes Denken und Beschreiben zu verändern. Reframing bedeutet, dem Erlebten, Gehörten oder Gesagten eine neue beziehungsweise andere Bedeutung zuzuschreiben. Zum Beispiel, an dem Sie ein unerwünschtes Verhalten in einen neuen Rahmen stellen und dadurch neue Perspektiven und Verhaltensweisen ermöglichen.

Vier neue Rahmen

Die gute Absicht dahinter

Das unerwünschte Verhalten wird als Ausdruck
gut gemeinter Absicht gedeutet.

Ein anderer Kontext

Das störende Verhalten erfüllt eine Funktion und
einen Nutzen im betreffenden System.

Erlernt in einem anderen System

Das unerwünschte Verhalten ergibt in der Familiengeschichte
oder der eigenen Biografie einen Sinn.

Das Gute hinterm Schlechten

Im störenden Verhalten stecken Ressourcen,
die im geeigneten Kontext wertvolle Fähigkeiten sind.

Reframing funktioniert mit Augenzwinkern, Humor und spielerischer Distanz zu den Dingen. Es verlangt Empathie sowie die Fähigkeit zum Dissoziieren und Wechseln von Perspektiven. Die trefflichsten Umdeutungen sind diejenigen, die Klienten selbst ins Spiel bringen. Als Coach brauchen Sie diese lediglich aufgreifen, sie verstärken und damit kreativ spielen.

Für Wunder muss man beten, für Veränderungen muss man arbeiten.
THOMAS VON AQUIN

Fünf Schlüsselfragen fürs Umdeuten

❶ Welches konkrete Verhalten, was genau stört und ist unerwünscht? Beschreiben Sie bitte das Verhalten „kontextualisiert", das heißt in der betreffenden Situation und genau beobachtbar, ohne es zu bewerten.

❷ In welcher Situation könnte dieses Verhalten angemessen und passend sein? In welchen Situationen war es schon einmal angebracht beziehungsweise wäre es sinnvoll?

❸ Welche Fähigkeiten zeigen sich darin? Was genau müssen Sie können, um sich genau so zu verhalten? Wo, wann und wie könnten Sie diese Fähigkeiten zweckmäßiger einsetzen?

❹ Was wollen Sie eigentlich durch … erreichen? Welche gute Absicht steht dahinter?

❺ Welche anderen Verhaltensweisen würden diese Absicht ebenso erfüllen? Welche vielleicht sogar besser? Was genau müssten Sie dafür noch lernen?

Weitere Reframing-Fragen

„Inwiefern könnte, was aktuell passiert, genau richtig für Sie sein?"

„Worin könnte gerade hier die Chance liegen?"

„Was können Sie daraus lernen?"

„Was mag gerade jetzt besonderen Sinn ergeben?"

Reframing hat seinen Ursprung in der systemischen Familientherapie von Virginia Satir. Zirkuläre Fragen sind Reframings, denn sie *kontextualisieren* Verhalten und erlauben dadurch neue Perspektiven auf das Verhalten, das Klienten als unerwünscht erleben. Die Provokative Therapie deutet beispielsweise vieles mit Humor neu um.

Lieber Klient, mach's bitte ganz neu und anders!

Ein Mehr vom Gleichen ist selten die Lösung, sondern häufig das Problem. Ihr Klient ist überzeugt, dass er das zur Verfügung stehende Repertoire zur Lösung seines Problems bereits ausgeschöpft hat. Er mag dann nach der Devise handeln: Wenn etwas nicht gleich klappt, muss ich es auf ein und dieselbe Art immer wieder und noch toller probieren. Ihre Intervention zielt deshalb darauf, das Verhalten Ihres Klienten, die Bewertung seines Verhaltens sowie die situationsspezifische Interaktion – im besten Fall alles drei – zu verändern.

Wege entstehen dadurch, dass man sie geht.
FRANZ KAFKA

„Nachdem Sie schon viel unternommen haben, was Sie in ihrer Situation sinnvoll tun konnten, bleibt noch die Möglichkeit, etwas Unvernünftiges zu tun. Was könnte das sein?"

„Wenn man etwas ändern will, und noch nicht klar ist, wo man anfängt, kann es sinnvoll sein, das Ändern an sich zu üben. Worin können Sie Neues üben?"

„Um Raum für Neues zu schaffen, kann man sich von Altem trennen. Auf welches Verhalten können Sie im Alltag verzichten, um Platz für Neues zu machen?"

„Angenommen, Sie gehen bei Ihrem Chef künftig nicht gleich auf Konfrontation. Wie wird sich das auf Ihre Zusammenarbeit auswirken?"

„Wenn Sie sich auf Neues einlassen wollen, hilft es, sich dies schon gedanklich auszumalen. Stellen Sie sich einmal vor, Sie sagen Ihrem Kollegen beim nächsten Mal: Nein, das werde ich nicht tun!"

„In dieser Auseinandersetzung haben Sie bisher sehr geduldig reagiert. Andere hätten längst gesagt: Jetzt reicht's. Sie haben sich das noch offen gelassen. Wann und wie genau werden Sie aktiv?"

„Was mag das auslösen?"

„Einerseits würde ich Ihnen gerne empfehlen, wie folgt vorzugehen, ... Andererseits wäre auch eine Möglichkeit, das zu tun ... Jetzt frage ich Sie: Was für eine Wirkung hat wohl A? Welche B?"

„Unternehmen ist manchmal besser als unterlassen. Wenn Sie das konkret auf ihre Situation beziehen: Welche Folgen hat es, wenn Sie etwas tun? Und welche hat es, wenn Sie nichts tun?"

Sie verhalten sich als Coach ganz neu und anders

Es wird vorkommen, dass Sie als Coach das Gefühl haben, an die Grenzen Ihrer Kompetenz zu stoßen, weil sich bei Klienten (vermeintlich?) nichts oder zu wenig verändert. Vielleicht fühlen Sie sich dann gefordert, Ihr Coachingkonzept, Ihre Interventionen und professionelle Haltung zu überprüfen. Wichtig ist es, sich als Coach immer wieder aus gesunder Distanz selbst zu betrachten. Stellen Sie sich vor, Ihr Klient und Sie als Coach würden schon länger mutmaßen, aber es nicht aussprechen: Wer oder was ist dafür verantwortlich, dass alles so bleibt, wie es ist, und dass sich nichts verändert? Dann hilft, sich zu fragen:

Manche leben mit einer so erstaunlichen Routine: Es fällt schwer, zu glauben, sie leben zum ersten Male.
STANISTAW JERZY LEC

„Gab es in der Zusammenarbeit mit meinem Klienten bereits Phasen, in denen es deutlich besser lief? Was genau war da anders? Mit welchen Fragen und Interventionen hat es besser geklappt?"

„Was habe ich damals anders oder eventuell öfter oder systematischer getan (oder vermieden?) als jetzt?"

„Was könnte ich genauer bedenken oder beachten, worauf ich bisher als Coach nicht oder zu wenig geachtet habe?"

Sollten Sie das Gefühl entwickeln, bei Klienten oder einer Aufgabe mit Ihrem Latein am Ende zu sein, bieten sich Supervision oder kollegiale Beratung an. Unternehmen, die Coachingpools haben, legen ein besonderes Augenmerk darauf, dass ihre Coachs sich regelmäßig supervisieren lassen.

The way to get started is quit talking and begin doing.
WALT DISNEY

Techniken und Tools individuell einsetzen

Spätestens jetzt, nachdem Sie Standardlösungskonzepte und Schlüsselfragen zur Lösungsfindung eingesetzt haben, beginnt das schöpferische und flexible Arbeiten an ganz individuellen Lösungen mit Klienten. Das maßgeschneiderte Arbeiten mit Klienten startet also in die nächste Phase: Es kommt noch mehr auf Ihre Empathie, Kreativität, Flexibilität und Methodenreichtum an.

Die Lösung zur Sache des Klienten machen

Stehen verschiedene Lösungen zur Auswahl oder hat sich Ihr Klient bereits für eine Lösungsidee entschieden, dann ist der nächste Schritt, die volle Identifikation des Klienten mit seiner Lösung zu erreichen. Und zwar so, dass der Klient sich voll identifiziert zu seiner Lösung verpflichtet. Nur durch sein Commitment werden Lösungen verhaltenswirksam und erfolgreich.

Sie als Coach richten die Aufmerksamkeit auf

a) was bringt Ihr Klient an Ressourcen mit, um die Lösung zu realisieren und

b) welche Potenziale die Lösung selbst bietet.

Lösungsvorschläge beinhalten konkrete Handlungsschritte, die beispielsweise in Form von Aufgaben bis zur nächsten Coachingsitzung von Ihrem Klienten zu erledigen sind. Denn die Veränderung findet meist im Lebensalltag Ihres Klienten statt, in einem bestimmten Kontext oder einer bestimmten Beziehung. Aufgaben gehören zum lösungsorientierten Coaching: So konkret und einfach wie möglich, dann ermöglichen sie am ehesten „Quick Wins".

Willst Du die Menschen führen, gehe hinter ihnen.
LAOTSE

Warum Aufgaben?

Aufgaben zwischen den Sitzungen helfen
- » Veränderungen zwischen Sitzungen starten und verstärken.
- » Klienten für Veränderungen in Verantwortung nehmen.
- » Neue Erfahrungen machen, die nächste Sitzung zum Thema werden.
- » Sich neu verhalten und zur Probe handeln.
- » Themen symbolisch aufgreifen, um eventuelle Tabus anzugehen.

Veränderungen passieren häufig zwischen und nur selten in den Coachingsitzungen. Nutzen Sie also die Zeit zwischen Sitzungen für Veränderung und Lernen. Gestalten Sie Aufgaben so, dass sie möglichst Muster im relevanten System von Klienten durchbrechen.

Achten und beobachten

Bitten Sie Klienten, das Auftreten des Problems *und* Ausnahmen davon genau zu beobachten und schriftlich zu dokumentieren. Das ermöglicht neue Klarheit und differenzierte Sicht auf den Problemverlauf, Situationen und Zeiten, die frei davon sind. Dadurch lenken sie die Aufmerksamkeit auf Ressourcen und ermöglichen neue Handlungsmöglichkeiten.

A fool with a tool is still a fool.

„Bitte dokumentieren Sie genau, an welchen Tagen und zu welcher Uhrzeit sich das unerwünschte Verhalten zeigt."

„Schreiben Sie bitte auf, wann, wo und bei wem genau Sie das unerwünschte Verhalten an den Tag legen."

„Bitte beobachten Sie ab heute genau, was im Job, Ihrer Beziehung und Ihrem Leben gut läuft: Dass Sie sich wünschen, dass es so bleibt. Beachten Sie, wie Sie und andere sich Ihnen gegenüber verhalten. Ich bin schon gespannt, was Sie mir berichten werden."

„Wenn Sie etwas verändern möchten, ist auch wichtig, was so bleiben darf, wie es ist. Achten Sie darauf, womit Sie zufrieden sind. Und Sie sich wünschen, dass das so bleibt."

„Manche Klienten erzählen, was Sie unternehmen, damit es nicht schlechter wird. Sie sind schon weiter. Beobachten Sie bitte bis zum nächsten Mal genau, was Sie bereits unternehmen, damit die Situation besser wird. Je mehr Details Sie dabei entdecken, desto besser ..."

Das alte Verhalten ändern oder beibehalten?

Bitten Sie Ihren Klienten, das „alte" störende Verhalten noch bis nächstes Mal beizubehalten – oder eventuell in Stärke, Systematik oder Frequenz zu intensivieren. Gehen Sie wertschätzend mit dem störenden Verhalten um, machen Sie Ihrem Klienten dessen Sinn und Nutzen deutlich. Sich nicht verändern, ist eine völlig legitime Alternative. Bei hoher Veränderungsambivalenz erlaubt dies Klienten, sich Zeit zu lassen oder möglicherweise nichts zu verändern. Es mag sinnvoll sein, als Coach die Rolle des Anwalts der Ambivalenz[8] einzunehmen und Bedenken und Befürchtungen des Klienten vorwegzunehmen und zu thematisieren.

Ist etwas nicht kaputt, dann repariere es nicht.
STEVE DE SHAZER

„Dass Sie trotz einer gewissen Skepsis Ihr Thema so neu anpacken, ist schon ein Zeichen dafür, dass sich etwas Wichtiges neu entwickeln wird."

„Bitte verändern Sie bis zur nächsten Sitzung noch nichts, packen Sie Ihre Ideen und Gedanken inzwischen in Ihre Träume."

„Bitte überlegen Sie in den nächsten 14 Tagen, ab wann Sie das störende Verhalten durch das neue Verhalten ersetzen wollen."

„Bitte gehen Sie die Veränderung noch nicht an. Denken Sie erst mal jeden Tag zehn Minuten darüber nach."

Einladen zu rituellem Verhalten

Riten sind eine besondere Art von Aufgaben. Spezielle Zeiten oder besondere Orte, eine Wartezeit oder das Feiern des Übergangs von alt zu neu können dabei eine Rolle spielen. Sinn und Zweck von Riten für Klienten heißt, die Bedeutung und Kraft der Zeremonie zu nutzen, um sie für neue Sichtweisen und Bedeutungen zu öffnen. Als Coach können Sie nie sicher sein, welche Perspektiven und Bedeutungen Klienten aus rituellem Verhalten ziehen. Nutzen Sie Symbole und Hinweise, die mehrdeutig sind: Klienten leiten daraus selektiv eigene wichtige Bedeutungen ab.

> *„Bitte denken Sie darüber nur abends unter Ihrem Lieblingsbaum im Park nach."*

> *„Denken Sie über Ihr Anliegen bitte nur an ungeraden Tagen nach!"*

> *„Starten Sie die Veränderung erst in einem Monat, also am ..."*

> *„Beschäftigen Sie sich mit Ihrem Anliegen täglich nur dann, wenn Sie nach Hause kommen."*

> *„Sobald Sie das Gefühl haben, Sie haben die Veränderung erfolgreich geschafft, feiern Sie eine Party mit Ihren Freunden."*

Neues üben

Wenn man etwas gut kann, ist es Zeit, etwas Neues zu lernen.

Geben Sie Ihren Klienten Aufgaben, die ihnen helfen, das neue Verhalten einzuüben und zu festigen. Das hilft Klienten, neue Erfahrungen mit ihrem Handeln sowie Interagieren zu machen. Stellen Sie Aufgaben, wie etwa das Gewohnte zu unterlassen oder es in der zeitlicher Abfolge anders zu machen. Oder alternativ neue Verhaltensmuster zu üben und zu festigen. Die Absicht ist, dass Aufgaben überschaubar bleiben und erlauben, zum Beispiel neues Verhalten vor dem Verändern überprüfen zu können. Dafür begrenzen Sie „das Neue" zeitlich zur Probe und vermeiden Reaktanz.

„Probieren Sie das neue Verhalten in den nächsten sieben Tagen aus. Danach bewerten Sie, welche Vorteile und Nutzen das gebracht hat."

„Bitte sagen Sie Ihrem Kollegen in den nächsten zwei Wochen einmal gut begründet Nein! Und zwar dann, wenn Sie das Gefühl haben, seiner Aufforderung nicht nachkommen zu wollen."

„Bitte wenden Sie die Spielregeln in den nächsten vier Wochen mit Ihrem Team an und beurteilen Sie erst dann, welche Vorteile sie gebracht haben."

Aufgeben von Aufgaben

Beobachten lassen	Altes Verhalten beibehalten oder intensivieren	Rituelles Verhalten entwerfen	Neues Verhalten einüben
» Aufschreiben, wann und wo das Problem auftritt. » Ausnahmen beschreiben und festhalten lassen.	» Unerwünschtes Verhalten zunächst beibehalten. » Eventuell auch Frequenz und Intensität steigern.	» Ritualisierte Verhaltensanweisungen entwerfen: fester Ort, feste Zeit.	» Erwünschte Verhaltensweisen üben. » Zunächst nur zeitweise oder in Varianten.
» Sensibilisieren, Kontextbezug verdeutlichen. » Aufmerksamkeit fokussieren. » Handlungsspielraum klarmachen.	» Für Veränderung Zeit geben. » VeränderungsDruck reduzieren. » Status quo kann ökologischer sein.	» Ermöglicht loszulassen. » Besinnen auf Wichtiges im Kontext. » Den Umgang mit Veränderung lernen.	» Hilft neues Verhalten einüben. » Wiederholung ist wichtig. » Neue, erwünschte Verhaltensweisen festigen.

197

Überprüfen der Lösung

Zu diesem Zeitpunkt im Coachingprozess ist es wichtig, Klienten ihre positive Entwicklung, Veränderung und Verbesserung sowie ihre Fähigkeiten, Mittel und Schritte beim Erreichen des Coachingziels klarzumachen. Erkennen Sie diese ausdrücklich an und entwerfen Sie mit Ihren Klienten eventuell weitere Lösungsschritte. Es geht darum, zu identifizieren und zu würdigen, was sich seit Beginn des Coachings schon alles positiv getan hat. Spätestens seit der zweiten Coachingsitzung steht nicht mehr das ehemalige Problem im Mittelpunkt. Interesse, Aufmerksamkeit und volle Konzentration sind jetzt auf Änderung, Besserung, Verbesserung und Erreichtes gerichtet.

> *„Was haben Sie seit unserem allerersten Gespräch besser hingekriegt?"*

> *„Was hat Sie auf diese gute Idee gebracht?" „Wie genau haben Sie das geschafft?"*

> *„Was hat sich seither noch positiv entwickelt?"*

> *„Was von dem ist für Sie am wichtigsten?"*

> *„Welche Fähigkeiten waren dabei von ganz besonderem Nutzen?"*

Jeder Pfad hat seine Pfütze.
ENGLISCHES SPRICHWORT

Fragen Sie, was an Positivem zu beobachten war und ist. Beachten Sie, dass Sie jede noch so kleine positive Veränderung neugierig wahrnehmen, anerkennend kommentieren und würdigen. Bestätigen und stärken Sie Ihren Klienten in seiner Änderungs- und Lösungskompetenz. Identifizieren Sie mit Ihren Klienten diejenigen Fähigkeiten und Kompetenzen, die es ihnen möglich machen, erfolgreich ihre Coachingziele zu realisieren. Wenn Sie mit Ihrem Klienten jetzt seine positiven Veränderungen reflektieren, ist das Ziel auch, seine positive Selbstwahrnehmung und seine Überzeugung in die eigene Selbstwirksamkeit zu festigen.

Die Lösung sichern

Coaching arbeitet mit Erfolgsprämissen wie Freiwilligkeit, gegenseitigem Vertrauen, Lösungs-, Stärken- und Zielorientierung und einer durch das Ziel definierten Arbeitsbeziehung auf Zeit. Haben Klienten ihr Ziel erreicht, geht das Coaching zu Ende. Ist Ihr Job als Coach getan, dann machen Sie sich zügig entbehrlich. Ihr Klient hat sein Ziel erreicht und kommt jetzt mit seinem ursprünglichen Coachinganliegen neu und erfolgreich alleine klar. Sind Coachingziel und die gewünschte Veränderung erreicht, nimmt jedes „zu viel" oder „zu lange" von Ihnen als Coach Klienten mit ihrer Selbstverantwortung nicht ernst. Es ist kontraproduktiv und stellt Erreichtes infrage. Ist etwas erfolgreich repariert worden, können Sie es gut sein lassen. Die Lösung sichern zielt vor allem auf zwei Aspekte:

Mastery is not a goal, it's a journey.

Der Klient
1. soll sich bewusst sein, das Ziel wurde erreicht, es hat sich tatsächlich was verändert;
2. soll sich ferner bewusst sein, dass er es ist, der mit seinen Fähigkeiten die Veränderung erfolgreich bewerkstelligt hat.

Gehen Klienten aus dem Coaching voller Einsicht und Überzeugung, dass sie es sind, die künftig ihre Herausforderungen im Leben meistern, dann haben Sie zusätzlichen Mehrwert für Ihre Klienten erzielt: dass Sie wieder stärker an ihre Selbstwirksamkeit und generelle Lösungskompetenz glauben.
Vereinbaren Sie doch mit Klienten ein Telefonat oder ein kurzes Gespräch in einem halben Jahr. Meine Erfahrung zeigt, dass solche Vereinbarungen zu einer zusätzlichen Erfolgskontrolle, die Verbindlichkeit und Nachhaltigkeit von Veränderungen weiter verbessern. Ihr Klient spürt, dass Sie sich dafür interessieren, wie es bei ihm positiv weitergeht. Das verpflichtet ihn zusätzlich, den eingeschlagenen Weg erfolgreich weiterzugehen.

Klientensystem beachten

Den Übergang zum systemischen Denken beschreiben viele als Paradigmenwechsel. Als Paradigmenwechsel gilt ein radikaler Wechsel in einer
wissenschaftlichen Disziplin. Als Paradigma[9] gilt die Summe von Annahmen über die Welt. Die Erde ist eine Scheibe oder ist der Mittelpunkt des
Universums, das waren die Paradigmen im Mittelalter. Galileo Galilei,
Naturwissenschaftler und Fernrohre konnten beweisen, dass diese Welt-
bilder unhaltbar sind. Systemisches Denken stellt eine ähnlich große Veränderung für unser Welt- und Menschenbild dar. Denn unser westliches
Denken wurde durch vieles geprägt. Drei Dinge nehmen noch immer
großen Einfluss auf unser Denken:

Die Natur einer Beziehung bedingen die Interpunktionen der Kommunikations- abläufe seitens der Partner.

PAUL WATZLAWICK

- Gibt es nur einen Gott?
- Entweder – oder?
- Funktioniert unsere Welt auf Knopfdruck?

Gibt es nur einen Gott?
An nur einen Gott zu glauben, bedeutet zugleich, ein einziger Gott ver-
eint das in sich, was früher auf viele Götter[10] verteilt war. Dieser Schöpfer
der Welt trägt das ganze Wissen und Wahrheitsmonopol für unsere Welt
in sich. Dieser eine Gott personifiziert die ultimative Wahrheit. Die Idee
einer einzigen, letzten Wahrheit hat radikale Konsequenzen für unser
Denken. Denn das Gegenteil von Wahrheit muss im Umkehrschluss Un-
wahrheit, Unwissenheit oder Dummheit sein! Vor diesem Hintergrund
braucht sich keiner wundern, dass in unserem Kulturkreis viele Gespräche
stereotyp so ablaufen, dass versucht wird, den anderen von seiner einzigen Wahrheit zu überzeugen.

Entweder – oder?
Aristoteles schuf die Logik der Lehre vom richtigen Denken. Er gab vor,
wie man zu denken hat, um richtige Schlüsse zu ziehen. Es geht um
formale Richtigkeit, die richtige Abfolge von Denkschritten, die Schlüs-
sigkeit von Ableitungen, Klassifizierungen und Denkfiguren, nicht um

inhaltliche Richtigkeit. Die Idee dieser Widerspruchsfreiheit, ENTWEDER – ODER, prägt unser Denken. Richtiges Denken hat widerspruchsfrei zu sein. Ist eine Aussage richtig, kann ihr Gegenteil nicht gleichzeitig auch richtig sein. Wir wissen, dass unser Leben nicht völlig frei von Widersprüchen ist. Und doch hat sich in unseren Köpfen zementiert, Widersprüche und fehlende Logik sind das Allerletzte und nicht tolerabel.

Funktioniert unsere Welt auf Knopfdruck?

Die technische Entwicklung und der Bau technischer Maschinen bringen ein neues Weltbild. Die ganze Welt ist so etwas wie eine technische Maschine: Jeder kann sie beherrschen, der die Logik versteht, wie sie funktioniert. Ursache und Wirkung beschreiben die Logik vom Funktionieren von Maschinen. Hier schnell mal auf den Knopf gedrückt, sie bewegen sich und funktionieren wie gewünscht. Dieses WENN – DANN, die Logik einfacher Kausalität fasziniert viele Menschen. Wäre es nicht toll, wenn die Welt und die Menschen sich wie technische Maschinen verhielten? Nur ein Knopfdruck, und ich kriege genau das, was ich will.

Wer systemisch denkt, erklärt die Welt systemtheoretisch. Systeme (vom griechischen *syn*, das bedeutet zusammen und *histanai*, das steht für legen, setzen, stellen) werden durch das Zusammenspiel einer Vielzahl von Elementen gebildet. Systemisch geht zurück auf die Systemtheorie und den Konstruktivismus. Die Ersten, die den Anspruch hatten, systemisch vorzugehen, waren Psychiater und Psychotherapeuten. Statt mit einzelnen Patienten arbeiteten sie mit ganzen Familien – wie beispielsweise Virginia Satir, die Mutter der systemischen Familientherapie.

Systemisch denken, heißt system-theoretisch erklären.

Was hat ein Kaufhaus mit Systemtheorie, Kybernetik und Konstruktivismus zu tun?

Macy's Inc. ist der größte amerikanische Warenhauskonzern mit Sitz in Cincinnati, Ohio. Das erste Macy's Haus am Herald Square in New York reklamiert für sich, das größte Warenhaus der Welt zu sein. Der Gründer von Macy's ist 1858 der ehemalige Walfänger Rowland Macy. Als Firmen-

logo entschied Macy sich für den roten Stern, den er sich während seiner Zeit als Seefahrer tätowieren ließ. Die Macy-Stiftung lud von 1946 bis 1953 die Elite der Wissenschaft ein, um Theorie und Praxis der „Circular Causal and Feedback Mechanisms in Biological and Social Systems", kurz Systemtheorie, Konstruktivismus und Kybernetik, zu diskutieren. Ingenieure, Mathematiker, Neurophysiologen, Philosophen, Psychologen, Soziologen, Ingenieure und andere diskutierten die Interaktionspotenziale zwischen biologischen, maschinellen und menschlichen Systemen und wie diese sich steuern, regeln und kontrollieren lassen. Bekannte Experten wie Gregory Bateson, Heinz von Foerster, Margaret Mead und Norbert Wiener waren mit dabei. Durch die Macykonferenzen gewannen Systemtheorie, Kybernetik und Konstruktivismus weltweit an Bedeutung. Seitdem werden systemtheoretische Ansätze auch auf andere als Patient-Therapeuten-Systeme übertragen, wie etwa Unternehmen, Kliniken und Schulen. Systemtheoretische Modelle bieten aufgrund ihrer Abstraktion die Möglichkeit, sie auf unterschiedlichste Bereiche anzuwenden: Auf triviale wie technische Maschinen genauso wie auf nicht-triviale Systeme wie soziale Systeme. Soziale Systeme bestehen aus Menschen, aus zwischenmenschlichen Beziehungen und aus Kommunikation. Für soziale Systeme gilt, „was nicht in die Kommunikation kommt, existiert sozial nicht"[11].

Wodurch unterscheidet sich nun systemisches Denken von unserem westlichem Denken á la Aristoteles und einer einzigen Wahrheit? Systemisches Denken verwendet Erklärungen aus der Systemtheorie. An die Stelle einfacher linearer Erklärungen wie WENN-DANN-Zusammenhänge monokausaler Art treten zirkuläre Erklärungen über Ursache-Wirkungs-Zusammenhänge. Bei systemtheoretischer Betrachtung stellt sich häufig die Herausforderung, was Henne und was Ei ist. beziehungsweise umgekehrt und wo „Interpunktionen" gesetzt werden.

Welche Systeme Klienten ins Coaching mitbringen, zeigt eine Auswahl möglicher Klientensysteme.

Klientensysteme im Coaching

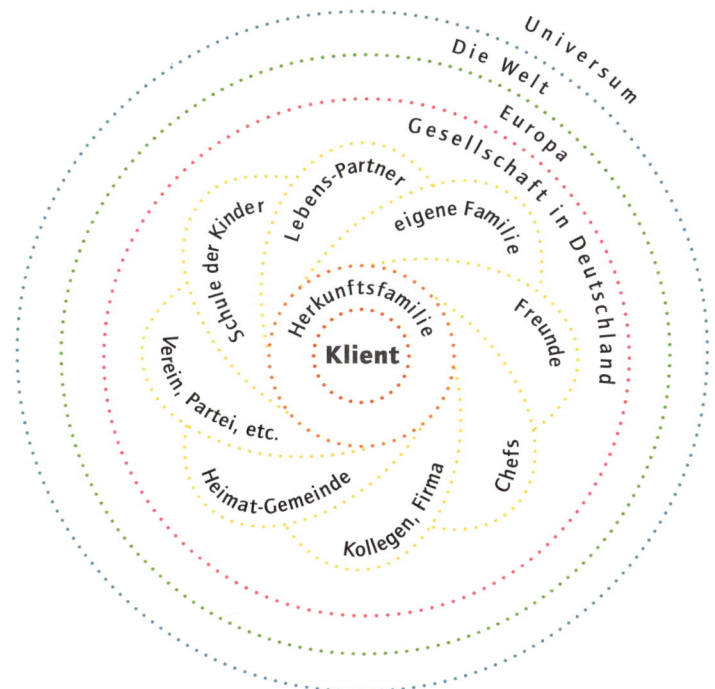

Wenn aus systemtheoretischen Erklärungen in Coaching und Therapie neue und vielleicht auch überraschende Schlussfolgerungen für Verhalten und Handeln gezogen werden, nennen das viele „Systemisches Coaching" oder „Systemische Therapie". Wie Fritz B. Simon anmerkt, ist die Zuschreibung einer Eigenschaft wie „systemisch" zu Handlungen problematisch. Handlungen und Verhaltensweisen sind so wenig „systemisch" wie sie „sozialdemokratisch", „grün", „katholisch" oder „evangelisch" sind. Anhand welcher Entscheidungskriterien sollte man Handlungen oder Verhaltensweisen solche Eigenschaften zuschreiben? Anders verhält es sich, wenn man Handlungen erklärt oder begründet. Sie sind dann systemisch, weil sie systemtheoretisch erklärt werden. Fritz Simon hat zehn Gebote des systemischen Denkens formuliert. Sieben davon, die meines Erachtens fürs Coaching besonders wichtigen, habe ich ausgewählt und modifiziert.

Sieben Regeln für systemisches Denken im Coaching

» Alles, was gesagt wird, ist subjektiv, da es ein Beobachter sagt. Die Wahrnehmung des Beobachters folgt seinen Emotionen, Erfahrungen und subjektiven Interessen.

» Die Landkarte ist nicht die Landschaft! Was über ein Ding gesagt wird, ist etwas anderes als das Ding selbst.

» Unterscheiden Sie die drei Ebenen, mit denen wir die Wirklichkeit konstruieren: Beschreiben, Erklären und Bewerten. Zwischen ihnen gibt es Wechselwirkungen. Ändert sich eines, verändern sich auch die beiden anderen.

» Der Status quo bedarf der Erklärung: Erscheint ein soziales System konstant und dauerhaft, dann ist das Ergebnis einer Dynamik, die dafür sorgt, dass sich nichts verändert.

» Soziale Systeme sind Kommunikationssysteme. Was sie aufrechterhält, ist die Kontinuität der Kommunikation. Ohne Kommunikation endet jedes soziale System.

» Sich wiederholende Muster sind wichtig. Alles, was nur einmal passiert, ist eher unbedeutend.

» Denken und Handeln Sie nach dem Motto SOWOHL-ALS AUCH statt ENTWEDER-ODER. Paradoxien und Ambivalenzen sind nicht nur völlig normal, sie sind auch zu erwarten.

Auswahl aus Fritz Simon: Zehn Gebote des systemischen Denkens, modifiziert

Die Kunst, sich selbst zu führen

Was braucht ein erfolgreicher Coach? Welche Stärken lassen sich bei ihm beobachten, wenn er erfolgreich unterwegs ist? „Kompetenz[12]" wird als Befähigung definiert, eine komplexe Tätigkeit auszuführen, eine vertrackte Aufgabe zu bewältigen oder ein anspruchsvolles Bedürfnis zu erfüllen. Kompetenzen kann aktivieren, wer seine Ressourcen verknüpft und mobilisiert. Kompetenzen brauchen nicht unbedingt bewusst sein, um sie aktivieren zu können. Kompetenz ist oft mehr als die Summe der *Ressourcen*, die dafür aktiviert und gebraucht werden.

Jeder Mensch sei König in seinem Gewerbe.
AUS DEM ARABISCHEN

Ressourcen im Vergleich zu Kompetenzen sind Temperament, Begabungen, kulturspezifische Erfahrungen, Interessen, Motive, implizites und explizites Wissen, Faktenwissen und lexikalisches Wissen, Fertigkeiten oder Erfahrungen in ähnlichen Situationen. Physische Ressourcen wiederum sind Kraft, Schnelligkeit oder Geschicklichkeit. Daneben gibt es die personalen sowie sozialen Ressourcen und den Zugang zu Wissen und Erfahrung. Im Vergleich mit Kompetenzen bedeuten *Qualifikationen* überprüfbares Wissen, Kenntnisse und Fertigkeiten.

Habe Mut, dich deines eigenen Verstandes zu bedienen.
IMMANUEL KANT

„Beim Führen kommt es vor allem darauf an, eine Person zu führen – sich selbst." Peter Drucker

Kompetenzen erkennen Sie nicht unbedingt an einzelnen Ressourcen, sondern oft am Ergebnis, etwa einer erfolgreichen Problemlösung. Psychologen verstehen Kompetenz als integriertes Gesamtes kognitiver, emotionaler, sozialer und physischer Fähigkeiten sowie Fertigkeiten in Bezug auf bestimmte Anforderungen, wie beispielsweise die Selbstkompetenz. Andererseits wird Kompetenz auch als Überbegriff für verschiedenste Kompetenzen verwendet. Die Fachliteratur nutzt Kompetenz als Eignung und Befähigung. Üblich bei Personalthemen in Unternehmen ist beispielsweise die Vier-Felder-Aufteilung in persönliche, soziale, methodische und fachliche Kompetenzen, im Rahmen der Personalauswahl. Oder bei dem folgenden Coachingkompetenzmodell in fünf Feldern.

Competence: Motive to do things well.
CHRISTOPHER PETERSON

Beispiel Fünf-Felder-Coachingkompetenzen

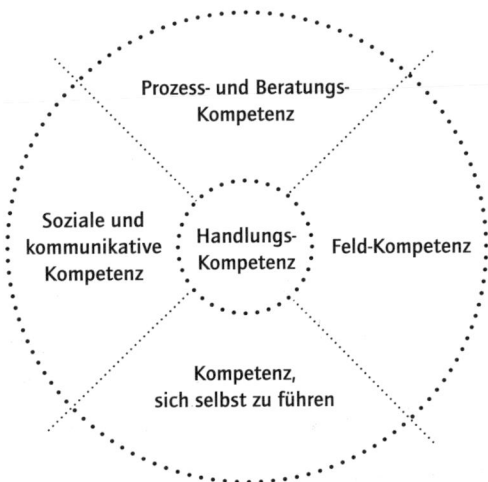

Kompetenzen beschreiben Eigenschaften, die helfen, lebensweltliche Anforderungen zu bewältigen. In der einschlägigen Fachliteratur findet man weit mehr als 75 unterschiedliche Einzelkompetenzen für den Coach. Diese Fülle ist fast schon beliebig. Folgende weitere Eigenschaften zeichnen in meinen Augen den exzellenten Coach aus:

Positiver Selbstwert

Virginia Satir ist die Erste, die sich konsequent mit Selbstwert auseinandergesetzt hat. Ihr „Peoplemaking" will Eltern befähigen, ihre Kinder und sich selbst als Menschen so reifen zu lassen, dass sich positiver Selbstwert entwickeln kann. Nur ein positiver Selbstwert lässt uns andere und uns selbst achten und lieben. Mit positivem Selbstwert gelingt es, eigene Gefühle und Bedürfnisse bewusst wahrzunehmen, mit eigenen Kräften und Fähigkeiten kreativ und flexibel umzugehen. Verfügen Sie als Coach über positiven Selbstwert, brauchen Sie sich nicht jeden Schuh von Klienten anziehen und gegebenenfalls noch aufzublasen.

Psychologen beschreiben Selbstwert[13] als eine der drei Komponenten des Selbst:

Nobody can make you feel inferior without your permission.

ELEANOR ROOSEVELT

- **Selbstkonzept** als *kognitive* Komponente: das Bild, das wir intellektuell von uns haben.
- **Selbstwert** als *emotionale* Komponente: wie wir unseren eigenen Wert beurteilen und welche Gefühle wir dabei haben.
- **Selbstwirksamkeit** als *handlungsbezogene* Komponente: wir erwarten, selbstwirksam zu sein und uns selbst inszenieren zu können.

Wer keinen Erfolg in der Welt hat, der rächt sich, indem er schlecht von ihr spricht.

Als Coach brauchen Sie alle drei Komponenten von Selbstwert, sonst stehen Sie sich bei Wahrnehmung und Kommunikation im Coaching selbst im Weg. Selbstwert resultiert aus dem Abgleich eigener Fähigkeiten mit den Anforderungen, die einem das Leben präsentiert.

Selbstwert ist der Wert, den wir uns selbst geben: dem eigenen Charakter, den eigenen Fähigkeiten, Erinnerungen, Gefühlen und Empfindungen.

Selbstvertrauen zeigt derjenige, der schon vorher daran glaubt, eine herausfordernde Situation erfolgreich gestalten zu können – und das auch hinkriegt. Wer hingegen seine Leistung über- oder unterschätzt, zeigt kein angemessenes Selbstvertrauen. Selbstwirksam sein heißt, zu glauben, gezielt Einfluss auf Menschen, Situationen und Interaktionen nehmen zu können und das dann auch tatsächlich wahrzumachen. Denn man könnte auch äußere Umstände, andere oder den Zufall verantwortlich machen. Wer überzeugt ist, kompetent zu sein, zeigt größere Ausdauer beim Bewältigen von Aufgaben und hat schon dadurch mehr Erfolg. Die Erwartung, selbstwirksam zu sein, und daraufhin Ergebnisse zu erzielen, wirkt zirkulär: Wer viel von sich erwartet und hohe Ansprüche hat, verlangt auch ambitioniert neue Herausforderungen. Die erzielten Ergebnisse wiederum steigern die Erwartung an die eigene Selbstwirksamkeit. Positiver Selbstwert beeinflusst unser Leben nachhaltig. Selbstwert ist das Ergebnis meiner Erfahrungen und des Zutrauens in mich selbst. Mein Selbstwert bestimmt, ob und wie ich mich dem Leben mit seinen Herausforderungen gewachsen fühle. Dem eigenen Denken und Fühlen zu trau-

— DEUTSCHLAND —
WAS FRAUEN
AN MÄNNERN SEXY
FINDEN

73 %
Selbstbewusstes
Auftreten

WAS MÄNNER
AN FRAUEN SEXY
FINDEN

63 %
Selbstbewusstes
Auftreten

Beherrsche die Sache, dann folgen die Worte.

CATO, DER ÄLTERE

en und spüren, wertvoll zu sein, glücklich sein zu dürfen, kennzeichnet positiven Selbstwert. Diese Überzeugung treibt uns an.

Selbstwert beeinflusst Handeln ganz entscheidend und verstärkt sich wiederum durch Handeln. Wie stark mein Selbstwert ist, beeinflusst maßgeblich, wie erfolgreich ich handle. Habe ich Erfolg, steigert das abermals meinen Selbstwert. Ein gesunder Selbstwert hilft auch, besser mit Widerständen und Zurückweisungen klarzukommen. Er hält einen länger „bei der Stange". Wer öfter durchhält und durchzieht, wird schon deshalb häufiger erfolgreich sein. Und ist der Selbstwert nicht gestorben, lebt er morgen noch gesund und munter ...

Auf andere wirken

Achte ich mich, darf ich auch von anderen verlangen, dass sie mich wertschätzend behandeln. Wenn andere mich wertschätzen, wird mein Selbstvertrauen weiter gestärkt. Positiver Selbstwert bewirkt, dass ich mich besser fühle. Ich nutze so meine Chancen konsequenter, lebe besser und zufriedener. Positiver Selbstwert wirkt sich in allen Lebensbereichen und Beziehungen aus. Selbstwert bestimmt, wie ich mit meinem Lebenspartner, meinen Kindern, Freunden, meinem Chef, mit Mitarbeitern, Klienten, Kollegen und ganz generell mit Menschen zurechtkomme.

Zu viel des Guten?

Gibt es zu hohen oder vielleicht zu viel Selbstwert? Nein! Sie können auch nicht zu gesund sein oder ein zu starkes Immunsystem haben. Positiven Selbstwert verwechseln manche mit Angeberei und Arroganz. Überheblichkeit und Angeberei zeugen nicht von zu viel, sondern von zu wenig Selbstwert. Menschen mit positivem Selbstwert haben es nicht nötig, sich anderen gegenüber süffisant und überlegen in Szene setzen zu müssen. Wer stabil ist, wer gelassen in sich ruht, der muss andere nicht kleiner machen, um sich selbst größer zu fühlen.

Selbstvertrauen ist die Quelle des Vertrauens zu anderen.

FRANÇOIS DE LA ROCHEFOUCAULD

*„Mische ein bisschen Torheit in dein ernsthaftes Tun
und Trachten! Albernheiten im rechten Moment sind
etwas ganz Köstliches." Horaz*

Leute mit schwachem Selbstwert fühlen sich oft unwohl im Beisein von Menschen mit starkem Selbstwert. Schnell reagieren sie gereizt und überfordert. Der Erfolgreiche wird zur Zielscheibe derjenigen, die sich als Opfer fühlen. Die empfinden Neid und Missgunst gegenüber denen, deren Selbstwert strahlt. Menschen mit dürftigem Selbstwert erleben das als „zu viel" und bezeichnen so ein Auftreten arrogant und wichtigtuerisch. Positiver Selbstwert hat mit Eigenschaften zu tun, die Leistung, Entwicklungsmöglichkeiten und Wohlbefinden beeinflussen. Positiver Selbstwert basiert auf Intellekt und Intuition, auf Freiheit und Flexibilität. Sowie darauf, Veränderungen anzupacken, Fehler zugeben und korrigieren zu können und zu guter Letzt dem Willen zur Zusammenarbeit. Selbstwert motiviert, sucht sich sinnvolle und ambitionierte Ziele. Selbstwert kommt gut mit Ansprüchen und Herausforderungen klar, die man ihm setzt. Wenn er mal strauchelt, kommt er schnell wieder auf die Beine. Selbstwert und gesunder Ehrgeiz gehen Hand in Hand. Beruflich, finanziell, emotional, verstandesmäßig und spirituell, in allem, was wir uns vom Leben erhoffen. Positiver Selbstwert lässt flexibel, offen und wertschätzend kommunizieren. Selbstwert schätzt Klarheit, er mag Umwege und das Drumherum nicht. Menschen mit gesundem Selbstwert fällt es leicht, sich auf andere einzulassen.

*Nehmen Se
de Menschen, wie
se sind. Andere
jibt et nich.*
KONRAD ADENAUER

Gleich zu Gleich? Gerne!

Gegensätze ziehen sich sprichwörtlich an. Beim Selbstwert ist das nicht so. Wir schätzen die Gegenwart von Leuten, deren Selbstwert gleich entwickelt ist. Menschen mit positivem Selbstwert ziehen Menschen an, die ähnlich sind, und fühlen sich auch zu denen hingezogen. Ist ihr Selbstwert intakt, behandeln sie andere mit Respekt, gutem Willen und Wertschätzung. Selbstachtung ist die Grundlage dafür, dass uns andere achten können. Ein positiver Selbstwert erlebt andere nicht als Bedrohung

*People experience,
what they expect to
experience.*

oder Konkurrenz. Gutes Gefühl für den eigenen Wert ist meist verknüpft mit Freundlichkeit, Großzügigkeit, Kooperations- und Hilfsbereitschaft. Positiver Selbstwert ist der beste Indikator für persönliches Wohlbefinden. Positives Denken und ein gesundes Immunsystem hängen zusammen. Gute Gefühle aktivieren den linken Teil des präfrontalen Kortex, der mit guter Immunabwehr zu tun hat. Ist der Selbstwert mickrig, führt das dazu, unglücklich zu sein. Negative Gefühle aktivieren den rechten präfrontalen Kortex, der mit schlechter Immunabwehr verknüpft ist.

Prophezeiungen erfüllen sich

Selbstwert produziert meine Erwartungen, also was ich für möglich und machbar halte. Woran ich glaube und wie optimistisch ich die Zukunft sehe, das beeinflusst meine Motivation ganz maßgeblich. Was ich lerne und erreichen will, hängt stark davon ab, was ich selbst für möglich halte. Ein armseliger Selbstwert setzt dem Ehrgeiz enge Grenzen. Selbstwert verlangt Selbstachtung. Wirksam und erfolgreich sein heißt, eigene Ziele und gewünschte Ergebnisse zu realisieren. Vertrauen in eigene Wirksamkeit heißt, Vertrauen zu haben, auch das lernen zu können, was dafür nötig ist und das zu tun, was getan werden will, um gesteckte Ziele zu erreichen.

Auch die Bretter, die man vor dem Kopf hat, können die Welt bedeuten.
WERNER FINCK

So erkennen Sie positiven Selbstwert

» Wie unbefangen und offen jemand über seine Stärken und Schwächen spricht.
» Wie selbstverständlich jemand Komplimente macht und akzeptiert.
» Wie er Zuneigung, Respekt und Wertschätzung äußern kann.
» Wie jemand etwas sagt, wie stimmig er dabei aussieht, klingt und sich bewegt.
» Wie aufgeschlossen jemand neuen Ideen und Chancen gegenüber ist.
» Wie flexibel jemand auf Situationen, Herausforderungen und Probleme reagiert.
» Wie fröhlich jemand das Positive des Lebens und bei anderen genießen kann.
» Wie natürlich bejahend und bewusst er sich gegenüber anderen verhält.
» Wie jemand auch unter Stress seine und die Würde der anderen bewahrt.

Demut

Für aufkommende Allmachtsphantasien ist Demut ein probates Prophylaktikum. Der Demütige akzeptiert aus freien Stücken, dass es etwas für ihn Unerreichbares und Höheres gibt. Demut ist unsere innere Einstellung zu anderen Menschen. Peterson und Seligman[14] beschreiben Demut und Bescheidenheit als Aspekte der Tugend „Mäßigung".

Demut heißt, sich und seine Position in der Welt
angemessen einschätzen.

Sprachlich hergeleitet

Demut ist die „Gesinnung eines Dienenden". Demut in der Psychologie findet sich etwa bei Erich Fromm[15]: „Demut als Vernunft und Objektivität entsprechende emotionale Haltung, die Voraussetzung ist, negativen Narzissmus überwinden zu können." Krasses Gegenteil von Demut sind Hybris, Übermut und Anmaßung. Hybris ist das Selbstüberhebliche, das in der Antike der Zorn der Götter rächt. Hybris löst in griechischen Tragödien den Fall des Helden aus. Bekanntes Beispiel dafür ist der Mythos von Narziss. Narziss, der schöne Sohn des Flussgotts Kephisos, wird von hübschen Jünglingen und Jungfrauen umworben. Das macht ihn überheblich; er weist die Liebe der Nymphe Echo zurück. Dafür bestraft ihn Nemesis, die Göttin des gerechten Zorns. Durch Nemesis' göttliche Fügung fällt ein Blatt ins Wasser, trübt es und verzerrt das Spiegelbild von Narziss. Worauf der sich einbildet, hässlich zu sein und sich umbringt. Sein toter Körper wird zur Narzisse. Narzisstische Persönlichkeiten neigen dazu, andere abzuwerten. Der Demütige verhält sich so nicht.

Zwischen Hochmut und Demut steht ein Drittes, dem das Leben gehört, und das ist der Mut.
THEODOR FONTANE

Wer andere klein macht, muss sich selbst größer machen.

Dem mutigen Coach gehört die Welt

„Am Mut hängt der Erfolg", schreibt Theodor Fontane[16]. Mut ist das Vertrauen in eigene Kräfte und Stärken. Also das, was auch Coaching will: Hoffnung vermitteln, Glauben und Mut machen. Wer Mut hat, hat

Hoffnung. Peterson und Seligman beschreiben Mut als eine von sechs Grundtugenden. Mut als emotionale Stärke, die mit starkem Willen innere und äußere Hindernisse beim Erreichen von Zielen überwindet. Mut definiert die Values-in-Action-Classification mit vier Charakterstärken:

Tapferkeit, Ausdauer, Ehrlichkeit und Tatendrang.

Mut ist essentiell für Coachs. Wer Mut und Zutrauen hat, steckt andere damit an. Wer mutig ist, braucht kein Opportunist zu sein. Wer Mut hat, lässt sich nicht instrumentalisieren. Kurzum, wer Mut und Zutrauen vorlebt, ist ein gutes Rollenmodell für andere.

Lachend und lachen machend

Humor ist die Fähigkeit, selbst lachen und Lachen bei anderen auslösen zu können. Wer nur auf das Ergebnis von Humor guckt, wird sagen, Humor ist alles, was Lachen hervorbringt: das Lachen über sich selbst, das Lachen über Amüsantes in Situationen und bei anderen Menschen. Lachen ist die positive Reaktion auf eine bisweilen lächerlich ernste Welt. Lachen ist eine der ältesten Fähigkeiten des Menschen. Kaum fängt einer an, machen alle mit, in Castrop-Rauxel genauso wie in Caracas oder Castel san Golfo. Humor hat, wer „trotzdem" lacht. „Trotzdem" verbindet Schwächen und Stärken auf saukomische Weise. Das Lachen im Zustand des Scheiterns richtet sich nicht gegen andere. Es vermittelt einem selbst die Hoffnung, Krisen meistern zu können. Auslöser für diese Form humorvollen Lachens kann ein Fehler sein, der einem bisher nicht oder bereits häufig unterlaufen ist. Lachen beweist, sich schwierigen Situationen und Aufgaben, zumindest nicht ohne augenzwinkernden Protest, ausliefern zu wollen.

Schmunzeln über eigene Unzulänglichkeiten bringt neue Hoffnung und frische Perspektiven. Humorvoll machen wir uns dümmer als wir sind. Und zeigen uns dadurch stärker, denn so schnell macht uns nichts bange. Mit Selbstironie kompensieren wir einen Mangel an eigener Größe, indem wir Ironie und Humor zusammenbringen. Sich lachend trösten und ermuntern beschreibt auch Freud in einem kleinen Aufsatz[17]. Humor ist, wenn wir einen nicht angemessenen Standpunkt, eine ungewohnte Perspektive einnehmen und gegen alle Erwartungen schwächlich und scheiternd handeln. Das Nichtkonforme wird belacht, das Unangenehme als Gewinn umarmt. Das gibt häufig eine neue, sinnwidrige Bedeutung. Lachen und Menschsein gehören zusammen, Lachen hat verbindende Funktion, es bringt Menschen zusammen und löst manche knifflige, vermeintlich ausweglose Situation. Lachen stärkt nicht nur unser Immunsystem, Lachen immunisiert auch gegen Trübsal und Problemduselei. Wer lacht, lebt gesünder. Lachen tut gut und steigert zudem unsere Kreativität. Über sich lachen und andere schmunzeln zu können, zeichnet auch den professionellen Coach aus. Lächelnd und augenzwinkernd wirft er einen neuen Blick auf Probleme und vermeintliche Sackgassen von Klienten. Das bringt ihn und seine Klienten in positive Energie und optimistische Perspektiven. Das wiederum macht neue Ideen und Lösungen möglich. Drei Aspekte unterscheiden Optimisten von Pessimisten:

- **Dauer:** Pessimisten halten Gründe für unangenehme Ereignisse für dauerhaft und bleibend, Optimisten dagegen nur für zeitweilig und vorübergehend.
- **Gültigkeit:** Pessimisten übertragen Fehlschläge in einem Bereich ins Allgemeine. Optimisten sehen bei Fehlschlägen in einem Bereich andere Lebensbereiche nicht beeinflusst.
- **Personalisierung:** Pessimisten geben sich die Schuld für Fehlschläge und unangenehme Ereignisse. Sie haben ein eher schwaches Selbstwertgefühl.

Optimisten suchen Gründe für Fehl- oder Rückschläge eher bei anderen oder den Umständen, denn sie haben einen starken, positiven Selbstwert. Positive Psychologen sagen, eine optimistische Lebenseinstellung sei erlernbar. Gute Gefühle haben messbaren Erholungseffekt. Barbara Frederickson von der University of North Carolina zeigt in einer Studie: Bei Probanden mit hohem Lampenfieber werden nach einem öffentlichen Auftritt gezielt positive beziehungsweise negative Emotionen er-

Der Humor hat nicht nur etwas Befreiendes wie der Witz und die Komik, sondern auch etwas Großartiges und Erhebendes. Das Großartige liegt offenbar in der siegreich behaupteten Unverletzlichkeit des Ichs.
SIGMUND FREUD

Es gibt keinen Weg zum Glücklich sein. Glücklich sein ist der Weg.
BUDDHA

213

zeugt. Denen mit guten Gefühlen geht es sofort besser: Puls und Blutdruck sinken schnell auf die Normalwerte zurück, Venen und Arterien erweitern sich rasch wieder, nachdem sie sich durch Stress zusammengezogen hatten. „Positivität funktioniert wie eine Rückstelltaste in den Originalzustand", so Frederickson. Wissenschaftler der Carnegie Mellon University finden heraus: Sie isolieren eine Gruppe von Probanden auf einer Hoteletage in Pennsylvania und infizieren Freiwillige mit einem Grippevirus. Optimistische Probanden erkranken nicht nur später, sondern auch seltener und weniger intensiv.

Glückliche Menschen leben aufgrund ihres stärkeren Immunsystems und Herzkreislaufs im Schnitt fünf Jahre länger. Wissenschaftler der Mayo-Klinik weisen in einer Langzeitstudie nach, dass Optimisten im Schnitt und im Vergleich mit Pessimisten 19 Prozent länger leben als die prognostizierte Lebenserwartung[18]. Glückliche Menschen verdienen im Leben ein Drittel mehr als Miesepeter. Eine Längsschnittstudie über 14 Jahre liefert das Ergebnis: Wer auf seine Stärken setzt statt ständig an seinen Schwachstellen herumzudoktern, lebt beruflich und privat ein glücklicheres und gesünderes Leben. Das sind alles auch gute Argumente für eine Stärken- und Lösungsorientierung im Coaching. Hirnforschung und magnetresonanztomografische Studien zeigen: Zusätzlich zu den drei Gehirnregionen, die autobiografisches Wissen speichern, sind auch die Amygdala und das Cingulum aktiv. Bei Depressionen vermutet man eine Störung neuronaler Pfade zwischen beiden Gebieten. Wer lösungsorientiert und ressourcenfokussiert arbeitet, braucht selbst jede Menge Lösungspotenzial und einen sonnigen Blick auf Ressourcen und Chancen, kurz eine optimistische Grundhaltung. Nur wer Hoffnung hat, kann anderen Hoffnung vermitteln.

Es gibt viele, die uns etwas einreden wollen, und wenige, die uns ausreden lassen.

Sieben Perspektiven, sich selbst zu führen[19]

Die Kunst, sich selbst zu führen

In seinem Buch „Die Kunst der Selbstführung" schreibt der Coach und Psychologe Burkhard Bensmann, auf den ersten Seiten: „Es ist auffällig, dass es bisher in der deutschsprachigen Literatur keinen Versuch gibt, ein umfassendes Modell zum Thema Selbstführung zu zeichnen, das sich an der Praxis erfolgreicher Führungskräfte orientiert." Gesagt, getan.

Mit Hilfe eines standardisierten Gesprächsleitfaden führt Bensmann 2008 und 2009 insgesamt 61 Interviews mit erfolgreichen Führungskräften und führenden Kräften. Erfolgreich ist für Bensmann derjenige, „der seine Fähigkeiten erkennt, entwickelt, zur Anwendung bringt und damit beabsichtigte Wirkung erzielt". Ich habe die sieben Perspektiven der Selbstführung von Bensmann modifiziert und partiell anders benannt. Für das Gesamtkonzept und die sieben Perspektiven finden Sie auf den nächsten Seiten Fragen, Arbeitsvorschläge und Tools – für sich und die Arbeit mit Ihren Klienten.

Interessante Selbstgespräche setzen einen klugen Partner voraus.
HERBERT GEORGE WELLS

215

Die Kunst, sich selbst zu führen – die Fragen

Lebensentwurf, Werte und Ziele
» Welches Motto haben Sie für Ihr Leben?
» Was ist Ihnen im Leben wirklich wichtig?
» Wie sieht Ihr Lebensentwurf aus?
» Was sind Ihre wirklich großen, langfristigen Ziele?

Life-Balance
» Welche Überzeugungen leiten Ihr Handeln?
» Was tun Sie für Ihre Seele, Ihren Geist, Ihre Spiritualität?
» Welche Rolle spielen für Sie Essen und Trinken?
» Was bedeuten Ihnen Bewegung und Entspannung?

Stärken und Fähigkeiten
» Welche besonderen Fähigkeiten und Talente haben Sie?
» Was fällt Ihnen besonders leicht? Was machen Sie gerne?
» Welche Interessen und Leidenschaften haben Sie?
» Was tun Sie für Ihr persönliches Wachstum?

Sich organisieren und Rituale
» Welche Rituale bereiten Ihnen jetzt Spaß und künftig Vorteile?
» Welche Methoden kennen Sie, um sich selbst zu organisieren?
» Welche Methoden nutzen Sie, sich effizient zu organisieren?
» Wie strukturieren Sie Ihr Leben, wie Ihre Arbeit?

Freunde und Partner
» Wer sind die wichtigsten Menschen für Sie?
» Wen brauchen Sie, um Ihre Ziele und Projekte zu meistern?
» Für welche Beziehungen brauchen Sie mehr Zeit und Pflege?
» Welche neuen Kontakte sind für Sie wichtig?

Projekte und Träume
» Welche sind Ihre wichtigsten Rollen – persönlich und beruflich?
» Welche Projekte liegen Ihnen besonders am Herzen?
» Welche sind Ihre Kernaufgaben und Langzeitvorhaben?
» Welche Ihrer Träume haben Sie bislang noch nicht erfüllen können?

Mehrwert und Nutzen
» Wer profitiert besonders von Ihren Handlungen?
» Welchen Nutzen schaffen Sie? Wessen Probleme lösen Sie?
» Welchen Nutzen stiften Sie für sich?
» Wie können Sie Ihren Nutzen und Mehrwert weiter steigern?

Anmerkungen

1 Radatz, Sonja: *Beratung ohne Ratschlag. Systemisches Coaching für Führungskräfte und Beraterinnen.* Wien 2008.

2 Prior, Manfred: *Beratung und Therapie optimal vorbereiten. Informationen und Interventionen vor dem ersten Gespräch.* Heidelberg 2010.

3 Von McClelland, 1965 bis Locke, E. A.; Latham, G. P.: „Building a practically useful theory of goal setting and task Motivation: A 35-year Odyssey". *American Psychologist,* 57, 2002.

4 Michael Balint, psychosomatischer Medizinpionier: Auch Entwickler neuer therapeutischer Techniken wie der Fokaltherapie. Michael Balints erste Fallbesprechungsgruppe im Jahr 1950 war die „Mutter" aller Balintgruppen.

5 Modifiziert nach Günter Bamberger: *Lösungsorientierte Beratung. Praxishandbuch.* Weinheim 1999.

6 Patzelt, Peter-Christian: *Mensch, Manager! Was Führungskräfte wissen sollten.* München 2005.

7 „Triple". In: Furman, Ben et al.: *Solution Talk, Hosting Therapeutic Conversations.* New York 1992.

8 Stierlin, Helm: *Haltsuche in Haltlosigkeit. Grundfragen der systemischen Therapie.* Frankfurt am Main 1997.

9 Paradigma, aus dem Griechischen, bedeutet Beispiel, Vorbild, Muster oder Abgrenzung; in allgemeiner Form Weltsicht oder Weltbild, Weltanschauung.

10 Die alphabetische Liste griechischer Gottheiten weist pro Buchstaben mindestens zwei bis maximal 20 Götter aus.

11 Simon, Fritz: *Einführung in Systemtheorie und Konstruktivismus.* Heidelberg 2006.

12 Kompetenz, lat. competere = zusammentreffen, ausreichen, zu etwas fähig sein, zustehen, entsprechen & danach streben.

13 Virginia Satir, 1916–1988, ist nicht nur die Mutter der Familientherapie, sondern auch die Hebamme des Selbstwertkonzepts. Sie lehrte Familiendynamik am Staatlichen Psychiatrischen Institut, Illinois; Ehrendoktor der University of Wisconsin.

14 VIA-IS, siehe Peterson, Christopher; Seligman, Martin.

15 Fromm, Erich: *Die Kunst des Liebens.* Reinbeck 2005.

16 Theodor Fontane, 1819–1898, Vertreter des poetischen Realismus.

17 Freud, Sigmund: „Der Humor". (1927) In: Mitscherlich, Alexander et al. (Hg.): *Freud, Psychologische Schriften.* Frankfurt am Main 1969–1975.

18 Maruta, T. et al.: „Optimists vs. Pessimists: Survival rate among medical patients over a 30 year period". *Mayo Clinic Proceeding* 75, 2000.

19 Bensmann, Burkhard: *Die Kunst der Selbstführung. Einsichten aus Interviews mit Führungskräften und führenden Kräften.* Norderstedt 2009.

20 Musil, Robert: Der Mann ohne Eigenschaften. Reinbek 1978.

21 Branden, Nathaniel: *The 6 Pillars of Self-Esteem. The definite Work on Self-Esteem by the Leading Pioneer in the field.* 1995.

22 Kim, Chan; Mauborgne, Renée: *Der blaue Ozean als Strategie. Wie man neue Märkte schafft, wo es keine Konkurrenz gibt.* München 2005.

TOOLS ZUR
Selbstführung

Jetzt finden Sie noch einige Tools, um sich selbst bewusster reflektieren und führen zu können. Sie sind als Coach vor allem dann überzeugend für Ihre Klienten, wenn die Sie darin glaubwürdig erleben, was Sie fragen, sagen, erwarten, vermitteln und tun. Dafür empfiehlt es sich, den disziplinierten Umgang mit sich selbst, persönliche Ziele sowie das Führen der eigenen Person und die eigene Lebensgestaltung regelmäßig zu reflektieren. Sieben Perspektiven für die Kunst, sich selbst zu führen, und einige Tools, dies strukturiert zu betreiben, können Sie dabei unterstützen. Sicher können Sie einiges davon spielerisch-kreativ auch im Coaching mit Ihren Klienten nutzen.

Seite 223

Lebensentwurf, Werte und Ziele: Erfolgreiche Persönlichkeiten wissen zwar, wie ihr Lebensentwurf und ihre wirklich wichtigen Ziele aussehen – aufgeschrieben haben sie es eher selten. Wichtige Fragen zu Werten und Zielen sind:

- Wer bin ich? Was ist meine wirkliche Bestimmung und Berufung?
- Was ist mein unverwechselbarer Kern?
- Was gibt mir Energie, was macht mich stark, woraus ziehe ich meine Kraft?
- Wer sind die Menschen, die für mein Glück und Wachstum ganz besonders wichtig sind?
- Welche drei wichtigen, großen Ziele verfolge ich in meinem Leben?
- Welche sind mir wirklich wichtige Werte für mein Leben?

So können Sie wichtige Werte von Klienten bestimmen lassen:

1. Bitten sie Ihren Klienten, seine fünf wichtigsten Werte auf ein Blatt Papier zu schreiben. Geben Sie ihm dafür die Zeit zum Reflektieren.
2. Geben Sie ihm dann das Blatt mit den Werten und Bedürfnissen. In einem ersten Schritt soll er maximal zehn Werte und Bedürfnisse umkringeln, die ihm besonders wichtig sind. In einem zweiten Schritt soll er aus diesen zehn Werten diejenigen fünf auswählen, die ihm wirklich die allerwichtigsten sind.
3. Jetzt kann er seine zunächst spontan zu Papier gebrachten fünf Werte mit seinen Top Five aus dem Blatt kontrastieren und daraus die definitive Rangreihe seiner fünf wichtigsten Werte bilden.

Wenn ich mit Klienten an den sieben Perspektiven zur Selbstführung arbeite, kommt die Perspektive „Lebensentwurf und Ziele" meist als letzte dran. Das überfordert nicht, zudem ergeben sich konkrete Inhalte dafür meist aus der sukzessiven Erarbeitung der anderen sechs Perspektiven.

Life-Balance: Hier geht es um die Ausgewogenheit der wichtigen Lebensbereiche Ihres Klienten. Und darum, wie balanciert er mit seinem Körper, seiner Seele und seinem Geist umgeht. Die Tools dazu:

1. Fähigkeit zur Selbstbalance
2. Life-Balance, ihre wichtigsten Lebensbereiche – Zeit und Prioritäten, zurück bis zu den nächsten vier Wochen
3. Drei Jahre und rückwärts bis zu den nächsten vier Wochen planen und die Übung zum Selbstwert

Seite 224, 228, 229 und 231

Stärken und Fähigkeiten: Es geht um die eigenen Tugenden, Charakterstärken, besondere Talente, Fähigkeiten, Fertigkeiten und Leidenschaften. Lesen Sie dafür eventuell noch einmal die Seiten 35 bis 55 im Kapitel POSITIVE PSYCHOLOGIE. Ansonsten bitten Sie an dieser Stelle Klienten, die Übung zu Spaß und Freude, Sinn für morgen und den Signaturstärken machen.

Seite 234

Sich organisieren und Rituale: Selbstführung und Selbstmanagement reduzieren viele auf Zeitmanagement und rationale Arbeitstechniken. Selbst der Zeitmanagement-Guru Lothar Seiwert nimmt in seinem neuen Buch „Ausgetickt" Abschied vom Zeitmanagement. Der Fragebogen Zeit sowie die Übung zum Sammeln und Entwickeln positiver Rituale helfen Klienten, sich zu sensibilisieren, sich effektiv und effizient zu organisieren.

Seite 235 bis Seite 237

Partner und Freunde: Dafür, seine Ziele, Kernaufgaben und Projekte zu realisieren, sind Freunde, Partner, Mitarbeiter und das eigene Netzwerk besonders wichtig. Wie hält Ihr Klient es mit dem Netzwerken? Die Übung zum sozialen Atom und die drei Fragen dazu helfen, dies offenzulegen.

1. Was können Sie tun, um positive Beziehungen noch besser zu pflegen?
2. Was können Sie dazu beitragen, um derzeit „gestörte" Beziehungen zu entstören?
3. Welche Beziehungen fehlen in Ihrem Netzwerk für die Zukunft?

Seite 238

Projekte und Träume: Im beruflichen Alltag besteht das Risiko, dass wirklich wichtige große und langfristige Projekte und unerfüllte Träume auf der Strecke bleiben. Viele Klienten von mir stellen sich die „Sinn"-Frage neu. Einige fangen neben ihren Jobs als Vorstand oder Geschäftsführer an, sich bei der Tafel e. V. oder im Hospiz ehrenamtlich zu engagieren. Seite 242 Die SWOT-Analyse kann überprüfen helfen, wo Klienten ihre eigentlichen Stärken haben und welche Chancen sich bieten, wirklich wichtige Projekte und Träume zu realisieren.

Mehrwert und Nutzen: Die Antworten auf „Welchen Nutzen und Mehrwert stifte ich? Für mich und für andere?" fallen vielen schwer. Sich selbst zu positionieren, sich zu „verkaufen", stellt für viele eine besondere Herausforderung dar, die vor allem Zeit braucht. Wenn Sie mit Klienten arbeiten, nutzen Sie das Tool „Sich selbst positionieren. Die Fragen nach Seite 243 Alleinstellung, Lassen Sie Nutzen und Wettbewerbsüberlegenheit ad hoc ausarbeiten – und in den nächsten vier Woche einmal pro Woche überarbeiten und verfeinern. Solange, bis es sich für den Klienten gut und passend anfühlt.

Zusätzlich zu den TOOLS für die sieben Perspektiven der Kunst, sich selbst zu führen, finden Sie noch drei weitere TOOLS:

Seite 244 **PIMP your CV**, eine Methode, um bei einer schriftlichen Bewerbung mit seinem CV besser zu punkten.

Seite 245 **Entscheidungen treffen mit der Vier-Felder-Matrix:** Sie bietet sich dann an, wenn Klienten vor wichtigen Wendemarken und Entscheidungen stehen – und sich noch unsicher sind.

Seite 247 **E-R-O-S®**, hilft kurz und knackig auf einer Seite, Veränderungen zu strukturieren und auszurichten und das noch besser zu kultivieren, was ohnehin schon bestens läuft.

Werte und Bedürfnisse: Das ist mir wirklich wichtig

Abenteuer | Abwechslung | Achtung | Aktivität | Akzeptanz | Authentizität | Ausgeglichenheit | Balance | Bedürfnisse anderer achten | Befriedigende Arbeit | Bescheidenheit | Beständigkeit | Bestätigung | Bewegung | Bewusstheit | Bildung | Bindung | Charisma | Dankbarkeit | Demokratie | Demut | Dienen | Distanz | Disziplin | Effektivität | Effizienz | Ehre | Ehrlichkeit | Einfluss | Engagement | Erotik | Entschlussfreude | Entwicklung ermöglichen | Erfolg | Ernst genommen werden | Ethisches Verhalten | Fachkenntnis | Fairness | Familie | Fester Standort | Freiheit | Freude | Freundschaft | Frieden | Fröhlichkeit | Führung | Fürsorge | Gastlichkeit | Gehobener Lebensstil | Geld | Gemeinschaft | Genuss | Gerechtigkeit | Geselligkeit | Gesundheit | Glaube | Glaubwürdigkeit | Gleichheit | Gleichbehandlung | Glück | Grenzen erweitern | Großzügigkeit | Gute Beziehungen | Harmonie | Heimat | Heiterkeit | Herkunft | Herausforderung | Hilfsbereitschaft | Höflichkeit | Idealismus | Identität | Image | Individualismus | Innere Harmonie | Integrität | Intelligenz | Intimität | Jugendlichkeit | Kameradschaft | Karriere | Kinder | Klugheit | Kompetenz | Kontrolle über andere | Kooperation | Körperliche Herausforderung | Kreativität | Kunst | Leichtigkeit | Leistung | Leistungswille | Lernen | Liebe | Loyalität | Lust | Macht | Mäßigung | Menschenwürde | Menschlichkeit | Mich entwickeln | Mitgefühl | Mut | Muße | Nachwelt | Nachsicht | Nächstenliebe | Nähe | Natur | Neugier | Objektivität | Offen sein | Optimismus | Ordnung | Persönliches Wachstum | Persönlichkeit | Pflichtbewusstsein | Phantasie | Potenziale fördern | Pragmatismus | Pünktlichkeit | Qualität | Rechtmäßigkeit | Redegewandtheit | Reichtum | Reinheit | Respekt | Romantik | Ruf | Ruhe | Ruhm | Sauberkeit | Schaffenskraft | Schönheit | Selbstachtung | Selbstvertrauen | Selbstverwirklichung | Selbstwert | Sexualität | Sicherheit | Sinn | Soziales Verhalten | Spannung | Sparsamkeit | Spaß | Sport | Spiritualität | Spitzenleistung | Stabilität | Stärke | Status | Struktur | Tapferkeit | Tatkraft | Toleranz | Treue | Überlegenheit | Überzeugend sein | Umweltbewusstsein | Unabhängigkeit | Unparteilichkeit | Verantwortung | Veränderung | Verdienstvolle Leistung | Vergnügen | Verlässlichkeit | Vernunft | Vertrauen | Vielfalt | Vitalität | Wachstum ermöglichen | Wahrheit | Weisheit | Wertschätzung | Wettbewerb | Wirtschaftliche Sicherheit | Wissen | Zärtlichkeit | Zeit | Zielstrebigkeit | Zugehörigkeit | Zuneigung | Zuverlässigkeit | Zuversicht

Meine Top Five

1. _____

2. _____

3. _____

4. _____

5. _____

Fähigkeit zur Selbstbalance

Welchen Belastungen und Themen, die Sie besonders beschäftigen, setzen Sie sich aus? Bitte betrachten Sie die letzten sechs Monate und ordnen Sie den verschiedenen Themen Werte zu:

01 = belastet mich minimal | 10 = belastet mich maximal | 0 = trifft nicht zu

Eine Belastung ist etwas, woran Sie oft denken, darüber grübeln, sich etwas vornehmen, „ich sollte eigentlich", schon mal einen inneren Vorwurf verspüren und es sich eigentlich anders wünschen.

Umgang mit Kunden und externen Partnern..................... _____

Umgang mit KollegInnen .... _____

Beziehung zu MitarbeiterInnen... _____

Beziehung zu Vorgesetzten... _____

Arbeitszeit – unter der Woche .... _____

Sonderschichten – abends, nachts, Wochenende............... _____

Weiterbildung, Lernen und Lesen.. _____

Kultur... _____

Sammeln, Aufbewahren .... _____

Finanzen .... _____

Eltern, Geschwister, Nichten, Neffen.................................. _____

Der eigene Lebenspartner, die Lebenspartnerin.................. _____

Die eigene Familie, die Kinder .... _____

Andere Verwandtschaft.. _____

Wohnung sauber machen und halten .... _____

Kleidung, Mode – „aufbretzeln".. _____

Urlaub – Urlaub planen.. _____

Freundschaften.. _____

Freizeit, Hobbys... _____

Mitgliedschaften, Vereine .... _____

Tiere – Pflege, spazieren führen .... _____

Versicherungen... _____

Anderes... _____

Erst im Anschluss erarbeiten:
Was wollten Sie eigentlich schon lange verändern? Aus welchen Gründen haben Sie bisher noch nichts unternommen? Welche Belastungen könnten Sie eigentlich reduzieren, wenn es nur um die Entscheidung in Ihrem Kopf geht? Welche Quellen haben Sie, aus denen Sie Kraft, Mut und Zuversicht schöpfen? Sammeln und mit 01 = Pfütze bis 10 = große Quelle skalieren lassen.

Life-Balance – ein ausgewogenes Leben

Work-Life-Balance ist eine häufig verwendete englische Begriffsbildung. Das Übersetzungsportal leo.org führt Work-Life-Balance nicht. Es weist lediglich auf die „Vereinbarkeit von Kindern und Berufstätigkeit" hin.

Work............. Arbeit, Anstrengung, Aufwand, Beschäftigung.
Life................ Leben, Laufzeit, Haltbarkeit, Lebensweg.
Balance........ Ausgeglichenheit, Bilanz, Ausgewogenheit.

Gegensatzwörter nennt man Gegensatzpaar. Beispiele für Antonyme, so der sprachwissenschaftlich korrekte Fachbegriff, sind *hübsch und hässlich* oder *groß und klein*. Die Begriffsbildung Work-Life-Balance legt nahe, es handle sich bei „Arbeit" und „Leben" um einen Gegensatz. Viele sprechen davon, wie sich durch ein besseres Zeitmanagement im und für den Job mehr Zeit für Familie, Freunde und Freizeit gewinnen ließe. Als wäre die eigene Lebensgestaltung linear, habe nur zwei Pole und sei, wie das das einfache Sprach- und Denkmodell zeigt, entsprechend leicht zu bewerkstelligen. Einfach den Regler nach rechts schieben in Richtung „Life", Bingo! Dass Arbeit und Leben im Gegensatz zueinander stehen, hat sich bei vielen so entwickelt. Das kann dazu führen, dass die Gedanken und Bemühungen nur noch um die Frage kreisen, wie ich aus einer 60-Stunden-Woche „die 4-Stunden-Woche" mache: Mehr Zeit, mehr Geld, mehr Leben. So verspricht es das Buch von Timothy Ferriss, 2008. Bei ausgewogener Lebensgestaltung in mehr als zwei Möglichkeiten und mehreren Lebensbereichen zu denken, erhöht den eigenen Anspruch und die Zahl an Möglichkeiten. Das Voranstellen von Work vor Life mag zusätzlich suggerieren, Arbeit sei wichtiger als Leben. Der sprachliche Gegensatz von Arbeit und Leben vermittelt zudem, die beiden schlössen sich aus. Dabei ist für viele ein wichtiges Lebensziel, bejahen zu können, dass ihre Arbeit ihr Leben außerordentlich bereichert.

Humor ist keine Gabe des Geistes, sondern eine Gabe des Herzens.
LUDWIG BÖRNE

Kritisch zur Begriffsbildung *Work-Life-Balance* ist also anzumerken:

- Leben steht vor Arbeit.
- Arbeit bildet einen Gegensatz zu Leben.
- Arbeit passiert abseits vom Leben.
- Beruf, Familie und Privatleben sind eher inkompatibel.
- Es gilt, die beiden lediglich quantitativ auszubalancieren.
- Die binäre Begriffsbildung bestimmt auch das Denken darüber.

Wodurch Gleichgewicht in der „Work-Life-Balance" charakterisiert ist, bleibt offen. Manche interpretieren, die eingesetzte Zeit sei so zu verteilen, dass eine subjektive Ausgewogenheit beider Lebensbereiche hergestellt wird. Andere behaupten, es gäbe keine ein- oder gegenseitig negativen Beeinflussungen zwischen den Lebensbereichen. Wechselseitig positives Beeinflussen dagegen wird kaum berücksichtigt. Ich empfehle an Stelle von Work-Life-Balance den Begriff „Life-Balance" im Sinne eines ausgewogenen und erfüllten Lebens. Welche schöne, herausfordernde und lebenslange Aufgabe.

– ÜBERGEWICHTIGE –
IN DER
BEVÖLKERUNG

37 %
in Deutschland

32 %
in den USA

„Im Grunde wissen in den Jahren der Lebensmitte wenig Menschen, wie sie eigentlich zu sich selbst gekommen sind, zu ihren Vergnügungen, ihrer Weltanschauung, ihrer Frau, ihrem Charakter, ihrem Beruf und ihren Erfolgen, aber sie haben das Gefühl, dass sich nun nicht mehr viel verändern kann. Es ließe sich sogar behaupten, dass sie betrogen worden seien, denn man kann nirgends einen zureichenden Grund dafür entdecken, dass alles gerade so kam, wie es gekommen ist; es hätte ja auch anders kommen können; die Ereignisse sind ja zum wenigsten von ihnen selbst ausgegangen, meistens hingen sie von allerhand Umständen ab." [20]

Life-Balance – Status, Perspektiven, Ziele

Erarbeiten Sie mit Ihrem Klienten die sechs bis maximal zehn Lebensbereiche, die für seinen persönlichen Lebensentwurf besonders wichtig sind. Nutzen Sie dabei die Diktion, die Ihr Klient verwendet.

Lieber Staub aufwirbeln als Staub ansetzen.
HUBERT BURDA

> *„Was sind für Sie besonders wichtige Bereiche in Ihrem Leben – wie zum Beispiel Familie, Freunde, Job etc.? Schreiben Sie diese bitte untereinander."*

Oder bitten Sie Ihren Klienten, seine Lebensbereiche auf Karteikarten zu schreiben.

Beispiele für Lebensbereiche

- Der eigene Lebenspartner, die Lebenspartnerin.
- Die eigene Familie, die eigenen Kinder.
- Die Eltern, die Herkunftsfamilie, Mutter, Vater, Geschwister, Verwandte.
- Beruf, *wird oft mit Karriere als ein Bereich gesehen.*
- Karriere, berufliches Weiterkommen.
- Produktivität.
- Gesundheit, Körper, Ernähren, Bewegen, Entspannen.
- Ich-Zeit, Interessen, Leidenschaften.
- Spiritualität, Glauben, Religion.
- Freunde, Freundschaften, soziale Kontakte.
- Persönliches Wachstum, Persönlichkeitsentwicklung.
- Rolle als Führungskraft oder als Experte.

Everybody wants to slow down, but they want to know how to slow down very quickly.
CARL HONORÉ

Begrenzen Sie die Anzahl der Lebensbereiche zunächst auf acht bis maximal zehn. Bitten Sie in einem ersten Schritt Ihren Klienten nun, jedem Lebensbereich zuzuordnen, wie viele Stunden seiner wachen Zeit pro Woche er dafür aufbringt.

Unsere Zeit pro Woche liegt bei zirka acht Stunden Schlaf: 16 x 7 Tage = 112 Stunden minus zehn Prozent für Routinen wie Toilette, Waschen etc.,

—DEUTSCHLAND—

48 %

der Deutschen
machen sich wegen
ihrer Ernährung
Sorgen, dass sie
Gewicht zunehmen.

das ergibt etwa 100 wache Stunden. Wie sieht die zeitliche Reihenfolge für die Lebensbereiche aus?

Manche Klienten reihen intuitiv ihre Lebensbereiche nach subjektiver Priorität. Wenn Ihr Klient das nicht von sich aus tut, lassen Sie ihn im nächsten Schritt die Lebensbereiche nach subjektiver Wichtigkeit sortieren:

Lebensbereiche

1.

_____

2.

_____

3.

_____

4.

_____

5.

_____

6.

_____

7.

_____

8.

_____

9.

_____

10.

Life-Balance – Prioritäten und Zeit

Lebensbereiche	Stunden
1.	
2.	
3.	
4.	
5.	
6.	
7.	
8.	

Bitten Sie Ihren Klienten, die Lebensbereiche in der subjektiven Rangfolge von 1 bis 8 mit seinen eigenen Begriffen in die linke Spalte der Tabelle zu schreiben. Geben Sie genügend Zeit zum Reflektieren:

- Wie stimmen die aktuelle Situation und die persönliche Präferenz der Lebensbereiche überein?
- Wie sieht Ihr Klient das Verhältnis und Zusammenspiel der unterschiedlichen Lebensbereiche?
- Welche Schlussfolgerungen will Ihr Klient daraus ziehen?

Drei Jahre und zurück bis vier Wochen planen

Lassen Sie nun Klienten zunächst für alle Lebensbereiche im ersten Schritt ein Drei-Jahres-Ziel entwickeln. Danach für die Lebensbereiche, in denen Veränderungen offensichtlich sind, nacheinander rückwärts-planend ein Jahresziel, ein Sechs-Monats-, Drei-Monats-Ziel und ein Vier-Wochen-Ziel erarbeiten.

Es ist schwieriger, ein Vorurteil zu zertrümmern als ein Atom.

ALBERT EINSTEIN

Es gibt Lebensbereiche, bei denen bereits ein Halten der aktuellen Situation herausfordernd sein kann: Es bieten sich dann keine neuen Ziele an. Lassen Sie Klienten zuerst den größeren, langfristigeren Blick auf die Drei-JahresPerspektive werfen, dann immer konkreter und aktueller werden. Das hat zur Folge, dass Ihr Klient konkret weiß, was er bereits in den nächsten vier Wochen zu unternehmen hat. Zudem stellen sich so bereits kleine Erfolgserlebnisse ein, die motivieren weiterzumachen.

Klienten können das als Excelgrafik anlegen und mit Ampelfarben unterlegen:

🔴 Rot: Das Ziel ist gefährdet.
🟡 Gelb: Es besteht Handlungsbedarf.
🟢 Grün: Alles o. k.

Erfolg und Glück im Leben resultieren daraus, mit sich selbst im Reinen zu sein. Glück folgert aus einem bewussten Leben, das nicht nur Sonnen-, sondern auch Schattenseiten sieht und reflektiert.

Drei Jahre und zurück bis vier Wochen planen

Lebens-bereich	Ziel 1 Monat	Ziel 3 Monate	Ziel 6 Monate	Ziel 1 Jahr	Ziel 3 Jahre

Wie baue ich Selbstwert auf?

Wir können nicht direkt an unserem Selbstwert, auch nicht an dem unserer Klienten arbeiten. Denn Selbstwert resultiert nach Nathaniel Branden aus diesen sechs gelebten Praktiken[21]:

- Ich lebe bewusst.
- Ich nehme mich an.
- Ich lebe eigenverantwortlich.
- Ich behaupte mich selbstsicher.
- Ich lebe zielgerichtet.
- Ich bin persönlich integer.

Wer so lebt, stärkt seinen Selbstwert

Ich lebe bewusst

Der Mensch ist das einzige Tier, das an die Zukunft denkt.
DANIEL GILBERT

Würde ich ein Leben im Blindflug führen, könnte ich mich nicht kompetent und wertvoll fühlen. Die Folge, ich hätte weniger Selbstachtung und wäre weniger selbstwirksam. Bewusst leben heißt, mir jederzeit klar zu sein, was meine Werte, Ziele und Handlungen bewirken. Bewusst leben heißt für mich auch, der Realität verantwortlich zu begegnen und Interpretationen nicht mit Fakten zu verwechseln.

Vier Schritte, wie ich mich bewusst der Wirklichkeit stelle

- Ich erkenne an, was ist, und zwar jetzt: In mir, in Dir und in der Welt. Ich nehme an, sage Ja zu dem, was ist. Ich vertraue, dass alles, was ist, auch sein darf.
- Ich sorge für meine Energie, die Richtung und die Ergebnisse, die ich anstrebe.
- Ich bin „in der Tat", im aktiven Handeln für mich: Was tue ich heute für mich Gutes? Ich bin es wert!
- Ich erkenne an, dass das Ergebnis meines Handelns, selbst wenn ich's gerne anders hätte, im Einklang mit mir ist.

Bewusst leben

Wenn ich bewusst lebe, gehört dazu, dass ich
- » 100 Prozent präsent bin bei allem, was ich tue;
- » Wichtiges gezielt und geplant angehe;
- » Fakten, Deutungen und Gefühle unterscheide;
- » persönlich integer bin;
- » Feedback von anderen suche und annehme;
- » eigene Fehler erkenne und korrigiere;
- » konsequent bin und stetig lerne, um persönlich zu wachsen.

Ich nehme mich selbst an

Mich selbst annehmen ist das, was ich tue. Mich selbst annehmen ist gesund für mich und tut mir gut. Mich selbst annehmen verbietet mir, Teile von mir, meinen Körper, meine Gefühle, Gedanken, Handlungen und Träume abzulehnen und befremdlich zu erleben. Sollte ich andere zurechtweisen, achte ich besonders darauf, ihre Selbstachtung und ihren Selbstwert nicht zu beschädigen. Genauso mitfühlend und fürsorglich will ich auch mit mir umgehen.

Wer stehen bleibt, steht im Weg.
IRINA KUMMERT

233

Ich lebe eigenverantwortlich

Um mich wohlzufühlen, will ich wichtige Bereiche meines Lebens selbst kontrollieren. Ich bin bereit, die Verantwortung für mein Handeln und das Erreichen meiner Ziele zu übernehmen. Was ich nicht selbst anpacke, wird sich nicht verändern und bessern. Eigenverantwortlich handeln heißt, meinen Selbstwert weiterzuentwickeln. Ich will nicht tatenlos darauf warten, wie sich mein Selbstwert erhöhen könnte. Ich steigere meinen Selbstwert aktiv selbst. Eigenverantwortlich leben heißt, dass „kein Schwein kommt", das mich erhört und mein Leben neu gestaltet, dass ich glücklich werde oder meine Probleme löst.

If you want to grow do not shrink.
MICHAEL HAMMER

Ich kann mich sicher behaupten

Mich selbstsicher behaupten bedeutet, ich lebe für meine Werte und Bedürfnisse und bringe sie konsequent zum Ausdruck. Ich bleibe glaubwürdig bei allem, was ich sage und tue. Ich lasse mich von meinen Überzeugungen und Gefühlen leiten. Das beginnt im Kopf, damit will ich mich jedoch nicht zufriedengeben. Ich kämpfe für meine Ansprüche, Wünsche, Werte und Überzeugungen. Manche Herausforderung bringt es mit sich, dass ich mich überwinde und mutig bin, dass ich nach vorne gehe, um mich zu behaupten: Ich bin es wert, ich verdiene das!

Ich lebe zielgerichtet

Ich nutze meine Stärken und Fähigkeiten so, dass ich selbst gesteckte Ziele erreiche. Meine Ziele bringen mich weiter, sie mobilisieren und geben mir Energie. Wenn ich zielgerichtet lebe, setzt das eine Menge Selbstdisziplin und Konsequenz voraus. Selbstdisziplin ist für mich die Fähigkeit, in geplanter Zeit Aufgaben zu stemmen. Das kann auch heißen, dass ich für ein wichtigeres Ziel auf schnelle „Belohnung" verzichte. Zielgerichtet leben bedeutet auch, dass ich die künftige Bedeutung meines Handelns absehe. Dass ich Prioritäten setze und langfristig denke und plane. Zielgerichtet leben bietet Platz für kreatives Schaffen und Gestalten, für Entspannen, Erholen, Spontaneität und Lust. Wenn ich genieße, opfere ich nicht meine Überzeugungen dafür. Ich weiß sehr wohl, maßzuhalten. Zielgerichtet leben heißt für mich, bewusst und mit gutem Vorsatz handeln. Da ich zielgerichtet lebe, bestimme ich wichtige Bereiche meines Lebens selbst.

Ich bin persönlich integer

Ich bin persönlich integer, wenn bei mir Handeln und Werte übereinstimmen, wenn sich meine persönlichen Überzeugungen in meinem Verhalten zeigen. Wenn mein Denken, Fühlen, Sprechen und Handeln übereinstimmen. Ich vertraue Menschen, die integer sind, bei denen Denken, Fühlen, Worte und Handeln übereinstimmend harmonieren.

Vergiss nicht, Dich selbst zu lieben.
SØREN KIERKEGAARD

Persönliche Integrität

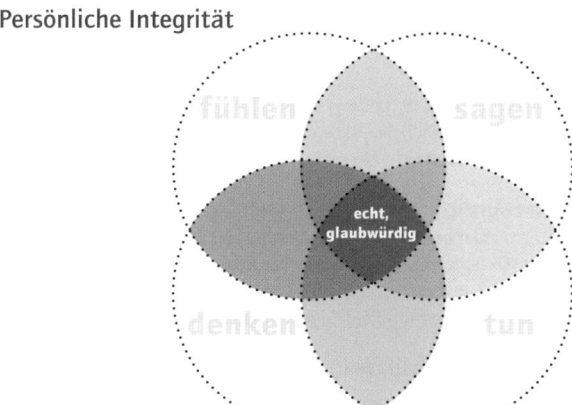

Weil ich persönlich integer bin, kann ich alle diese Fragen mit einem klaren Ja beantworten:

• Bin ich ehrlich, zuverlässig und vertrauenswürdig?
• Halte ich meine Zusagen und Versprechen?
• Bin ich fair und gerecht, wie ich mit anderen umgehe?
• Tue ich selbst, was ich von anderen fordere?
• Unterlasse ich, was ich bei anderen kritisiere?

Visionen ohne Aktionen sind Halluzinationen.
GERHARD WOLF

Persönliche Integrität ist nicht nur Produzent und Lieferant meines Selbstwerts. Meine persönliche Integrität drückt meinen Selbstwert aus.

Pflege ich diese sechs Praktiken, arbeite ich täglich daran, dann entwickle ich meinen Selbstwert aktiv weiter. Für den positiven Umgang mit anderen ist wesentliche Erfolgsvoraussetzung, dass ich mich selbst achte. Das ist Voraussetzung für die Form von Achtung, die ich mir von anderen wünsche.

Selbstwert – Halbsätze

Bitte die Halbsätze vollenden oder vollenden lassen.

Erst im Anschluss:
- Welche Ziele leiten sich daraus ab?
- Welche ersten konkreten Maßnahmen wollen Sie planen?
- Was genau werden Sie anpacken?
- Bis wann?

Ich lebe bewusst
- » Bewusst leben heißt für mich, ... Drei Beispiele ...
- » Wäre ich für das, was ich tue, noch bewusster, dann ...
- » Wenn ich meine wichtigen Beziehungen bewusster pflege, ...
- » Wenn ich meinem wichtigstem Thema gegenüber bewusster bin, dann ...

Ich nehme mich selbst an
- » Selbst annehmen heißt für mich, ... Drei Beispiele ...
- » Wenn ich meinen Körper mehr akzeptiere, dann ...
- » Wenn ich meine Gefühle freundlicher akzeptiere, ...
- » Wenn ich meine Handlungen mehr akzeptiere, dann ...

Ich lebe eigenverantwortlich
- » Eigenverantwortlich leben heißt für mich, ... Drei Beispiele ...
- » Der Gedanke, dass ich ganz alleine verantwortlich bin ...
- » Bin ich in meiner Beziehung verantwortlicher, dann ...
- » Wenn ich mehr Verantwortung für mein Glück übernehme ...

Ich kann mich selbstsicher behaupten
- » Selbst behaupten heißt für mich, ... Drei Beispiele ...
- » Wenn ich mich selbst noch besser behaupte, dann ...
- » Wenn ich bereit bin, das einzufordern, was ich haben möchte, ...
- » Wenn ich nicht sage, was ich möchte, dann ...

Ich lebe zielgerichtet
- » Zielgerichtet leben heißt für mich, ... Drei Beispiele ...
- » Wenn ich noch zielgerichteter in meinem Leben bin, dann ...
- » Wenn ich in meiner Beziehung zielorientierter bin, dann ...
- » Wenn ich mich klarer um meine Bedürfnisse kümmere, dann ...

Ich bin persönlich integer
- » Persönlich integer sein bedeutet für mich, ... Drei Beispiele ...
- » Es fällt mir noch schwer, mich integer zu verhalten, etwa bei ...
- » Wenn ich noch mehr Integrität in mein Leben bringe, dann ...
- » Wenn ich meinen Werten jederzeit treu bleibe, dann ...

Spaß, Freude, Sinn und Stärken

Was macht mir
wirklich Spaß und Freude?

Spaß & Freude

Was bedeutet mir
wirklich etwas?

Sinn

Was sind meine
wirklichen Stärken?

**Signatur-
stärken**

Lassen Sie Klienten sammeln und definieren, was ihnen bei Sinn und Bedeutung, Spaß und Lebensfreude und den eigenen Signaturstärken ganz besonders, also wirklich wichtig ist. Anschließend bitte maximal fünf Dinge pro Bubble nennen und eintragen lassen. Bitten Sie Klienten danach herauszuarbeiten, wo es zwischen Sinn, Spaß und Stärken Überlappungen gibt. Für viele sind es die Schnittmengen, wo sich besondere Lebenszufriedenheit und Glück einstellen.

Wenn Du es träumen kannst, kannst Du es auch tun.
WALT DISNEY

Fragebogen Zeit	Bewertung

Wie gehe ich mit meiner Zeit um? Klienten bekommen ein erstes Gefühl für Prioritäten und Ihre Zeitplanung, wenn Sie den Fragebogen Zeit (nach S. Covey) auf der Skala 1 = trifft überhaupt nicht zu bis 5 = trifft vollständig auf mich zu ausfüllen.

❶ Ich verwende die meiste Zeit für Wichtiges, das meine unmittelbare Konzentration fordert: wie Projekte mit knapper Deadline, sehr dringliche, eilige Aufgaben oder Krisenmanagement.

❷ Ich habe den Eindruck, ständig als Feuerwehr unterwegs zu sein, um wichtige Aufgaben zu managen, Probleme zu lösen und irgendwelche Ziele zu erfüllen.

❸ Ich habe das Gefühl, immer wieder Zeit einfach so zu verplempern, ohne dass etwas wirklich Produktives entsteht.

❹ Ich verwende viel Zeit für Dinge, die eigentlich nicht so wichtig für meine Top-Prioritäten sind, die aber dennoch meine Konzentration fordern: wie Meetings, eher unwichtige Telefonate, E-Mails oder sonstige Unterbrechungen.

❺ Ich verwende viel Zeit für Aktivitäten, die wichtig, aber nicht dringlich sind: wie meine Woche planen, Präsentationen und Meetings vorbereiten, Kontakte pflegen, mit der Familie und meinen besten Freunden zusammen sein, mich um mein eigenes Wohlbefinden kümmern.

❻ Ich verwende viel Zeit für angenehme und wenig anstrengende Aktivitäten: wie Surfen im Internet, mit Facebook, XING und anderen, Spaß-Mails, Computerspielen, Zeitschriften und so …

❼ Ich habe meine Aufgaben wirklich gut im Griff und fühle mich gut, weil ich professionell plane, wirklich wichtige Sachverhalte gut vorbereite und einen guten Ausgleich zwischen Beruflichem und Privatem hinkriege.

❽ Ich habe häufig den Eindruck, mich viel mit Dingen zu befassen, die zwar für andere, jedoch nicht wirklich für mich wichtig sind: Outlook-Termine, allgemeine Meetings, Jour fixes, „Muss-dabei-sein"-Anlässe und andere Verpflichtungen …

Welcher Quadrant ist bestimmend?

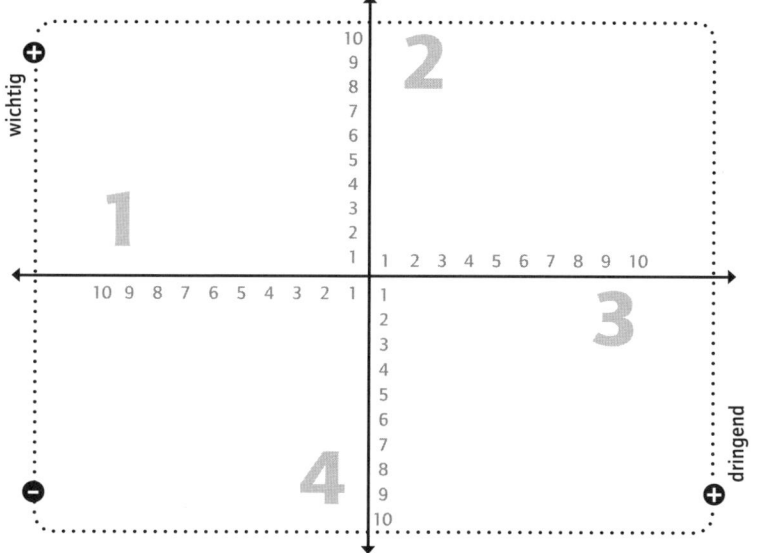

Bitte Paare zu den Fragen im Fragebogen Zeit bilden:

Quadrant 1 = Frage 5 und 7

Quadrant 2 = Frage 1 und 2

Quadrant 3 = Frage 4 und 8

Quadrant 4 = Frage 3 und 6

Bewertungen addieren und auf die Achsen übertragen.

Darauf kommt es an

Quadrant 1

» Mit Familie Zeit verbringen.
» Freunde, Beziehungen pflegen.
» Networking entwickeln.
» Life-Balance.
» Richtungsziele.
» „Lebensprojekte".

Quadrant 2

» Drängende Probleme.
» Zeitkritische Projekte.
» Aktuelle Krisen managen.
» Ziele der Firma.
» Ziele des Chefs.
» Fremdbestimmte Aufgaben.

Quadrant 3

» Verzichtbare Meetings.
» Outlooktermine.
» E-Mails – dienstlich.
» Eilige Telefonate.
» Gesellschaftliche Aktivitäten.
» „Muss-dabei-sein"-Termine

Quadrant 4

» Angenehme, leichte Tätigkeiten.
» Surfen, chatten.
» Telefonieren.
» Ein Schwätzchen halten.
» Spaß-Mails lesen, weiterleiten.
» Facebook, XING & Co.

Rituale sammeln

Don't find a fault, find a remedy.

HENRY FORD

Sich von liebgewonnenen Gewohnheiten oder selbstverständlichen Routinen zu trennen, ist herausfordernd. Rituale entwickeln und etablieren ist vielversprechend dafür, neues Verhalten nachhaltig in den Alltag zu integrieren. Definieren Sie zunächst das neue Verhalten, das Sie fest entschlossen in Ihr Leben integrieren wollen, möglichst genau für bestimmte Zeitpunkte. Im zweiten Schritt üben Sie sechs Wochen dieses neue Verhalten ohne Ausnahme zu den bestimmten Zeiten. Ist das Ritual erfolgreich etabliert, ist es leicht, dieses Ritual aufrechtzuerhalten. Denn Sie profitieren dann vom PULL-Effekt des Rituals. Welche Rituale helfen Ihnen dabei, Ihre Ziele zu erreichen? Dreimal wöchentlich, Dienstag, Donnerstag und Sonntag um 18 Uhr zu joggen? Oder jeden zweiten Tag nach dem Aufwachen Yoga und den Sonnengruß zu praktizieren? Oder mit Ihrem Partner jeden letzten Donnerstag im Monat in einem neuen Restaurant essen zu gehen? Es klingt paradox: Erst gewisse Regelmäßigkeiten erlauben uns, spontan und kreativ zu sein.

Rituale sammeln

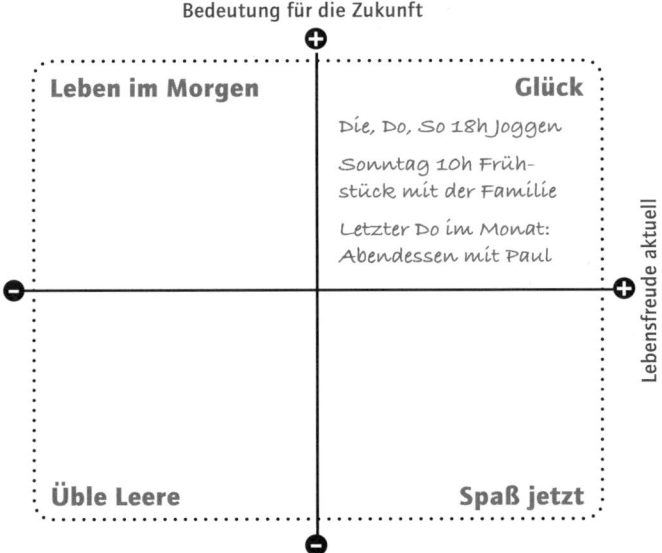

240

Freunde, Partner und Netzwerk

Wie Ihr Netzwerk aktuell aussieht, können Sie anhand Ihres sozialen Atoms darstellen und reflektieren. Nehmen Sie ein weißes Blatt Papier und etwa 15 Minuten Zeit dafür. Wählen Sie für sich selbst ein Symbol wie einen Kreis, ein Dreieck, ein Rechteck und bringen es zu Papier.

Soziales Atom

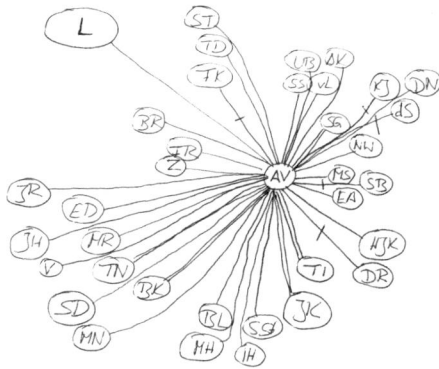

Dann tragen Sie die erste Person, die Ihnen für Ihr berufliches Netzwerk einfällt, mit einem Symbol aufs Blatt (mit Kürzel) und schreiben eine 1 dazu. Das Symbol verbinden Sie mit Ihrem Symbol durch einen Strich. Die Distanz deutet an, wie nahe Ihnen die Person ist. Ist die Beziehung intensiver, machen Sie zwei Striche. Ist sie derzeit gestört oder unterbrochen, zeichnen Sie einen oder zwei Querstriche durch die Verbindungslinie. Dann tragen Sie bitte die zweite (mit einer 2), die dritte (mit einer 3 usw.) und alle weiteren wichtigen Personen in Ihrer spontanen Reihenfolge aufs Papier, die Ihr berufliches Netzwerk in- und außerhalb der Firma bilden.

Falls Sie das soziale Atom von Klienten im Coaching erarbeiten lassen, erklären Sie die Anweisung fürs soziale System nur einmal. Hat der Klient sein soziales Atom fertiggestellt, lassen Sie sich mit beschreibenden Fragen Reihenfolge, Darstellung und Besonderheiten erklären. Verzichten Sie auf Bewertungen.

Stellen Sie sich drei Fragen:
• Was können Sie tun, um Ihre positiven Beziehungen noch besser zu pflegen?
• Was können Sie dafür unternehmen, um aktuell gestörte Beziehungen zu „entstören"?
• Welche wichtigen neuen Beziehungen fehlen Ihnen derzeit oder für die Zukunft?

Die persönliche SWOT-Analyse

Die SWOT-Analyse: Strengths, Weaknesses, Opportunities und Threats, zu deutsch „Analyse der Stärken, Schwächen, Chancen und Risiken", ist ein Tool im strategischen Management, kann jedoch auch vielfältig bei Situationsanalysen jeder Art eingesetzt werden.

Meine SWOT-Analyse

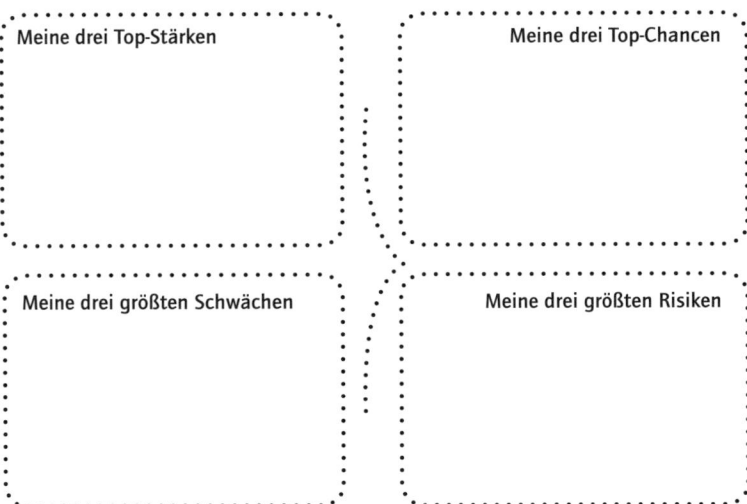

Meine drei Top-Stärken

Meine drei Top-Chancen

Meine drei größten Schwächen

Meine drei größten Risiken

Die einfache und flexible Methode erarbeitet und reflektiert Stärken und Schwächen sowie externe Chancen und Risiken, die eigene Lebensbereiche und Handlungsfelder betreffen. Aus der Kombination eigener Stärken und Schwächen und sich bietender Chancen und Risiken können Klienten eine Strategie für ihre weitere Entwicklung und persönliches Wachstum ableiten und erarbeiten. Stärken und Schwächen sind dabei subjektive Größen von Klienten. Wichtig ist, diese zusätzlich im Kontext Ihrer Klienten durch Feedback überprüfen und validieren zu lassen.

Sich positionieren: Nutzen, Versprechen und Leistung

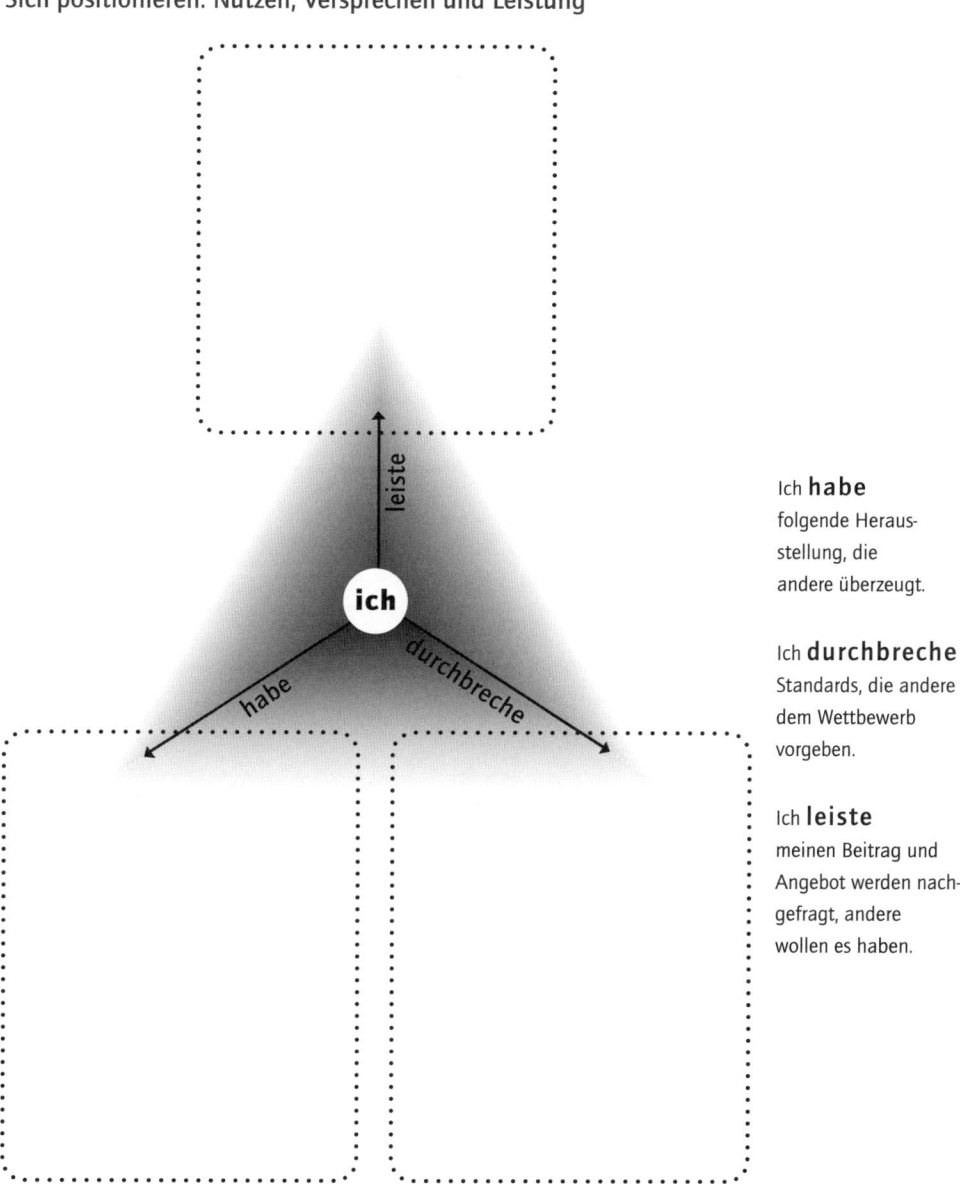

Ich **habe**
folgende Heraus-
stellung, die
andere überzeugt.

Ich **durchbreche**
Standards, die andere
dem Wettbewerb
vorgeben.

Ich **leiste**
meinen Beitrag und
Angebot werden nach-
gefragt, andere
wollen es haben.

PIMP Your CV – die Management Summary

Erarbeiten Sie bitte eine Management Summary. Sie wird das Deckblatt vor Ihrem chronologischen CV.

Damit punkten Sie in dreierlei Hinsicht:
❶ Sie heben sich von konventionellen Lebensläufen ab.
❷ Sie vermitteln einen strukturierten Eindruck, der die Bedürfnisse seiner Leser kennt: das Wichtigste auf einen Blick!
❸ Sie strukturieren somit auch das Interview mit Ihnen vor. Mit dem Vorteil, sich auf die sieben Punkte im Kurzprofil und bei Exposé und Erfahrung gezielt vorbereiten zu können.

Max Mustermann
Stichprobenstraße 12
77777 Siegburg
089-1234567
0149-1234567
mm@spinnweb.de

Foto

Kurzprofil

-
-
-
-
-
-
-

Expertise und Erfahrung

-
-
-
-
-
-
-

© pcp

Mit Hilfe von *„Gewusst: Was, wenn?"* **entscheiden**

Wer sich an einer persönlichen Wendemarke befindet, bei dem stehen meist Entscheidungen an. Ins Coaching kommen Klienten häufig mit Entscheidungsstau oder einer ausgesprochenen Entscheidungsunsicherheit. Wichtig ist, Klienten zu helfen, mögliche Konsequenzen und die Tragweite Ihrer Entscheidung adäquat einordnen zu können: sowohl für den Fall, dass eine Entscheidung getroffen als auch keine Entscheidung getroffen wird. Dafür eignet sich diese Vier-Felder-Matrix.

Entscheidungen mit der Vier-Felder-Matrix

❶ Was geschieht, wenn ich entscheide?	❷ Was geschieht, wenn ich nicht entscheide?
❸ Was geschieht nicht, wenn ich entscheide?	❹ Was geschieht nicht, wenn ich nicht entscheide?

Schreiben Sie Ihre Antworten in die vier Felder mit den vier Fragen. Welche Konsequenzen und Tragweite hat es, wenn Sie sich entscheiden oder wenn nicht?

Entscheiden Sie bitte ganz bewusst, was Sie tun oder lassen.

Dieses Tool können Sie für sich selbst und auch im Kleingruppen- beziehungsweise Teamcoaching nutzen. Es liefert Ihnen Transparenz für einzelne Perspektiven im Team und schärft den Blick für ein gemeinsames Verständnis über einen bestimmten Sachverhalt.

E-R-O-S®

Das ist der One-Pager fürs Ausrichten von Veränderungen. E-R-O-S® basiert auf dem Vier-Aktionen-Format von Chan Kim und Renée Mauborgne[22]. Zum Erzeugen einer neuen Nutzenkurve müssen die Elemente, die den Käufernutzen bestimmen, rekonstruiert werden. Das Vier-Aktionen-Format stellt vier Schlüsselfragen, um die Logik und das Geschäftsmodell einer Branche auf den Prüfstand zu stellen. Dadurch erreichen Unternehmen bei niedrigen Kosten Wettbewerbsdifferenzierung und schaffen eine neue Nutzenkurve.

Schweigen ist die Sprache der Ewigkeit.
GERTRUD VON LE FORT

E-R-O-S® eignet sich als Eselsbrücke für Eliminieren, Reduzieren, Optimieren und Schaffen, plus Kult für kultivieren. Eros ist einprägsam, der griechische Gott der Liebe heißt so. Im technischen Kontext steht E.R.O.S übrigens für *Extremely Reliable Operating System*. Der Charme von E-R-O-S® liegt im kompakten Zusammenfassen und Dokumentieren von Veränderungen auf der einen Seite. E-R-O-S® zeigt auf einen Blick und auf einem Blatt, was künftig angepackt, verbessert, beibehalten, entwickelt oder unterlassen werden soll. Falls Sie E-R-O-S® für sich oder mit einem Klienten durchführen, stellen Sie die Fragen in der Ich- oder Sie-Form.

Die Fragen von E-R-O-S®

• Was wollen wir (Ihr Team, Ihre Abteilung, Ihr Unternehmen) kultivieren und beibehalten?

• Welche Verhaltensweisen sollen wir eliminieren, das heißt künftig völlig unterlassen?

• Welche Verhaltensweisen wollen wir künftig reduzieren?

• Welches Verhalten wollen wir künftig optimieren, verstärken oder häufiger einsetzen?

• Welche Verhaltensweisen sollen neu angewandt, beachtet oder entwickelt werden?

E-R-O-S® lässt sich fix auf einen Flipchartbogen oder ein Blatt Papier aufmalen.

E-R-O-S®

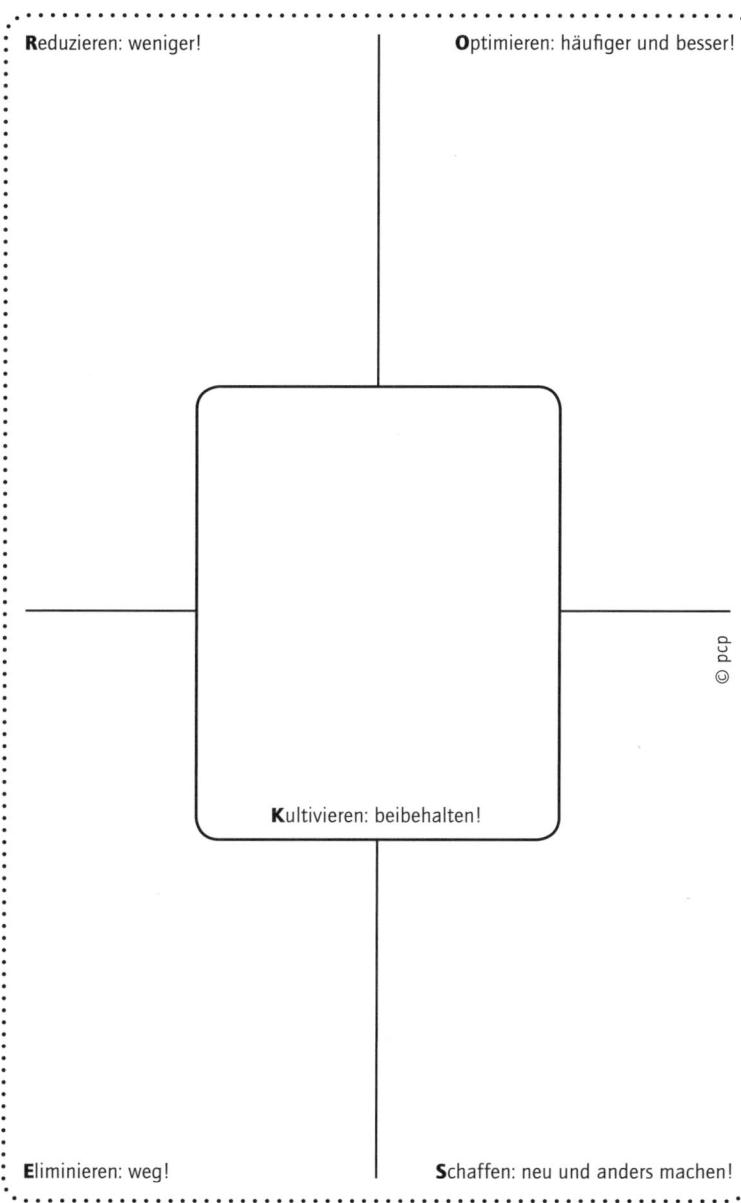

Reduzieren: weniger!

Optimieren: häufiger und besser!

Kultivieren: beibehalten!

© pcp

Eliminieren: weg!

Schaffen: neu und anders machen!

Die Abbildungen finden Sie auf den Seiten

Personen

Adenauer, Konrad 1876–1967, erster Bundeskanzler in Deutschland.

Ainsworth, Mary 1913–1999, amerikanische Entwicklungspsychologin, erfindet die Bindungstheorie mit.

Alexander, Peter 1926–2011, Sänger, Schauspieler und Entertainer aus Österreich.

Allport, Gordon Willard 1897–1967, amerikanischer Psychologe, entwickelt die Allport-Skala zur Erfassung gesellschaftlicher Vorurteile.

Aquin von, Thomas 1225–1274, italienischer Philosoph, Theologe und Dominikaner, einer der 33 wichtigsten katholischen Kirchenlehrer.

Aristoteles 384–322 v. Chr., einer der bekanntesten und einflussreichsten Philosophen der Geschichte.

Aznavour, Charles, armenisch-französischer Chansonnier, Liedtexter, Komponist.

Baldwin, Faith 1893–1978, amerikanische Roman- und Fiction-Schriftstellerin.

Balint, Michael 1896–1970, ungarischer Psychoanalytiker.

Barth, John, geboren 1930, amerikanischer Schriftsteller und Erzähler.

Bateson, Gregory 1904–1980, angloamerikanischer Anthropologe, Biologe, Sozialwissenschaftler, Kybernetiker und Philosoph. Bateson behandelte Kommunikationstheorie, Lerntheorie, Erkenntnistheorie, Naturphilosophie, Ökologie oder Linguistik nicht als getrennte Disziplinen, sondern als verschiedene Aspekte und Facetten, in denen die systemisch-kybernetische Denkweise zum Tragen kommt.

Bayard, Swope Herbert 1882–1958, US-amerikanischer Verleger und Journalist.

Beckett, Samuel 1906–1989, irischer Schriftsteller und Literaturnobelpreisträger, sein bekanntestes Werk ist „Warten auf Godot".

Bentrup, Magda, israelische Autorin und Philosophin.

Belafonte, Harry, geboren 1927, amerikanischer Sänger, Schauspieler und Unterhalter; UNICEF-Botschafter.

Ben-Shahar, Tal, Autor und Harvard-Professor in Psychologie, der „Glücklicher"-Professor.

Berg, Insoo Kim 1934–2007, amerikanische Psychotherapeutin koreanischen Ursprungs, die großen Einfluss in Therapie, Supervision und Beratung hat. Gemeinsam mit ihrem Mann Steve de Shazer gründete sie 1978 das Brief Family Therapy Center. Berg und de Shazer sind die Pioniere lösungsorientierter Beratung, der Kurzzeittherapie und systemischen Therapie.

Bloch, Ernst 1885–1977, deutscher marxistischer Philosoph.

Böll, Heinrich Theodor 1917–1985, einer der bedeutendsten deutschen Schriftsteller der Nachkriegszeit, 1972 Nobelpreis für Literatur.

Börne, Ludwig 1786–1837, deutscher Journalist, Literatur- und Theaterkritiker.

Bosshart, Jakob, 1862–1924, Schweizer Schriftsteller.

Bowlby, John 1907–1990, Psychoanalytiker, Kinderpsychiater; gründet zusammen mit M. Ainsworth die Bindungstheorie.

Branden, Nathaniel, geboren 1930, amerikanischer Psychotherapeut, der sein ganzes Augenmerk dem Selbstwert und der romantischen Liebe schenkt.

Brewer, James 1920–1988, afroamerikanischer Bluessänger.

Brown, Rita Mae, geboren 1944, amerikanische Schriftstellerin, Aktivistin der lesbischen Frauenbewegung.

Buber, Martin 1878–1965, österreichisch-israelischer Pädagoge und Religionsphilosoph.

Buck, Pearl 1892–1973, amerikanische Nobelpreisträgerin in Literatur; ihre Novelle „The Good Earth" war zwei Jahre das bestverkaufte Buch in Amerika.

Buer, Ferdinand geboren 1947, Professor und Psychodramatiker, Schöpfer des Unterschieds zwischen Format und Verfahren.

Buffett, Warren, geboren 1930, amerikanischer Unternehmer; startet 2010 mit Bill Gates die Stiftung The Giving Pledge, und kündigt an, 99 Prozent seines Vermögens wohltätigen Zwecken zu spenden.

Burda, Hubert, geboren 1940, deutscher Verleger, Eigentümer und Chef von Hubert Burda Media.

Busch, Wilhelm 1832–1908, humoristischer deutscher Dichter und Zeichner, schreibt unter anderem „Max und Moritz".

Camus, Albert 1913–1960, französischer Schriftsteller, Philosoph und Nobelpreisträger.

Cannon, Walter 1871–1945, US-amerikanischer Physiologe und Harvard-Professor.

Casanova, Giacomo 1725–1798, venezianischer Schriftsteller und Abenteurer, bekannt durch viele Liebschaften.

Cato, der Ältere 234–149 v. Chr., römischer Staatsmann, Feldherr und Schriftsteller.

Cicero, Marcus Tullius 106–43 v. Chr., Politiker, Schriftsteller und Philosoph, berühmter Redner im alten Rom.

Clapiers, de Luc, Marquis de Vauvenargues 1715–1747, französischer Philosoph und Schriftsteller.

Clarke, Sir Arthur Charles 1917–2008, britischer Science-Fiction-Schriftsteller, bekannt durch 2001-Odyssee im Weltraum.

Conniff, Ray 1916–2002, amerikanischer Komponist, Arrangeur und Orchesterleiter, bekannt durch seine Ray Conniff Singers.

Dalí, Salvador 1904–1989, spanischer Maler, Schriftsteller, Bildhauer und Bühnenbildner, bekanntester Vertreter des Surrealismus.

Damasio, Antonio geboren 1944, Neurowissenschaftler und Emotionserforscher aus Portugal.

Dickens, Charles 1812–1870, britischer Schriftsteller, der 1837 „Oliver Twist" veröffentlicht.

Disney, Walter „Walt" 1901–1966, amerikanischer Filmproduzent, Schöpfer von Micky Maus, Donald Duck, Goofy & Co.

Drucker, Peter 1909–2005, amerikanischer Ökonom und Management-Pabst.

Dweck, Carol geboren 1946, Psychologie-Professorin an der Virginia Eaton University.

Ebner-Eschenbach von, Marie 1830–1916, österreichische Aphoristin, Schriftstellerin und Erzählerin.

Edison, Thomas 1847–1931, amerikanischer Erfinder in den Bereichen Elektrizität und Elektrotechnik.

Einstein, Albert 1879-1955, in Deutschland geborener Physiker und Nobelpreisträger, den 100 führende Physiker 1999 zum größten Physiker aller Zeiten kürten.

Ekman, Paul, Professor für Psychologie an der University of California mit bahnbrechenden Studien zur Universalität von Grundemotionen. Ekman ist überdies wissenschaftlicher Berater der TV-Serie „Lie to me".

Emerson, Ralph Waldo 1803-1882, amerikanischer Philosoph und Schriftsteller.

Ephesos von, Heraklit 520-460 v. Chr., vorsokratischer Philosoph aus Ephesus.

Erickson, Milton 1901-1980, amerikanischer Psychotherapeut, der die moderne Hypnose und Hypnosetherapie maßgeblich prägt, virtuos beherrscht und ihren Einsatz in der Therapie fördert.

Finck, Werner 1902-1978, deutscher Kabarettist, Schauspieler und Schriftsteller.

Fontane, Heinrich Theodor 1902-1978, deutscher Schriftsteller; bedeutendster deutscher Vertreter des poetischen Realismus.

Forbes, Malcolm 1919-1990, amerikanischer Verleger, unter anderem Forbes Magazin.

Ford, Henry 1863-1947, Gründer des gleichnamigen Automobilherstellers.

Fort von le, Gertrud 1876-1971, bedeutende deutsche Schriftstellerin.

Fredrickson, Barbara, Positive Psychologin und Autorin, stellt 1998 ihre Broaden-and-Build-Theory vor.

Freud, Sigmund 1856-1929, Arzt, Tiefenpsychologe und Begründer der Psychoanalyse aus Wien.

Fry, William geboren 1924, amerikanischer Psychiater, Pionier im Fachgebiet therapeutischer Humor und der Gelotologie, Wissenschaft der Auswirkungen des Lachens. Fry beschäftigt sich mit den körperlichen und psychischen Aspekten des Lachens.

Galilei, Galileo 1564-1642, Philosoph, Mathematiker, Physiker und Astronom aus Italien; macht bahnbrechende naturwissenschaftliche Entdeckungen.

Gernhardt, Robert 1937-2006, deutscher Karikaturist, Schriftsteller und Zeichner.

Getty, Jean Paul 1892-1976, amerikanischer Unternehmer, Industrieller, Kunstmäzen und Sammler.

Gilbert, Daniel, Harvardprofessor für Psychologie und Direktor des Social Cognition and Emotion Lab, Autor unter anderem von „Ins Glück stolpern".

Goethe von, Johann Wolfgang 1749-1832, bekanntester deutscher Dichter sowie Multitalent, er wurde 1782 geadelt.

Goetz, Curt 1888-1960, Schauspieler und Schriftsteller aus der deutschsprachigen Schweiz.

Guardini, Romano 1885-1968, deutscher katholischer Priester, Religionsphilosoph und Theologe.

Hablé, Elfriede geboren 1934, Aphoristikerin und Musikerin aus Österreich.

Haley, Jay 1923-2007, amerikanischer Psychotherapeut, Schüler von Bateson und Erickson. Haley ist 1959 Mitgründer des Mental Research Institute in Palo Alto. Er unterrichtet und beeinflusst mehrere Generationen von Psychotherapeuten. Als Pionier der strategischen Familientherapie vertritt Haley einen direktiven Ansatz.

Hammer, Michael 1948-2008, amerikanischer Wirtschaftswissenschaftler.

Hebbel, Friedrich 1813-1863, deutscher Dramatiker und Lyriker.

Heesters, Johannes geboren 1903, Schauspieler und Entertainer aus Holland, gilt als ältester aktiver Künstler weltweit.

Heraklit, 520–460 v. Chr., vorsokratischer Philosoph aus Ephesus.

Heilmann, Christa, geboren 1946, Professor, Dr. phil. habil., Sprechwissenschaftlerin.

Herbst, Wolfgang geboren 1925, deutscher Dichter.

Hesse, Hermann Karl 1877–1962, deutsch-schweizerischer Dichter, bekannteste Werke sind „Der Steppenwolf" und „Siddharta".

Holland John, US-amerikanischer Psychologe, Schöpfer einer Typologie zur Berufswahl.

Honoré, Carl, Mitbegründer der Slow-Life-Bewegung, Autor von „Slow Life".

Horaz 43 v. Chr. und 14 n. Chr., einer der bedeutendsten Dichter Roms.

Huber, Berthold geboren 1950, seit 2007 IG-Metall-Vorsitzender.

Hüther, Gerald geboren 1951, deutscher Neurobiologe.

Humboldt von, Wilhelm 1767–1835, deutscher Gelehrter, Staatsmann und Mitgründer der Universität Berlin.

Hundertwasser, Friedensreich 1928–2000, österreichischer Künstler und Architekt.

Jaurès, Jean 1859–1914, französischer Historiker und Politiker.

Johannes XXIII 1881–1963, wurde am 28.10.1958 zum sog. "Konzilspapst" gewählt.

Kabat-Zinn, Jon, geboren 1944, Emeritus an der University of Massachusetts; unterrichtet Aufmerksamkeitsmeditation, um bei Stress und Angst zu helfen.

Kästner, Emil Erich 1899–1974, deutscher Schriftsteller und Dichter.

Kafka, Franz 1883–1924, deutschsprachiger Erzähler und Schriftsteller.

Kast, Verena geboren 1933, Psychologie-Professorin an der Universität Zürich, Lehranalytikerin. Sie veränderte das Fünf-Phasen-Modell zur Situation Todgeweihter von Elisabeth Kübler-Ross in ein Vier-Phasen-Modell.

Kant, Hermann, geboren 1926, deutscher Schriftsteller.

Kant, Immanuel 1724–1804, deutscher Philosoph. Seine „Kritik der reinen Vernunft" kennzeichnet den Beginn der modernen Philosophie.

Kierkegaard, Søren 1813–1855, dänischer Philosoph und Schriftsteller, begründet die Existenzphilosophie.

King, Stephen geboren 1947, amerikanischer Horrorschriftsteller, einer der meist gelesenen Autoren der Gegenwart.

Kohtsch, Lieschen „Lizzy", geboren 1963, deutscher Durchschnittscoach.

Konfuzius 551–479 v. Chr., chinesischer Philosoph der Zhou-Dynastie.

Kraus, Karl 1874–1936, österreichischer Schriftsteller, Publizist, Zyniker, Lyriker, Aphoristiker, Satiriker und zudem Förderer junger Autoren.

Kübler-Ross, Elisabeth 1926–2004, Schweizer Fachärztin der Psychiatrie. Ihre Studien und Beobachtungen stellen den Grundstein eines Fünf-Phasen-Modells Todgeweihter dar.

Kummert, Irina, Geschäftsführende Gesellschafterin der IKP Executive Search GmbH.

Langbehn, Julius 1851–1907, deutscher Schriftsteller und Kulturkritiker.

Laotse (chinesisch für alter Meister), lebte im 6. Jahrhundert v. Chr., legendärer chinesischer Philosoph.

Levering, Robert, Erforscher von Arbeitsplatzkultur und Begründer von Great Place to work®.

Rupert Lay, geboren 1929, deutscher Theologe, Philosoph, Psychotherapeut, Unternehmensberater und Dialektiktrainer.

Lec, Stanisław Jerzy 1909–1966, polnischer Lyriker und Satiriker.

Lennon, John 1940–1980, Beatles-Mitgründer, Gitarrist und mit Paul McCartney Songwriter und Komponist der „Fab Four".

Lincoln, Abraham 1809–1865, der 16. Präsident der Vereinigten Staaten von Amerika.

Maeda, John, Professor am MIT für Medienkunst und Medienwissenschaften, Design und Informatik.

Magritte, René 1898–1967, surrealistischer Maler aus Belgien.

Manson, Marilyn ist eine US-amerikanische Rock-Band. Ihr Frontmann Brian Hugh Warner trägt den Künstlernamen Marilyn Manson.

Manzoni Piero 1933–1963, ironischer italienischer Konzept-Künstler.

Mauborgne Renée, US-amerikanische Professorin für Strategie und Management an der INSEAD Business School. Mit Chan Kim Autorin des preisgekrönten Wirtschaftsbuchs „Blue Ocean Strategy".

Mehrabian, Albert geboren 1939, emeritierter Professor für Psychologie an der University of California.

Möller, Heidi geboren 1969, Professor für Theorie und Methodik der Beratung an der Universität Kassel.

Monroe, Marilyn 1926–1962, amerikanische Filmschauspielerin, Sängerin und blonde weibliche Ikone.

Musil, Robert 1880–1942, Philosoph und Schriftsteller aus Klagenfurt.

Naidoo, Xavier, deutscher Sänger, Musiker und Komponist.

Die **Palo-Alto-Gruppe** ist eine Forschungsgruppe aus Psychiatern, Psychologen und Sozialarbeitern am Mental Research Institute (MRI) in Palo Alto, Kalifornien. Inspiriert von Gregory Bateson forschen sie zu Kommunikation, Psychotherapie und Familientherapie.

Passig, Kathrin geboren 1970, deutsche Journalistin und Schriftstellerin; 2006 Ingeborg-Bachmann-Preisträgerin.

Patzelt, Moritz geboren 1997, unser jüngster Sohn. Das beste Beispiel für: Wer etwas richtig will und sich hohe Ziele setzt, wird diese Ziele mit viel Übung auch erreichen.

Picasso, Pablo 1887–1973, spanischer Maler und Bildhauer, einer der bedeutendsten Künstler des 20. Jahrhunderts.

Pestalozzi, Johann Heinrich 1746–1827, Pädagoge, Philanthrop, Politiker und Sozialreformer aus der Schweiz.

Peterson, Christopher, US-amerikanischer Psychologie-Professor, einer der Epigonen der Positiven Psychologie, zählt weltweit zu den 100 am häufigsten zitierten Psychologen.

Peterson, Oscar 1925–2007, kanadischer Jazz-Pianist und Komponist, laut Duke Ellington ist Peterson der „Maharadscha" der Tasten.

Plato 428–348 v. Chr., Schüler von Sokrates, antiker griechischer Philosoph.

Powell, John, geboren 1963, englischer Komponist für Filmmusik.

Prudhomme, Sully 1839–1907, französischer Schriftsteller, der erste Nobelpreisträger für Literatur.

Pryce-Jones, Jessica „Happiness at Work"-Erforscherin aus England.

Radecki von, Sigismund 1891–1970, deutscher Schriftsteller und Kabarettist.

Ringelnatz, Joachim 1883–1934, deutscher Schriftsteller.

Rogers, Carl Ransom 1902–1987, amerikanischer Psychologe und Psychotherapeut. Vertreter der Humanistischen Psychologie, seine herausragende Leistung besteht in der Entwicklung der klientenzentrierten Gesprächstherapie.

Roosevelt, Theodor 1858–1919, 26. Präsident der USA.

Rowland, Macy 1822–1877, US-amerikanischer Geschäftsmann, der 1858 das Kaufhaus Macy´s in New York gründete.

Rozin, Paul geboren 1936, Psychologie-Professor an der University of Chicago.

Rubik, Ernő geboren 1944, Professor, Architekt und Designer an der Hochschule für Industrielle Kunst in Budapest, Erfinder des weltberühmten Zauberwürfels, auch Rubik's Cube genannt.

Ruch, Willibald, Professor für Persönlichkeitspsychologie und Diagnostik an der Universität Zürich.

Ruhleder, Rolf geboren 1944, deutscher Autor und Rhetoriktrainer.

Satir, Virginia 1916–1988, Amerikanerin, war die bedeutendste Familientherapeutin. Begründerin der systemischen Familientherapie.

Schachter, Stanley 1922–1997, amerikanischer und Sozialpsychologe, ehem. Professor an der Columbia University; einer der wenigen Psychologen, der in die National Academy of Sciences berufen wurde.

Schmidt-Tanger, Martina, NLP-Trainerin und Coach, Autorin und Speaker aus Deutschland.

Schopenhauer, Arthur 1788–1860, deutscher Philosoph, Schriftsteller und Professor.

Schumann, Robert 1810–1856, deutscher Pianist und Komponist der Romantik.

Schweitzer, Albert 1875–1965, Mediziner, Theologe, Philosoph, Autor und Organist; erhielt 1952 den Friedensnobelpreis.

Seligman, Martin geboren 1942, Psychologie-Professor an der University of Pennsylvania, Gründer der Positiven Psychologie, wichtige Studien zur „erlernten Hilflosigkeit".

Seneca, Lucius Annaeus 1–65 n. Chr., römischer Philosoph, Staatsmann und Schriftsteller.

Shazer de, Steve 1940–2005, amerikanischer Psychotherapeut, Autor und Begründer der lösungsorientierten systemischen Therapie.

Simonton, Dean Keith, US-amerikanischer Psychologe, Autor von „Greatness – who makes History and why".

Sloterdijk, Peter, geboren 1947, Philosoph, Kulturwissenschaftler und Essayist aus Deutschland.

Spitzer, Manfred, geboren 1958, Psychiater, Neuropsychologe und Professor, ärztlicher Direktor der Psychiatrischen Universitätsklinik in Ulm mit Schwerpunkt Neurodidaktik.

Stevenson, Robert Louis 1850–1894, schottischer Schriftsteller.

Syrus, Publius, im 1. Jh. v. Chr., römischer Schriftsteller.

Taylor, Shelley, Professor für Psychologie an der University of California.

Thorndike, Edward Lee 1874-1949, amerikanischer Psychologe.

Tolstoi, Leo 1828-1910, Schriftsteller und Anarchist aus Russland; sein bekanntestes Werk ist „Krieg und Frieden".

Tomkins, Silvan 1911-1991, US-amerikanischer Philosoph und Persönlichkeitspsychologe. Er macht sich einen Namen als Emotionserforscher und Lehrer von Paul Ekman.

Twain, Mark 1835-1910, amerikanischer Schriftsteller.

Vinci Da, Leonardo

Warhol, Andy 1928-1987, amerikanischer Grafiker, Künstler, Filmemacher, Verleger und bekanntester Vertreter der Pop Art.

Watzlawick, Paul 1921-2007, geboren in Kärnten, Psychologe, Psychoanalytiker, Psychotherapeut und Kommunikationswissenschaftler, lebte und arbeitete in Palo Alto, Kalifornien.

Valentin, Karl 1882-1948, bayerischer Komiker und Schrägdenker.

Weakland, John H. 1919-1995, amerikanischer Anthropologe und Pionier in der systemischen Therapie. Mitgründer der Palo-Alto-Gruppe.

Wechsler, David 1896-1981, amerikanischer Psychologe, Erfinder des Hamburg-Wechsler-Intelligenztests für Kinder zwischen 6 und 16 Jahren.

Wells, Herbert George 1866-1946, englischer Schriftsteller, Vorreiter des Science-Fiction-Genres.

Wolf, Gerhard R., ehem. Aufsichtsratsvorsitzender K+S AG und K+S KALI GmbH; früher Vorstand der BASF Aktiengesellschaft.

Zemdegs, Feliks, geboren 1995, australischer Speedcuber und Weltrekordhalter beim Lösen des 3x3x3-Zauberwürfels.

Buchempfehlungen

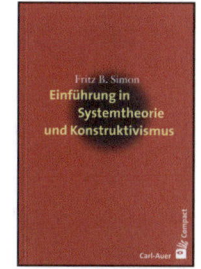

Buchempfehlungen

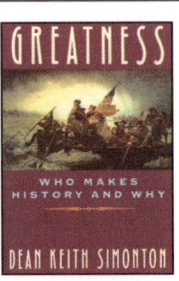

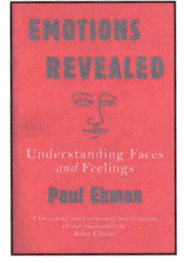

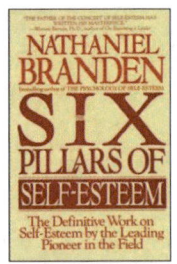

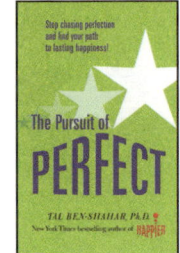